大江大河
——中国环境产业史话
（第二辑）

E20 环境平台　著

中国水利水电出版社
www.waterpub.com.cn
·北京·

内 容 提 要

《大江大河——中国环境产业史话（第二辑）》记录了中国环境产业内的先锋企业家，立体地呈现了他们的面貌，弘扬了不懈奋进的拼搏精神，同时也客观地评价了企业家的经历与功过，可供其他从业者参考。本书深入探讨了企业应当承担的社会责任，为环境行业内的企业树立了正能量的榜样。对于行业内目前存在的困局与症结，本书辩证地进行了分析与讨论。本书摒弃了同类图书的研究型叙述方式，更加注重故事性与可读性，适宜产业研究和企业研究者进行参考。

图书在版编目（CIP）数据

大江大河：中国环境产业史话. 第二辑 / E20环境平台著. -- 北京：中国水利水电出版社, 2023.1
ISBN 978-7-5226-1213-3

Ⅰ. ①大… Ⅱ. ①E… Ⅲ. ①环境保护－产业发展－研究－中国 Ⅳ. ①X-12

中国国家版本馆CIP数据核字(2023)第002249号

书　　名	大江大河——中国环境产业史话（第二辑） DAJIANG DAHE——ZHONGGUO HUANJING CHANYE SHIHUA（DI-ER JI）
作　　者	E20环境平台　著
责任编辑	徐丽娟　孟青源
出版发行	中国水利水电出版社 （北京市海淀区玉渊潭南路1号D座　100038） 网址：www.waterpub.com.cn E-mail: sales@mwr.gov.cn 电话：(010) 68545888（营销中心）
经　　售	北京科水图书销售有限公司 电话：(010) 68545874、63202643 全国各地新华书店和相关出版物销售网点
排　　版	北京时代澄宇科技有限公司
印　　刷	天津久佳雅创印刷有限公司
规　　格	170mm×240mm　16开本　20.5印张　344千字
版　　次	2023年1月第1版　2023年1月第1次印刷
定　　价	80.00元

凡购买我社图书，如有缺页、倒页、脱页的，本社营销中心负责调换
版权所有·侵权必究

总策划：傅　涛
总指导：薛　涛
顾问团：汤　浩　赵一鸣　刘保宏　潘　功
　　　　井媛媛　黄金发　梁　辉

主　编：E20绿谷工作室
编　者：全新丽　谷　林　李晓佳

序（一） PREFACE

总结过去、看清路径，一起向未来！

对当今世界而言，环境保护是一项非凡的事业，而环境产业则是真正落地环境保护的，是不凡的产业。

20多年来，中国环境产业伴随着中国史无前例的城市化和工业化进程，可谓是波澜壮阔、跌宕起伏，演绎了环境产业的"大江大河"。

E20环境平台作为专注于环境产业的纵深服务平台，自2000年成立以来，全程见证并且深度参与了中国环境产业乘风破浪之旅。

E20环境平台创立之初就怀着一颗促进产业发展之心，致力于通过产业的力量改变环境治理。我们也期望，在助力环境企业快速成长的过程中，为生态文明打造产业根基。

2020年，我们撰写了《大江大河——中国环境产业史话》，遴选出城镇供水、城镇污水、农村污水、污泥、垃圾焚烧、有机垃圾、环卫、危险废物（以下简称"危废"）等环境产业中最核心的几个细分领域，以此为基础，书写了20多年间的产业故事。

这本书由中国水利水电出版社出版后，我们收到了来自行业各界的积极反馈，给了我们很大的鼓励，也让我们更有信心继续编写《大江大河——中国环境产业史话（第二辑）》。

第二辑中，我们选择将重心放在了有代表性的企业家、企业家群体上。有代表性的企业家如文一波、刘晓光、张虹海、赵笠钧、何巧女、蒋超等；有代表性的企业家群体则如女性企业家群体、宜兴企业家群体、青年企业家群体等。

虽然，书中介绍的有些企业家已经故去，有些企业家也已经不复当年荣耀。但是，他们所书写的历史，亦是产业发展史的一部分，应当被记录。

我们希望通过本书，理解环境产业不断市场化、不断产业化的真正内涵，向

伟大的环境产业致敬,向中流击水的环境企业家们致敬。

在产业探索高质量发展的交叉路口,我们还希望在总结过去中,看清前方的路径,一起向未来。

傅涛

于北京玉泉慧谷

序（二） PREFACE

在大江大河的浪涛声中，向环境企业家致敬

2020年，我们的《大江大河——中国环境产业史话》一书，筛选了环境产业的几个主要领域，浓墨重彩地书写了其间的产业故事。图书出版后，我们收到了来自行业各界人士的良好反馈，这对我们是莫大的鼓励，也是我们继续编写系列丛书第二辑的信心所在。

第二辑，我们将聚焦"人"。文一波、刘晓光、张虹海、赵笠钧、何巧女、蒋超、张维仰、韩小清、陈良刚、王洪春父子，以及一代又一代创业者、企业家群像是我们书写的主角。

书中有几位企业家，现在负面新闻缠身，已经不复当年荣耀。但我们认为，评价这些企业家时，应关注到环境产业的特殊性，环境产业作为起步低、开拓难、发展慢的产业，置身其中势必需要一定的觉悟和社会责任感。因此，在本书中，我们希望以客观的视角来解读企业家们。

除此之外，在回顾企业家的经历时，还应结合当时的时代背景。这既是为了以更公正的立场回顾当年的企业家精神，也是为了理解党中央不断推动市场机制改革的真正内涵，我们的核心目的是为环境产业呼唤，为市场机制呼唤，为颂扬企业家精神呼唤。

推动社会进步和产业发展的过程中，企业家有可能会致富，但也有很大概率会失败。尽管从个体来看是利益驱使，但经营企业需要企业家们必须承担风险和应对不确定性。而企业家在获得回报时，他们为此所冒的风险，很容易被人们所忽略、所遗忘。我们只有假设自己与企业家同处同样的情境下，才能理解当时他们所要面临的抉择，才能明白他们做决策的难度和所需要的胆识。

比如说，站在现在的角度看，特许经营项目都是好机会，那个时代遍地黄金。但在当时，特许经营实际上有很大风险，给企业家和企业（尤其是民营企业）带来很大的资金压力。事实上，这些企业家无论是采用了什么商业模式，在当年都属于创新，都需要巨大的勇气，面临巨大的挑战。因为那时不单是产业刚萌生，整个社会也是处于市场经济不完善的洪荒时代。

市场逐渐变得规范，产业主体正在进行更高层级的竞争；但在当年，很多东西是有和无的关系，必须先有，再修正和螺旋上升。环境产业继续前进的基础正是当年这些人的努力奋斗。作为有幸参与到环境产业乘风破浪之旅的纵深平台，E20环境平台深感有责任见证与记录产业的过往与当今，支持产业市场化，鼓励企业家创新。

现在看过去，很清晰，因为很多事情已经发生，结局已经写就。那么，能否站在现在看未来呢？很多人是看不出来的，我们无法凭借对未来的简单预测，看现在该做怎样的战略选择。但是通过对企业家创业史的回顾与解决，发掘一些能够跨越时代背景的共性的本质，或许能够帮助我们尝试预判未来，帮助企业家们尝试做出正确的战略选择。

比如最终能够做大的企业，其创始人在性格上确实有明显的共同之处，他们内心深处都有做大规模、抢占鳌头的强烈欲望。这种性格特征让他们在一定历史机遇之下成功做大。但这或许也是他们中的某些人日后陨落的根源。作为民企创始人，他们有本事，他们需要的是本钱。当他们插上资本的翅膀后，飞得更高是不可阻遏的梦想。但这飞翔是有代价的。他们都像是"飞向太阳的伊卡洛斯"，翅膀是蜡制的，飞得越高，越靠近太阳，就越危险。努力做大的强烈欲望，曾经使得他们抓住了机遇，飞到了云层之上，一览众山小；却也使他们中的某些人在外部环境巨变时输掉了全部。

作为普通读者，我们应该从精神层面，理解企业家精神的可贵，理解市场机制的可贵，理解改革开放四十年的可贵。

如今，我们复写环境产业的过去、记录环境产业人过去与当下的情形，呼唤企业家精神，呼唤社会对企业家贡献与获取的认可，一方面是为了构建一种健康的群体意识或情感，另一方面是想寻回这个过程，从"是什么"知道"为什么"，再看一看"怎么办"。学习理解不同的时代背景，目的是使得自己最终能获得更准确的行业预测与战略判断能力，从而更好地面对未来的不确定性。

在当下这个特殊的历史转折期，不确定性和风险更加凸显，我们期待社会更加理解和支持环境产业企业家，我们期待更多的环境产业企业家能够继续凭借自己的预判和胆识，通过创新、创造实现成功，继续推动社会进步，集聚每个个体和组织的力量，共同实现我们民族的伟大复兴。

薛涛

于北京玉泉慧谷

目录 CONTENTS

序（一） 总结过去、看清路径，一起向未来！

序（二） 在大江大河的浪涛声中，向环境企业家致敬

上篇：人物篇

历史转折中的桑德和文一波 / 2

在国企的日子——体制 / 3

踏入商海——起步 / 5

绝地逢生，掘金工业废水——技工 / 7

从皂君庙到马驹桥——装备 / 8

"中华碧水计划"与BOT——投运 / 10

跨入固废——双轮 / 12

两个上市公司——资本 / 14

主要业务板块——横纵 / 15

进军国际市场——布局 / 17

存心时时可死，行事步步求生——信号 / 18

新能源与PPP——变局 / 21

复杂的人性——争议 / 23

"革命尚未成功" / 26

往事并不如烟：刘晓光和张虹海、首创和北控的擦肩与握手 / 29

刘晓光和张虹海：从政从商，几多相像几多缘 / 29
- 刘晓光风云录 / 30
- 张虹海与刘晓光两度握手未成，却相逢于环境事业 / 35

北京市政府组建，北控曾欲"联姻"首创 / 37
北控和首创：花开并蒂，殊途同归 / 39
人生苦旅踱步，终似一缕春风 / 42
何为企业家 / 43

浮沉记——赵笠钧之博天环境往事 / 45

从博大到博天：生死轮回第几番，尘尘劫劫不曾闲 / 45
- 不得不提的大事记 / 45
- 濒危 1998 / 46
- 外资来了，外资走了 / 48

开拓西南，进入市政 / 49
煤化工：皮之不存，毛将焉附 / 51
- 起起伏伏的工业废水 / 51
- 绝杀煤化工 / 51
- 盛世危局 / 53

环保业务的可能性 / 54
- 天元慧中华 / 54
- 隔行取利 / 55
- 波折上市路 / 57
- 上市成功，开启高光时刻 / 58

不战必亡，战之必危 / 59
- 踩上 PPP 的风火轮 / 60
- 大潮退却 / 61
- 没有达到预期目的的资本并购 / 62

　　　　雪上加霜 / 63
　　　　莫等闲，当自强 / 63
　　一个很会求生的环保公司 / 64
　　从"立军"到"笠钧"：是非何足论，恩怨可相抵？ / 66
　　　　人的问题 / 66
　　　　恩怨交错 / 68
　　结语 / 70

不肯过江东——何巧女之东方园林往事 / 72

　　第一桶金：花房姑娘 / 72
　　第一次转型：从地产景观起步 / 73
　　第一次上市：梦碎 / 74
　　第二次转型：大干市政园林 / 76
　　喜忧上市：插上资本的翅膀 / 77
　　成败 PPP：飞向太阳的伊卡洛斯 / 79
　　尾声：宛如梦幻泡影，如露亦如电 / 82
　　毁誉：刘邦还是项羽 / 82

曾经沧海难为水之"校长"蒋超与金州浮沉 / 85

　　少年：以外国政府贷款成就绝对王者——陌上年少足风流 / 85
　　青年：三驾马车引领环保行业——春风得意马蹄疾 / 87
　　壮年：向环保项目投资运营转型——黄沙百战穿金甲 / 90
　　　　快速进入垃圾焚烧市场 / 93
　　　　全产业链与多业务发展 / 95
　　中年：牵手美林的福祸相倚——讲堂迷却散花人 / 96
　　暮年：金州传奇落下帷幕——招屈庭前水东注 / 98
　　众人眼中的蒋超：横看成岭侧成峰 / 101
　　　　战略应变及规模化后的管理难题 / 101

"贸工投"范式下核心优势之困 / 103

硬币的两面与信任的悖论 / 104

灯火下楼台——张维仰之东江环保往事 / 108

听者有心 / 108

第一桶金 / 109

东江崛起 / 111

资本助力 / 113

香港上市 / 115

深圳上市 / 115

危废之道 / 117

灵魂黑夜 / 120

引入国企 / 121

"黄埔军校" / 123

尾声，抑或是未完待续 / 125

归来仍是少年——"不死鸟"韩小清的征服与妥协 / 128

下海：孤傲的抉择 / 128

风光：一门心思向前 / 130

重创：涅槃和追不回的辉煌 / 132

上市：又一次危机的来临 / 135

熬得住：慢下来，或许又是月明 / 137

坚守：有质量地"活着" / 138

"膜"出的成功——陈良刚与他的超滤膜事业 / 143

从"闯海人"到"超滤膜冠军" / 144

成功自有成功的原因 / 147

　　　　从来没有什么野心，就是想把眼前的事情做好 / 147

　　　　要有责任感，不想辜负别人的信任 / 148

　　　　有多大碗吃多少饭，有多少钱就干多大的买卖 / 149

　　　　做不同领域的工匠，在每一个领域做到最好 / 150

　　这一生最感恩两个人 / 151

　　儿子让他欣慰和自豪 / 152

宜兴"环保教父"王洪春的"大情怀"与"小生活" / 154

　　30 多年历史浮沉　鹏鹞环保"再度归来" / 155

　　觉得自己是一个很好的老板　就是为人不够圆滑 / 155

　　开通"环保教父"抖音号　不想几十年的经验积累被浪费 / 156

　　思考的"焦虑"中国环保市场的问题 / 157

　　"环保之乡"自有利弊　草原上难以长出太多大树 / 158

　　饭不能一个人吃　关键是做好自己 / 160

　　公司就如自己的生命　数年前就考虑接班问题 / 161

　　　　让儿子接班的两方面原因 / 161

　　　　要给年轻人更多锻炼的机会 / 162

　　　　年轻一辈要学会理解父辈 / 163

现象级环境企业接班人王鹏鹞接班记 / 165

　　成长经历与接班过程 / 166

　　鹏鹞环保能够逆风飞翔与上市时机之间的关系 / 168

　　鹏鹞环保这么多年发展过程的对与错 / 169

　　继续寻找更多合伙人 / 170

　　布局鹏鹞第二产业 / 171

　　对于民企来说，环境产业天花板太低 / 173

　　对"混改"的看法 / 173

　　"鹏鹞"还可以走更远 / 174

收购中铁环保的原因及融合情况 / 175

调整环保领域并购 / 176

环保青商会 / 176

关于父亲："环保教父"在抖音 / 177

这两年作为总裁的表现 / 178

关于自己和家庭：我的儿子不一定要做环保 / 179

快乐、害怕、钦佩 / 180

友情、人生选择、座右铭 / 181

下篇：群像篇

环境产业上市公司老板都是哪里人 / 183

中国到底哪里盛产环境产业上市公司老板 / 183

湖南与浙江、江苏 / 184

老家创业与外地创业 / 185

60后与70后 / 187

老板、企业家、职业经理人 / 188

题外话 / 189

宜兴的老一辈环保创业家 / 192

他们是如何走上环保这条路的 / 193

他们是如何经营自己的环保事业的 / 197

当下的他们，与他们拥有的无限未来 / 201

宜兴环保新一代正在崛起 / 204

青商会：聚集宜兴新一代环境产业从事者　发掘第二增长点 / 204

王鹏鹞：现象级环境企业接班人　将以感恩的心态把公司做到更好 / 206

周侃宇：做环保是很有意义的事情　希望二代们展现自己的独特价值 / 207

戴丽君：用业绩证明自己　顺利接班创立自己的品牌 / 210

黄翀：锚定独特赛道　父亲教会自己两件事 / 213

芮安邦：与父亲对赌　自己做一棵树 / 215

其他人：一起书写新一代崛起的历史 / 218

潘镜羽：做好父亲的助手，向更多的优秀者学习 / 218

张铭尹：在大城市建立技术公司　希望客户因竞争力选择通用环保 / 219

邵焜琨：最早崛起的环二代，带领国合装备启动上市计划 / 220

新一代肩负未来　两代人要有更多的交流 / 223

年轻人代表未来　父辈要学会适时放手 / 223

两代人需加强沟通与交流　共融是很有必要的事情 / 223

未来发展要突破个人与地域限制　新一代整体接班尚需时日 / 224

踏浪而来，47 位上市公司老板如何走上环保创业之路？ / 226

踩对发展的鼓点　环保创业的时代之路 / 226

80 后首批创业者 / 226

90 年代的下海潮 / 227

抓住国企改革和科技创新的机遇 / 230

资本时代：快速发展的密码 / 233

助力创业者成功的其他因素 / 235

区域加成与北京的诱惑 / 238

一个 70 后环保创业者的自白 / 240

我从何处来？ / 240

为什么创业？ / 241

认清民企身份，走自己的路 / 243

管理问题与人的问题 / 244

进击的环境商界女性 / 246

我们是大自然多姿多彩的鲜花 / 246
八千里路云和月 / 247
重视非经济效益 / 248
情绪稳定、充满自信 / 249
环境产业女企业家的方方面面 / 250

环境产业的年轻人（一）
创业者的小天地与大理想 / 252

关于环境产业里的年轻人们 / 252
他们的创业契机 / 253
创业启动资金与资本 / 262
创业领域选择：做细分领域老大 / 264
他们如何看所在细分领域及环境产业未来 / 267
关于技术：是创业成功的必要条件，但不是充分条件 / 271
关于60后：学习前辈好榜样 / 272
从小天地走向大理想 / 273

环境产业的年轻人（二）
环境上市公司的少帅们："小鲜肉"已变成实力派 / 276

环境产业上市公司泛80后高管都是谁 / 276
"小鲜肉"变成实力派的人生之路并没有标准答案 / 277
60后的下半场是80后的上半场 / 279

环保创业：朋友圈还是亲友团？ / 281

朋友圈模式 / 281
亲友团模式 / 284

殊途同归：无论哪种，都是适合各自的最好模式 / 286

中国环境产业里的清华出身创业群 / 289

第一代创业者 / 290
第二代创业者 / 291
清华毕业的环境产业创业者变少了？ / 293
校友魅力 / 294
新生代上路 / 295

风流云散青山在——细数环境产业的"黄埔军校"们 / 297

环境产业七大"黄埔军校"：历史进程与个体命运 / 297
离开"黄埔军校"，是敌人还是朋友？ / 301
育人是"黄埔军校"们被忽略的功劳 / 302

后记（一） 一篇好文该有的力量 / 304

后记（二） 为什么写他们 / 305

上篇：人物篇

历史转折中的桑德和文一波

作者：全新丽

环境产业里，要了解一家公司，看它的大事记是个办法，但大公司的历史大事记，有的地方说得比较细，有的地方说得不那么细，看来看去，反而看出很多未解之谜。

1993 年成立的桑德集团有限公司（以下简称"桑德集团"），迄今有 28 年的历史，在行业里屈指可数。2021 年 9 月停牌五年多的桑德国际有限公司（桑德控股子公司，以下简称"桑德国际"）（00967.HK）继续处于停牌状态，并将延迟业绩公告，上一次发布业绩公告是两年前，2018 年亏 10 亿元；早已隐去桑德集团和文一波面孔的启迪环境科技发展股份有限公司（以下简称"启迪环境"）（000826.SZ）2021 年中报巨亏 38.9 亿元，位列上半年 A 股十大亏损上市公司第八名。

2021 年 1 月份，A 股另一家上市公司城发环境股份有限公司（以下简称"城发环境"）（000885.SZ）与启迪环境签署协议，拟以发行股份方式，换股吸收合并启迪环境。交易完成后，启迪环境作为被合并方将退市并注销，城发环境控股股东为河南投资集团，实控人为河南省财政厅。截至 2022 年 11 月，该交易已成明日黄花，两者的吸收合并计划已成泡影。

2018 年，是大型环境民企从高歌猛进到"中道崩殂"的节点，这已成定论，只是桑德的故事仍有其特别之处。

很多人说起桑德集团，普遍认为这家企业在 2015 年之前的高速发展，每一步都踩对了市场的节奏。而熟悉桑德和其创始人文一波的人大概也都不会否认，文一波个人大胆布局、敢为人先的性格特点是桑德很突出的企业基因。

在中国市场化初萌的 20 世纪 90 年代，环保，虽然略晚，但也和其他领域一样，成为了创业者的乐园。只是不同于其他行业的贸工技和技工贸之争（如联想柳传志和倪光南之争），环保领域倒是有不少贸工投（投，即转型特许经营，如金州环境集团股份有限公司，以下简称"金州"），当然，也有科班出身的创业者选择了技工投（比如桑德）。后来，特许经营这个市政基础设施的商业模式，给了这些转向投资的企业做大的机会。

　　桑德成立伊始，基于文一波的专业背景，主要针对工业废水市场，以技术能力掘得第一桶金，之后进入市政领域，工程和装备双管齐下。在资金略为充裕后马不停蹄抓住投资运营的最早机会，成为环境领域民营企业的旗帜。涉及的领域从城市污水处理、固体废弃物（以下简称"固废"）处理、扩及村镇污水、环卫市场，再到新能源，桑德很早就手握两家上市公司，步步为先。

　　战略上明明没有问题，为什么现状就不乐观了呢？

　　从艰难起步到气势如虹再到激流险滩、前路漫漫，这家公司和它的创始人，在2015年断臂求生后，又一次处在历史关头，而这次与以往会有不同吗？

在国企的日子——体制

　　2011年3月24日，"2011（第九届）城市水业战略论坛"在北京友谊宾馆开幕。论坛举行期间，中国水网评选出了四位"水业改革十年企业界功勋人物"，桑德董事长文一波是其中之一。

2011年3月25日下午，2011（第九届）城市水业战略论坛颁奖典礼
（左起：时任首创集团副总经理潘文堂，桑德集团董事长文一波，中国城镇供水排水协会城市排水分会主任、原北京排水集团总经理杨向平，金州集团总裁蒋超）

评选时关于文一波的介绍是这样的："他是水务行业从业最久的企业家之一，他创建的桑德集团，控股两家分别于内地、新加坡（和中国香港）上市的公司。他坚定而执着，处大事而不惊，面对外资、国企水务集团的夹击，代表民营水务一直在第一梯队中占据着一席之地。他创造性地提出和实践了全产业链的商务模式，他还同中国水网联手创办了全国工商联环境服务业商会。他提出的'中华碧水计划'引来无数关注，深化了行业对 BOT[①] 的应用。在十年来水业市场化改革的浪潮中，他的桑德集团逐渐成长为民营环保企业的旗帜。他是民营企业家白手起家、成功接通资本市场的典范。"

作为水业改革十年企业界功勋人物，文一波在颁奖典礼上讲了自己的人生信条，他说："一生尽力做成一两件自己想做且对社会有益的事。"

文一波的确应该算作成功的那类人，但这成功的路上也有风风雨雨。

1965 年，文一波出生于湖南湘乡，文家在当地是大户。毛泽东的母亲文七妹，据和他们同在一个祠堂。但这点祖荫不足以带来富贵荣华，对文一波来说，他只是"出身穷苦的湖南乡间娃子"，通过读书改变了命运。

1983 年，文一波考入兰州铁道学院（即现在的兰州交通大学）给水排水系，1989 年 12 月毕业于清华大学环境工程专业，获得硕士学位，2012 年又在清华大学就读并获得工程博士学位。

文一波回忆高考时的专业选择，他说："当时我也不知道什么叫给水排水，在我们家里看那就是做下水道的。但是因为我是农村出生的，那个时候其实能上大学就可以了。我的印象中这个专业也不是我选的，可能是因为我填了服从分配，就分配给我了。"

本书下篇《环境产业上市公司老板都是哪里人》一文分析了民营环境公司企业家的出生年份，从分析中可以发现相当一部分企业家出生在 20 世纪 60 年代，所以在环境产业，很多企业家"生于 60 年代，在 80 年代经历青春，在 90 年代讨生活，逐步开始担负责任，并在 21 世纪闪闪发光"。

文一波就是这类企业家。他毕业后被分配到原化学工业部规划院工作，负责的是两亿元以上的大型化工项目的审批工作，在那个年代也算有一个众人向往的"铁饭碗"。

---

① BOT：Build-Operate-Transfer，建设 - 经营 - 转让。

在规划院,"别人不敢提的意见我提,别人不好意思否决的错误我否。我学的就是这个专业,社会实践中又有这方面的积累,做的又是这个工作,我为什么不说?"不服、不忿、不隐、不讳、不分心琐事、不遇到挫折就灰心,刚毕业的文一波个性十足。

很显然,规划院循规蹈矩的日子并不适合文一波,他不喜欢国企的氛围。在规划院时,青年员工们都住在单身宿舍楼,每天晚上,他穿着大背心、大裤衩,到楼下跟同事们大谈亿万富翁的梦想,闻者侧目。

在规划院时,他处于"空想社会主义"阶段。后来他常说,走上创业这条路有点"逼上梁山"的味道。

踏入商海——起步

1993年的一个冬夜,文一波在和平里约见两位老同学。他们中,一个手里提着一部"大哥大",另一个攥着几页商业计划书。这两位仁兄一毕业就下了海,属于先富起来的那拨儿人。文一波一见他俩的架势,就猜出个一二。果不其然,他们刚刚在生意上赚了点钱,想投个公司干。干什么呢?文一波是学环境的,他们找上门来准备一起做个环保公司。

骨子里就不安分的文一波,也正有心找寻人生的新突破口,更何况他在之前工作中所看到、听到的那些关于环保的事或项目,总觉得有话可说、有事可做。所以,面对突如其来的邀请,尽管他有些犹豫,但没有拒绝。

1993年12月23日,北京桑德环境技术发展公司(桑德前身)正式注册成立。文一波作为合伙人之一,在半推半就中踏入了商海。

兴趣与特长转化成商业模式是很多创业者的初心,但生意总归是生意。当生活打开一扇门时,扑面而来的并不都是美好,更有各种接踵而至的麻烦。创业不再简单地遵循做学术那一套理论,摆在面前的问题错综复杂,如何通过科学管理让企业活下去,让理工科出身的合伙人们大伤脑筋。

原本以为只要技术好、产品好就能有市场,但现实很快令他们感到沮丧。由于缺乏对风险的预知和控制能力,仅仅几个月工夫,创业启动资金就"烧"完了,生意却是一单都没有接到。

文一波回忆创业情形,"1993年白手起家,没有任何背景,这20年确实有生

死交集的时刻。"说好的 100 万投资，最后只有 40 万，而他是按照 100 万元去规划一年的业务。租房、装修、购置家具，40 万元根本不够，更别提接订单。距离亿万富翁的梦想似乎更遥远了。

就在公司遭遇困顿、朝不保夕的时候，发生了两件"雪上加霜"的事：一件是起初合伙创业的两位同学见情况不妙，撤了；另一件是他因下海创业并在私营公司任要职，被原单位除名。

那可能是他一生中最为灰暗的一段日子。苦心创立的公司挣扎在生死线上。坚持还是放弃？毁灭还是重生？于他来说，确实是个大问题。经过一番抉择——也可以说别无选择——他留了下来。

文一波硬着头皮接手了生意，现实险象连连，公司曾连续 9 个月不进分文，现金流一度濒临断裂。那段日子，每每电话铃声响起，他都会特别紧张，于他来说，没有消息就是好消息。

创业早期，文一波与导师钱易院士

2014 年 7 月 19 日晚，江苏盐城通榆河畔，桑德集团董事长文一波（中）、博天环境董事长赵笠钧（右）与 E20 环境平台首席合伙人傅涛（左），亭湖夜话，细述 20 年漫漫环保路

绝地逢生，掘金工业废水——技工

苏轼《晁错论》中有："古之立大事者，不惟有超世之才，亦必有坚忍不拔之志。"

"找主管单位，没钱；找银行，不贷；最后通过'很硬的关系'才贷了30万。"当时的文一波，既是技术员，又是业务员、工程师、管理者……什么都得做，他起初关于创业的理解——只要技术好、产品好就能有市场——被现实锤得支离破碎。

等待可以耗费一个人的精气神，也可以让一个人蓄势待发。1994年，在经历了九个月的考验之后，桑德终于等来了第一个机会。多年后，文一波还记得，当时是辽宁锦州环保所的所长亲自打电话过来，咨询和洽谈工业废水处理业务。在经历数轮商讨后，桑德终于拿下了创立以来的第一个项目——锦州啤酒厂废水处理项目的设计和技术支持。

锦州啤酒厂的项目服务做完后，客户很满意。从此，桑德的技术和口碑渐渐在业内传播开来。

有了这样的经历后，文一波发现，做企业真的要面对很多困难，最后留下来的，一定是意志力最强的，因为创业过程中有很多事情可以把你打垮。这个时候，起步的好坏并不重要，关键是能否坚持到底。很多人就差那么一点儿，咬咬牙坚持住也就过去了。

20世纪90年代的环保市场，市政污水处理厂建设刚起步，不少是在国际金融组织贷款扶持下以进口产品为主，得利满公司等成为这个领域的王者；顺势而为，选择代理及集成业务，走"贸工"路线也培养出了金州之类。大型工业废水项目则由外资和国内大型专业设计院把持。这时候只有一些中小型工业废水项目能让缺乏业绩和资质的初创民营企业分得一杯羹，这种情况一直持续到九十年代末。

这个时候工程资质还不算主要的卡脖子因素，对于这个细分领域，从无到有本身就是一种考验。工业废水可以说是一种"技术加工程"的需求，只是其复杂程度和要求在当时不算太高，刚好适合专业学环保的老板起步。国家逐步加码的工业废水治理，也给这个领域带来越来越多的商机，1997年启动的淮河流域"零

点行动"、2000年的"一控双达标",都是针对工业废水开展的。

在这种背景下,和同期的其他民营企业晓清环保科技有限公司(以下简称"晓清环保")、北京建工金源环保发展股份有限公司,乃至略晚的北京美华博大环境工程有限公司(以下简称"美华博大",为博大环境的前身)等一样,桑德起步业务,也是以工业废水项目EPC(Engineering Procurement Construction)为主,夹杂一些市政污水厂等的碎片业务。由于经验不足,他们在工业领域都曾吃了不少苦头。

天津化工厂项目对主营工业废水时期的桑德来说是非常重要的一个项目,因为是比较难处理的含氯废水,但以文一波的胆识就敢去碰这样的项目。文一波的妻子张辉明(出于文一波追求公司治理职业化的原因,在2000年退出桑德)作为技术专家,带着早期创业团队去做施工,把非标设备都安装起来,忙了一个夏天,钱也都收回来了。但在验收的时候,却需要再增加一些投入。文一波二话没说,继续投钱,帮业主方把项目的口收好。

处理印染废水的无锡石塘湾项目,在一个工业园区内,工厂股份制出资。印染厂生产间歇性比较大,排放水时间不确定,而且工厂是陆陆续续投产。项目第一年因为排放水量小,运行很好。但是,就在要交付的第二年,企业扩产,排放的水量加大的同时水质也有差异。要解决问题就得新建一个调节池,需要多花100多万元。方案出来后,大家都一筹莫展,因为马上要交活了,还要再花这么多钱,项目能赚多少都不知道。这时,文一波决定无论如何也要把问题解决,再建调节池,把调节池加倍扩大。

做生意有它的规律,第一步"闯"出去了,后面的路也就越走越宽了。即便还有挫折,与绝境相比,已经不是毁灭性的了。文一波为自己的公司起名"桑德",它是英文单词sound(声音)的音译。他确实在环境领域呼喊出了自己的声音。

从皂君庙到马驹桥——装备

从北京海淀区皂君庙不足30平方米的办公室,到通州区马驹桥占地300多亩的环保产业园区;从只有两个人的"皮包公司",到全国拥有几万名员工;从40万起家,到市值几百亿元的上市公司翘楚……文一波曾跟行业同仁们说起过往事的酸甜苦辣。

在早期发展中，文一波就有了这样的思路：扩大公司至少是从规模上先扩大，先从土地上入手。起码拿到土地建了制造车间，从银行获得贷款也相对容易一点。

1998年，桑德有40多名员工，在皂君庙办公，距离北京三环里著名的一直存续至今的中国农业科学院的两块试验田不远。彼时的马驹桥却还是真正的一大片农田，桑德先租了一小部分土地。文一波指导自己的工程部，建出了第一批厂房。员工们的宿舍在德外大街，一个改制的二层楼——原本一层，用彩钢加了个二层；班车是一辆漏风的旧中巴，早晚各一趟，在德外和马驹桥这两块相隔30千米的农田之间穿梭。

慢慢地，桑德又租了更多土地，建起更多的厂房、办公室，以及职工宿舍。在技术、市场之外，桑德开始制造环保设备，和国企北京京城机电控股（集团）有限公司合资成立了北京海斯顿环保设备有限公司（以下简称"海斯顿"）。2002年7月，海斯顿新厂房落成。

拿地、建厂房、做装备这一特色，贯穿了文一波的创业历程，后来桑德又在湖北咸宁建立了产品制造基地，再后来就是湖南湘潭的桑顿新能源科技有限公司（以下简称"桑顿新能源"）基地。

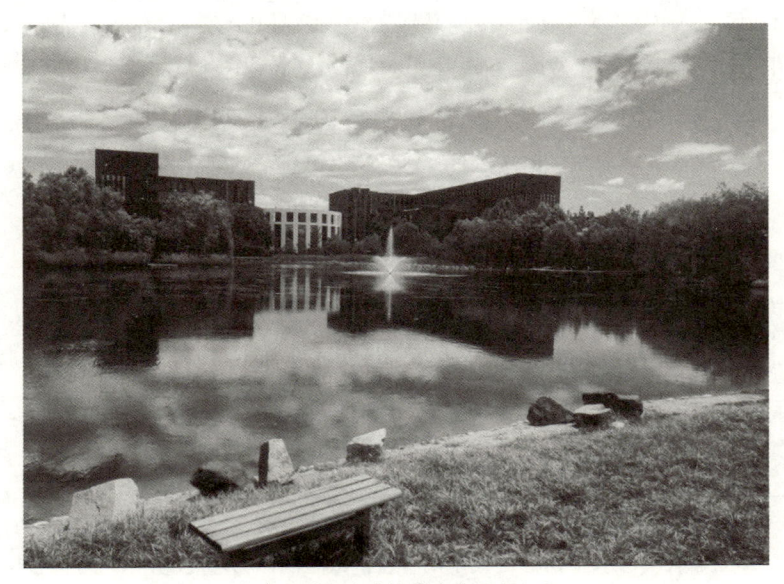

北京通州区马驹桥桑德集团办公区

"中华碧水计划"与 BOT——投运

1998 年金融危机，国债发行第一次开始推动城市污水处理项目，文一波看到了市政污水处理爆发的商机。1999 年，文一波提出"中华碧水计划"，中国环境产业开启了市场化改革的新纪元，桑德也由此奠定了产业领跑者的地位。

"中华碧水计划"不光是一个响亮的口号。桑德同时提出有 BOT 模式配套，还有适合中国国情的 2L[①] 和 3L[②] 市政污水处理技术，计划从根本上改变中国市政领域以往的投资—建设—管理模式，推动国内城市的市政建设。

来宾电厂是我国引入 BOT 概念的第一个项目，但是在环保行业里并没有被普遍重视。文一波敏锐地认识到这可能是民企进入市政的机会，他消化吸收后提出了污水处理 BOT 模式。这个时候，正是 PPP（Public-Private Partnership，政府和社会资本合作）进入中国的第一阶段——从 20 世纪 80 年代萌芽到 2003 年。

1999 年，他连续撰写了《改变环保产业的生产模式》《浅论我国城市污水处理厂建设资金筹集问题》《城市污水厂建设和运营费用的探讨》等文章，并在业内期刊杂志发表。

当时有不少人说："文一波就是个破局者，破坏的破。"文一波说："我是破局者没错，但是，'破'是打破的'破'。"文一波要凭借自己的努力，挖掘民营企业的优势，打破"玻璃门"，让不可能成为可能。事实证明，在那之后，民营企业迅速崛起，伴随着市政公用事业改革的一系列政策，市场标准越发趋于理性化，国企、外企、民企"三足鼎立"的市场格局逐渐形成。

最重要的是，文一波掌握了 BOT 这个利器。

桑德第一个 BOT 项目的获取过程颇为曲折离奇。

当时北京市在污水处理厂建设方面有不同观点，一种观点是主张建大型污水处理厂，这种观点催生了高碑店、清河等污水处理厂。北京市环境保护局副局长郑元景是一位老环保人，他认为应该先建设一些小型污水处理厂，有利于水

---

① 2L：2L 是城市污水生物处理技术的一种。2L 技术具有低投资、低操作要求的特点。

② 3L：3L 也是城市污水生物处理技术的一种。3L 技术具有低投资、低运行费用、低操作要求的特点。

资源利用和河湖补水。也因此，北京市才在城内规划了吴家村、肖家河等污水处理厂。

文一波努力推动用 BOT 模式建设清河污水处理厂受挫，随后写信给北京市政府，在 2000 年终于获得了肖家河污水处理厂 BOT 项目。这个日污水处理量 2 万吨的厂子，是我国最早以 BOT 模式建设的市政污水处理厂之一（2016 年已升级为再生水厂，日处理规模由 2 万吨提高到 8 万吨）。这个时候，距离建设部第 126 号《市政公用事业特许经营管理办法》，在市政基础设施领域全面推行特许经营还有近 4 年时间。

文一波并不认识市长，也不认识北京市其他有关领导。他怀着"中华碧水计划"的宏大梦想，以民营企业家的身份写信给北京市政府、北京市委，信中还谈到北京市未来要申办奥运会，公共设施服务不能是垄断的。桑德具备很强的专业性，文一波认为可以通过竞争机制来极大地降低污水处理厂的建设和运营成本，同时为北京申办奥运会加分。

肖家河项目的获取过程艰苦卓绝，实施过程也不容易。

圆明园西侧同一个区域在建一个花园别墅，房地产公司老板反对在这里建污水处理厂。出于无奈，桑德的一位副总经理组织了近 200 人（有协作单位的工人和自己的工人），在凌晨四点，趁着黎明前的黑暗，趁着保安都还没起来，静悄悄地把地围了起来。到了白天，对方就闹将起来，双方僵持了一个礼拜，文一波没有退缩，肖家河污水处理厂最终于 2002 年建成。

这个项目标志着桑德从工业废水处理向市政污水处理转型，这对民营企业以 BOT 方式进军市政污水处理也是意义非凡。有了它及北京建工金源环保发展股份有限公司（以下简称"建工金源"）等公司的努力，才有了 2002 年建设部推动市政公用事业改革，出台《关于加快市政公用行业市场化进程的意见》（建城〔2002〕272 号），才有了 2004 年的《市政公用事业特许经营管理办法》（建设部令 2004 年第 126 号）（即著名的"126 号文"，至今仍是供排水和固废行业市场化的定海神针），才有了 2005 年的《基础设施和公用事业特许经营管理办法》（国家发改委 2015 年第 25 号令）。这些文件的出台，其实都晚于产业主体和地方政府的改革实践。

桑德和文一波在历史转折时期，利用政策性契机，果断在商业模式上突破，对行业的市场化改革产生了非常大的影响，这是有功劳的一笔。

2003 年，中国水网开始进行年度企业评选，2003—2018 年的十六年间，桑德始终代表民营企业在十大影响力企业中占据一席之地。

2016 年 3 月 30 日，文一波在 2016 年（第十四届）水业战略论坛上发言。这是他最后一次参加水业战略论坛，他几乎参加了此前所有的水业战略论坛和固废战略论坛（最后一次参加固废战略论坛是 2017 年 12 月）。

跨入固废——双轮

"十二五"期间，由于污水处理市场饱和，多数公司将目光转向垃圾处理产业。随着住房和城乡建设部（以下简称"住建部"）将垃圾发电纳入可再生能源补贴，业内人士预计，垃圾发电产业即将迎来十年增长期。从那时起，文一波开始频繁造访各地城建系统，希望将桑德集团另一业务板块——桑德环境打造成为支撑桑德固废业务的重心。

梳理知名环境公司的成长路径会发现一个现象，国企的大部分和民企的一部分，都是选择固废、水务两条腿走路，毕竟都需要和城建系统打交道，做通了水务，再去做个垃圾焚烧发电厂就是顺道。最早的有金州，后来的北京首创生态环保集团股份有限公司（以下简称"首创环保集团"，前身为北京首创股份有限公司，简称首创股份）、北控水务集团有限公司（以下简称"北控水务"）、中国光大环境（集团）有限公司（以下简称"光大环境"或"光大"，前身为中国光大国际有限公司），本质都是两条腿走路，桑德也是。

2005年，桑德下属公司合加资源发展股份有限公司，承接北京阿苏卫生活垃圾综合处理项目（以下简称"阿苏卫"），正式进入固废处置领域。

阿苏卫垃圾综合处理项目位于昌平区小汤山镇阿苏卫村，投资3亿多元，是北京市第一个生活垃圾治理特许经营（BOT）项目，同时也是首次将社会资本引入环卫领域的示范项目。

生活垃圾处理当时有两派：焚烧派和填埋派。文一波走了另外一条路，他说自己是综合利用派——那时候叫静脉产业园，充分分拣可回收物，再将有机垃圾变成肥料，而不是一烧了之。这个出发点站位很高，然而焚烧占了绝对主流，桑德在其他地区的开拓也是更多采取焚烧方式。

继阿苏卫之后，桑德又以综合处理模式在国内外拓展了几个大型生活垃圾处置项目。

但总体来说，桑德在固废领域依然以垃圾焚烧发电为主导。

固废领域不仅包括城市生活垃圾处置、工业废物处理，还有危险废物处理。其中，在工业废物处理板块，桑德当时稳占国内第一把交椅。在生活垃圾处置板块建立了市场和技术核心竞争力后，桑德又成功地进入危险废弃物处理板块，分别建设了甘肃省危险废物处置中心、湖北危废处理中心、吉林省危废处理中心、蒙东危废处理中心等数个危险废弃物处理项目。

危废这个板块在中国火起来是在七八年后，顶峰时期是东方园林高价收购的2017年，桑德的布局可以说非常具有前瞻性。

不过，桑德垃圾焚烧发电产业却与水务有着较大差别。由于垃圾启动特许经营比水晚了不少年份，市场先机已不再独属于反应迅速的民企。

从市场角度看，位于长三角、珠三角的优质项目早已被地方环卫系统或光大这样的强势先行者垄断，大多数二三线城市项目本底有缺憾，实质在亏损运营。没有光大、杭州锦江集团有限公司（以下简称"锦江"）等竞争对手那样强大的圈地能力，桑德错失了一线城市的优质资源。但它的成绩依然不错，后期又借PPP2.0在2014年开启环卫市场化大潮之机，顺势进入环卫领域，这是它第三个与市政有关的投资、运营领域。

2009年，中国固废网开始进行年度企业评选，2009—2019年，桑德环境连续11年入选固废十大影响力企业（早期以合加资源之名参评，后期以启迪环境之名）。

两个上市公司——资本

相比同时代民营环保企业,桑德最早插上了资本的翅膀。这得益于文一波最早引入了懂资本的专业人士,更根本的原因还在于他对资金的渴望。

创业早期,需要资金时只能找银行,途径有限,成本高,文一波这时候就看到了资本的力量,就想扩大规模,走向资本市场,做BOT之后这种想法更加强烈:靠自我滚动发展很慢,通过资本的杠杆效应来让公司发展加速,坐上高速列车。他引进了一些人,这些人不光懂资本,还能帮他对接资源。

2002年,文一波收购国投原宜实业股份有限公司(以下简称"ST原宜"),入主后改名合加资源(后改名桑德环境、启迪桑德,截至目前名为启迪环境),但仅将极少的水务资产注入,反而借助此上市公司平台开始进军固废处理。

2006年10月6日,伊普国际在新加坡上市

2006年,文一波将其主要的水务资产在新加坡上市(伊普国际2010年更名为桑德国际有限公司),后又于2010年在香港上市(桑德国际)并于2013年在新加坡退市。

由于涉嫌同业竞争,桑德环境和桑德国际两家公司间整合的意愿强烈,公司最终选择的方案是,将桑德环境旗下水务资产出售给桑德国际,同时通过定增和收购后者股权达到控股。

当时上市的环境公司凤毛麟角,而文一波同时有两个。这也难怪北京控股集团有限公司(以下简称"北控")收购完中科成环保集团有限公司(以下简称"中科成"),并做成功后,也想找文一波合作。北控的想法是把桑德的水务业务并到北控水务，再把北控固废业务并到桑德固废板块，文一波做固废板块的总裁。

北控当时在资本市场如鱼得水，是不缺钱的，再加上文一波本身又有干劲，又有技术，又有能力，所以时任北控水务集团董事局主席张虹海很看好他。但文一波没同意。

在诸多诞生于20世纪90年代的环保公司里，桑德的资本之路走得应该是最彻底也是相对顺利的，杠杆用得熟练，上市更是给桑德插上了高飞的翅膀。这也是文一波当时拒绝北控的底气。

资本在企业家创业过程中是非常重要的因素，有了资本的助力之后，桑德的业务几乎有力地涵盖了环保领域的所有板块。坐在马驹桥那个气派的弧形办公室里的人，应当能感知到这力量是多么迷人。

主要业务板块——横纵

最终，港股上市的桑德国际在水务方面有四大板块：大型市政污水处理、工业废水处理、小城镇污水处理、水生态治理，这四部分业务较为传统。

A股上市公司桑德环境则逐渐形成了五大业务板块，而且新布局业务较多。

第一个是固废板块，主要是以生活垃圾焚烧发电、餐厨垃圾处理、污泥处置、医疗废弃物及工业废弃物处置为主。

第二个是水务板块，以湖北为中心有几十个水的运营项目。

桑德环境市场也会涉及水领域，业务上就会和桑德国际"打架"。文一波为此专门组织召开了几次会，确定水的业务以桑德国际为主，但也并未完全禁止国内上市公司做水的项目。桑德后期整个系统中形成了项目报备制度，报备后相互协商，协商不成，老板再出面。

第三个是环卫板块，作为固废上市公司，桑德环境以生活垃圾焚烧发电为主，但实际上产业链不完整，只有焚烧，没有前端的收集，也没有中间的转运。

基于这个考虑，文一波和桑德环境当时的高管团队，很早就提出了完善产业链，2013年真正开始前端布局，签下河北迁安环卫转运项目。这个项目签有正式合同，但后期没有实施。

2014年，桑德环境成立了环卫事业部。当时并没有接到项目，但因为看到了市场前景，除环卫事业部外，又成立了一个新环卫公司，名为北京桑德新环卫投

资有限公司（以下简称"桑德新环卫"）。环卫版块真正做起来是在 2015—2017 年三年间，从无到有，获得了大概 200 多个项目，在当时做到了环卫领域前三。

桑德新环卫迅速发展的秘密在于：当初桑德主要做垃圾焚烧发电，PK 不过光大、锦江、首创环保集团、北控水务、深圳能源环保股份有限公司（以下简称"深能源"）、上海环境集团股份有限公司（以下简称"上海环境"），要迎战对手只能靠产业链——无论在水还是在固废领域，桑德都号称产业链最完整。这是桑德的显著特点。

文一波定下基调：确保发电项目能拿到手，环卫项目是做配套。可能环卫项目不赚钱，但是为了拿到发电项目，也要做。当时地方政府在推行环卫市场化，桑德既能处理垃圾，地方政府已有的固定资产在评估完之后也能进行收购，保证国有资产不流失；又能把环卫做得更好——当时好多城市也有创建文明城市方面的要求。

基于这样的时机，桑德迅速做大了环卫版块，还推出了桑德环卫云等互联网+项目。

第四个是再生资源板块，基于固废业务，桑德尝试了再生资源、土壤修复等一系列细分领域。文一波当时发现国家从产业政策层面，对再生资源有扶持倾向，就把重点放到了再生资源上，主要业务包含废旧电器拆解，这和生活垃圾里面的再生资源利用不同。

文一波的战略是：进入任何领域，不管是通过收购、并购，还是自身的市场拓展，必须在短时期内做到国内行业前三，一旦做不到，马上砍掉。

一年多时间，通过收购或并购国内十几家再生资源企业，桑德迅速成为国内第一，年拆解量达到 2700 万台，第二大拆解企业的年拆解量才 800 万台。

环保行业最大的特点是靠政策吃饭，政策好就能吃好，政策不好马上进入冰冻期。这是文一波多年拼杀得出来的经验。这也是桑德全力奔赴行业前三的原因。赢得了市场，拥有了话语权，才可以影响相关的产业政策制定。

第五个是装备制造板块。最早有海斯顿在马驹桥做水处理设备，后来桑德又在湖北咸宁获得了 500 亩地，建了产业基地——湖北合加环境设备有限公司（以下简称"湖北合加"，为合加新能源汽车有限公司前身），跟中联重科股份有限公司（以下简称"中联重科"）合作，做环卫车辆和洒水车、清扫车。

这五个板块，加上文一波在"2016（第十届）固废战略论坛"上讲的"环卫+互联网"，桑德已经织成了一张大网，在固废领域：环卫、焚烧、有机、危废和可回收垃圾，将城市固废几乎一网打尽；在水领域，伴随着PPP，流域治理、厂网河、农村污水，桑德也是一场不落。2016年，在海口推进的几乎是中国最早的城市流域治理PPP项目中，桑德凌厉地拿下了两个。

2016年12月8日，文一波在"2016（第十届）固废战略论坛"上

进军国际市场——布局

　　桑德是最早进军海外市场的民营环保企业之一，起初是卖设备，后来也做工程。

　　"国外市场和国内市场是很不一样的。在发达国家，环境是要放在第一位考虑的。在我国，首先考虑的是要少花钱。所以国外的污水、固废都处理得差不多了，而我们国家有很多。我们是在这样的环境中磨练出来的，所以环保服务做得更加细致，技术和产品更加有竞争力。"2007年，接受媒体采访时，文一波如是说。

　　当时桑德的产品部分出口，有些高端产品在国外更有市场，而且"利润更高"。"瞄准欧美市场"是文一波给环保设备业务定的目标。这些与国外技术基本没有差距甚至在某些方面更加领先的设备，带着中国制造的标签被售往国外。

　　以环保工程服务起家的桑德，在国外也绝不会放弃环保服务这块蛋糕。在发展中国家，有很多从设计到承包到投资的一揽子工程项目，都是桑德的目标。

　　"中国有很多对外承包的窗口企业，这些企业在国外已经有相当的经验和稳固的关系，我们帮助这些窗口企业，为他们服务。"文一波说。这样，他就可以坐在

北京的办公室里，获得来自中东甚至朝鲜的订单。

2009 年，桑德先后中标沙特阿拉伯 Jubail 第九污水处理厂的二期扩建工程和一期提标及扩建工程，成为我国最先承接到海外环境项目的企业。

桑德这面民营环境企业的旗帜看起来越发鲜艳夺目，但时间却不会让任何人和事物永远停留在辉煌时刻。

存心时时可死，行事步步求生——信号

人们都期待企业家扮演先知、战略家、大英雄的角色，料事如神，用兵如神，凡事如有神相助，连失败都是为了实现或创造一个奇迹。可企业家毕竟不是神，无法全知全能。

桑德在战略上屡次成功，文一波作为有思想的企业家备受敬重。谁都没料到黑天鹅事件的发生。

2015 年 2 月 4 日，做空机构 Emerson Analytics 的一份报告，让 H 股的桑德国际被迫盘中停牌，全天下跌 5.25%。做空导致资本市场开始对桑德国际的报表真实性产生质疑，质疑进一步暴露了它在资金上的短板。复牌后没多久，3 月 13 日，审计师在对 2014 年业绩审计过程中发现，桑德国际的银行存款余额与账面余额存在 20 亿元差额，引发再次停牌。而后历经大半年审查，桑德国际最终将问题归因于：两项潜在收购的准备金在处理时出现重大失误。

资本市场的负向反馈形成连锁效应，震荡的涟漪波及了 A 股的桑德环境。

为了应对这场巨大的风波，2015 年 11 月，桑德环境引入清华系旗下的启迪控股股份有限公司（以下简称"启迪控股"），实控人由文一波变成清华控股。桑德寻找买方时，北控水务也曾是谈判对象，终因北控水务出价太低而选择了启迪。桑德环境 29.8% 的股权转至以启迪科技服务有限公司（以下简称"启迪科服"）为首的"清华系"企业，交易涉资 70 亿元，成为当时中国环境产业最大额度的交易案例。完成变更后，"桑德环境"更名为"启迪桑德"，成为国资清华控股旗下最大的环保上市公司。

清华系入主后，文一波仍担任董事长一职，启迪桑德继续快速扩张，进入高速发展期，营业收入连年增加。

快速扩张为启迪桑德带来巨大知名度，也埋下了不少隐患。2013 年至 2018

年年底，公司在建工程规模依次为 9.3 亿元、23.5 亿元、62 亿元、93.6 亿元、129 亿元和 133 亿元，6 年时间增长了约 14 倍。

首要问题是资金链安全。2015—2018 年，公司流动负债总额分别为 73 亿元、112 亿元、120 亿元和 157.5 亿元，负债规模连年上升。其次，巨额投资带来的回报增长缓慢。2015—2017 年，启迪桑德的归属于母公司所有者的净利润增速维持在 16% 左右。2018 年，启迪桑德的净利润同比下降 48.5%，仅为 6.4 亿元。

2019 年，启迪桑德更名为启迪环境，文一波同时辞去全部职务。

说到启迪环境，不能不说对桑德起到重大影响的另一因素：PPP。关于 PPP 始末以及其对民营环境企业的影响，已不需要再详说。

桑德在 PPP 快速发展的几年里，亦未能独善其身。

在政策推动下，桑德在全国各地获取 PPP 项目。尤其是 2017 年，桑德大概拿了接近 300 亿元左右的 PPP 项目。去杠杆政策出台后，当初贷款利率 4.12%，后期一下子增到 6% 以上。项目收益率按 8% 算，一个项目几十亿元投进去，把零零碎碎刨去，以新的贷款利率计算，几无收益。PPP 成为压在桑德身上的最后一捆稻草。

进入 2019 年，桑德工程频现资金风波并涉诉，因未按期履行其给付义务，上海市第一中级人民法院、浙江省衢州市衢江区人民法院均对文一波发出限制消费令，要求其不得实施高消费及非生活和工作必需的消费行为。

此前，2018 年 10 月，文一波夫妇作为桑德集团实际控制人以 73.8 亿元排名 2018 福布斯中国 400 富豪榜第 313 位；2019 福布斯全球亿万富豪榜中名列第 1941 名；2019 年 10 月，文一波夫妇以 125 亿元人民币财富位列 2019 年胡润百富榜第 309 位。而 2020 年的财富榜单中已不见文一波的踪影。桑德集团自 2019 年以来，天眼查上 88 个开庭公告，全是财务纠纷：借款合同、融资租赁合同、买卖合同、金融借款合同、民间借贷、劳动人事争议。

原国家环境保护总局局长曲格平，与文一波在 1997 年相识，两者都有改变中国落后的环境保护状况的理想，因此惺惺相惜。接下来的十年，曲格平每次遇到文一波，都会关切地问道，"小文，你那个企业还行吗？" 直到 2008 年，桑德进入国际市场并取得良好收益，曲格平才确信桑德不会死掉。

谁能想到，桑德会在十多年后再遇生死关。

文一波的创业历程经常堪称时时可死、步步求生。香港的沽空让高速奋进的

桑德巨人第一次打了个重重的趔趄，PPP 潮落则是另一次重击。不过，文一波依然被看作环境领域的创业英雄，是鼓舞人心的正面形象。

从某种角度讲，环境领域的创业者像西西弗斯一样，是"荒谬的英雄"。西西弗斯之所以是荒谬的英雄，是因为他的激情和他所经受的磨难。他以自己的整个身心致力于一种没有效果的事业，而这是因为对大地的无限热爱而必须付出的代价。正如环境领域的民营企业家，所在的领域，作为一种成本项，一直是全社会排在队尾的行业，日复一日推动巨石，而痛苦就在心灵深处升起：这是巨石的胜利，这就是巨石本身。

文一波在各种公开场合诉说民营环保企业的困难，民营企业连说话渠道都少有。正是为了有说话的渠道，他才和几个民营企业家以及中国水网一起谋划成立了环境商会。此外，现在环境领域许多专项资质，也都和他的推动有关。

自 2018 年开始，一系列环保投运类重资产上市公司纷纷易主国资之际，2019 年科创板开启，给民营企业打开了另一扇窗，行业渐渐地走向了技术驱动时代。2019 年，南京万德斯环保科技股份有限公司（以下简称"万德斯"）在科创板脱颖而出，成为中国第一个科创板挂牌的环保公司，它的创始人刘军正是文一波本科校友。

出生于 1977 年的刘军，心中有两个偶像企业家——万科企业股份有限公司（以下简称"万科"）的王石和桑德集团的文一波，都和他是一个学院毕业的。这侧面体现了文一波在环保创业者心中的江湖地位。

2013 年，刘军（左一）与文一波（左二）

新能源与 PPP——变局

2011年，文一波在他的家乡湖南湘潭创立了一个新公司桑顿新能源。业内觉得他此举有点高深莫测，看不明白，只知道这个公司做锂电池，还做电动自行车。

2012年，特斯拉推出了第一款豪华电动轿车 MODEL S，文一波立刻订购了一台，是中国最早一批特斯拉用户。车停放在桑德集团大院内，高管们和一些到访的媒体记者都曾试驾过。

买车不是为了新奇好玩，也不是为了享受，文一波自有他的打算。他已考察新能源行业两三年了，起初他想收购一家锂电池相关行业的国有企业，但收购最终落空。虽然起步就遭遇"滑铁卢"，但文一波没有放弃进军锂电池行业的打算。

与外界声音不同的是，他不认为桑德集团是在转型，而是在做环保相关多元化。这多元化其实不光是新能源，还包括互联网。他筹划建立超级互联网环卫渠道，在集团设立了首席信息官职位。

"作为锂电新能源的一名新兵，桑顿有信心在3~5年内做到国内前五强。"2013年10月10日，在湖南桑顿新能源一期生产线投产仪式暨新产品发布会上，文一波称，新能源生产线一期投入20亿元，二期2014年上半年投产。

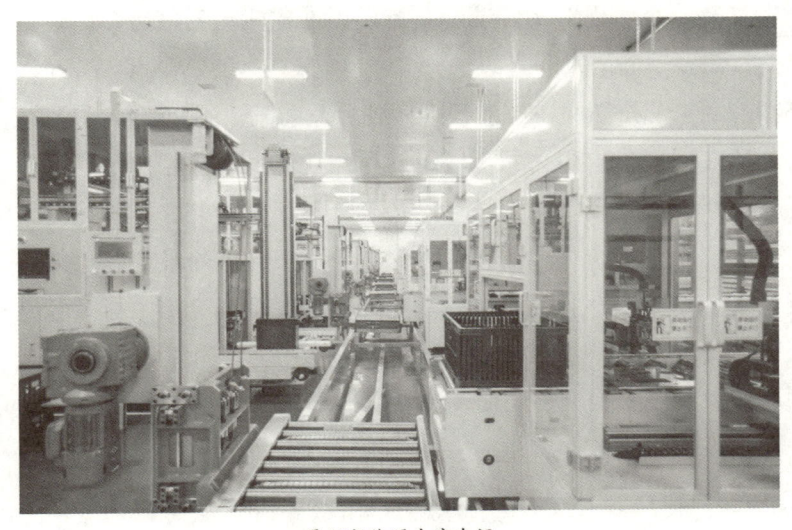

桑顿新能源生产车间

这个新能源生产基地是纯现代化企业，现代化汽车生产工厂的标准配置。

自此，一期、二期、三期……文一波把上百亿资金投入到新能源，他的一些精力也从水务、固废转到了新能源。他曾经就此说过："环保这些商业模式，现在大家都学会了，拥挤不堪，要另外开出一条新路来。"而政策环境的变化，信用体系更高的国企、央企的进入，也带来了冲击。

2017年，文一波在接受中国水网采访时曾表示，新能源行业技术发展很快，必须抓住时间，投入更多精力，加速做上去，不能有任何闪失。按照他的计划，2020年集团新能源业务至少进入行业前五，力争前三。

新能源市场近年已经成为很多商业大亨竞相布局的新兴市场，文一波布局不可谓不早，桑顿新能源与宁德时代新能源科技股份有限公司（以下简称"宁德时代"）成立于同一年。

新能源业务有两类，直接赚快钱的是光伏、风电等，如北控清洁能源。文一波选择的是储能，做锂电池，应该说非常超前，也非常难。

但随着新能源的发展，"3060"目标[①]的提出，使能量储存越发关键。储能市场会起来的话，锂电池就会随之起来。出租车、公交车、环卫清扫车等，都陆续置换成了动力电池驱动，私家车里电动车的占比也在增加。未来，电池可以用于所有的交通设备，甚至可以用在家庭供电上。现在要解决的问题是蓄电容量要增大，充放电循环次数要多。

这确实又是一个历史关头，谁能坚持住，谁才能笑到最后。而这是一个资金密集型产业，需要不断研发、升级。

桑顿新能源未能按照文一波的预期做到行业前五。到2021年做到了前十，与宁德时代、比亚迪股份有限公司（以下简称"比亚迪"）相比差距比较大。动力电池市场很大，但桑顿新能源从技术储备到管理团队，并非尽善尽美，最关键的是这个行业需要大量资金。他的战略方向、战略眼光依然没问题，但是却比以往更需要巨量资金支撑这个新能源梦想。他曾计划去美国上市，目前看已经不具备条件。

桑顿新能源大股东为桑德集团，另有启迪环境持股22.77%，而启迪环境早已

---

① 3060目标，指应对气候变化，要推动以二氧化碳为主的温室气体减排。中国提出，二氧化碳排放力争2030年前达到峰值，力争2060年前实现碳中和。

自顾不暇。

　　学霸型创业者，如文一波这个水平的，研究透一个市场，可以推演出未来三年的打法，像做数学证明题一样，一招一式，分毫不差，最后步步为营，一举拿下。但是一旦算错了，或者外部环境突变就很要命，可能让公司长期找不到北，打赢了每一场战役却输掉整个战争。文一波在历史转折期间答错的题，可能比答对的更贵。

　　"为环境，无止境"，是著名的桑德口号，几乎贯穿了文一波的创业历程。急性子的文一波，所能支配的资金几乎不能支撑其太大太快的梦想，但"为环境，无止境"这种精神，依然正在更大的环境领域——新能源领域，孕育能量。这幅字正是曲格平写的。

复杂的人性——争议

　　文一波青年时期亿万富翁的梦想实现了，仿佛又破灭了，未来怎样，无法预言。

　　他在 2014 年接受采访时曾说，"我的财富不在口袋里，都在投资的一百多个污水处理厂和垃圾处理厂里，全是产业，我要不断地去投，投资环保基础设施。""我是为社会积累财富，不是为个人积累财富。"

　　命运之轮已经转了整整一圈，他曾创业维艰，现在又一次创业维艰——虽然深受敬重和久负盛名。投资亏损的其他股东以及被桑德拖欠款项的讨债者，肯定是咬牙切齿。但文一波作为民营企业家，立志高远、敢于创新，按照他的人生信条，却也做到了"对社会有益"。

　　他赚到的钱不是纯粹为了自己享乐，让自己过上穷奢极欲的生活，他的钱确实大都投入了再生产、做企业。这也是我们心目中这帮环境领域民营企业家的可敬之处。鼎盛时期的桑德集团，共有员工接近 14 万名（包括环卫公司的 8 万多名）。

　　不管现实处境如何，这批与文一波差不多同一时期的企业家确实对环保有很深的情结。早在马驹桥开发的 20 世纪 90 年代末，桑德就有人提出来：我们可以搞房地产，挣钱比环保多太多了。但文一波没有同意，坚持搞环保。

　　在其历任高管团队心目中，文一波都不是一个贪图享受的人。"他没有任何不

良嗜好。"他们异口同声地说，他甚至连一点特别的爱好都没有。他不抽烟，偶尔为了应酬喝点酒。在孩子还小的时候，他心中只有两件事：公司和孩子——百战不死的猛将，也离不了儿女情长。现在女儿已经长大，不再像以前那样依赖父亲，他操心的事情就只剩下公司。

早上七点到公司，晚上最早七八点走，甚至十一点才回家。"你说他是工作狂，他也不像是，但基本上所有时间都在办公室。而且特别不愿意应酬，跟人吃饭对他来说是挺难的一件事。"某位桑德元老说。

这个行业是要跟政府官员打交道的。文一波却不是八面玲珑的交际家，他不愿意费脑子去琢磨人情世故，尤其还得喝酒。不得已喝一点酒，身边的人就能感觉到他在勉强自己。有时候遇到强势政府官员，他还容易跟人呛住。后来再有应酬，高管们也不叫他了，这对他有难处，对谈判效果也未必加分。

2008年，桑德在兰州中标一个BOT污水处理厂项目。同时中标的两家公司分别是中铁一局集团有限公司（以下简称"中铁一局"）和北京恩菲环保股份有限公司（以下简称"恩菲"）。签完合同后，市政府准备让大家中午一起吃饭。文一波直接跟高管们商量："咱不吃饭了。"他跟业主说："我们还有事儿，就不在这儿吃了。"说完几个人就走了。结果，他领着高管们去吃拉面。拉面馆子人很多，他和其他人一样端碗站着等座，坐下来才吃上面。

他在吃喝方面唯一的要求是吃湘菜；他不讲排场，出差时，不需要助理，和总裁、副总拎包就走。"他对物质没啥追求，有时吃好的也是没办法，因为要请人，台面上就得吃那些东西。有时候为了充门面，住五星级酒店，他没办法，因为要见人就得住那样的地方。他在吃喝玩乐上，确实没有什么太多欲望。"熟悉他的人说。

他的欲望在于做大企业，在这个世界建立事功。对于物质欲望很低的人来说，钱作为生活资料应该是绰绰有余，但作为生产资料却是大大不足。

他是典型的技术出身的创业者，在经历初期资金枯竭之后，他很快意识到钱的重要性。桑德集团很早就开始资金运作——那时候还称不上资本运作，建厂房就可以找贷款。贷款评估时，银行对厂房和资产比较感兴趣，起码有抵押物，就不是皮包公司了。

桑德发展过程中遇到的最大问题就是缺钱。这是环境企业在跑马圈地时普遍存在的现象。为了抢占市场，企业必须用比较低的价格快速铺开，这个时候盈利能力肯定会受到影响，另外由于市场融资比较难，短债长投现象也很严重。

文弱秀气的书生，心中却是金戈铁马。文一波经营桑德集团的过程中，为了冲体量，有时候不计代价。在资本推动的年代，他确实成功了，但后期又要为以前的所作所为买单。民营企业一向离不开强人治理，桑德集团在各个领域的急速扩张，离不开文一波高超的资本运作，却也为日后埋下了祸根。

那个时期的市场，除了政策的影响外，最核心的要素就是资本和资源。这么多年来，和桑德同期的这批企业，都是差不多的路径：有多大体量，取决于有多大资本，有多少资源。但在央企进入后，拼资本和资源的时代就完结了。

文一波从战略眼光和道德品性上受到众口一词的推崇。他虽然很少夸奖人，却也从不吹胡子瞪眼睛，在下属心中温文儒雅。他作为湖南人的特点主要体现在坚韧、执着、永不气馁上。然而，他不是完人，在对待人才问题上颇受诟病。

经营企业过程中，"人"这个要素确实复杂，个人能力肯定是基础，但最核心的是人与人之间的信任，创始人与团队之间的默契非常宝贵。

文一波很能认识人的价值和特点，知道该怎么用，也充分信任，愿意聆听下属的意见并教他们做事。只是他很多时候用人用不长，熟悉他的人说，"他识人和用人是没问题的，留人是有欠缺的。"他知道，在一定阶段，不分享企业发展的成果，这些人会走。他的"独"，一直是让一些因此离开桑德的创业老搭档们腹诽的地方，这在业内是个公开的秘密。

他在担任中关村民营企业家协会轮值会长时，曾和柳传志交流企业的经营管理问题，柳传志当时就指出来：你的激励不行，会出问题。但他没有做出改变，因为他觉得没必要，人走了还能再培养一批，没准儿比前面的更好用，更出成绩。也正因此，倒是成就了桑德这所"黄埔军校"。

不过，历史悠久的民营环境企业，又有哪个不是"黄埔军校"？只是不同的企业家对此心态不同。

不管怎么说，元老一批一批离开，是对企业根基的损伤。作为生于20世纪60年代的企业家，自身又是能力极强的学霸，文一波骨子里难免是自我美化的英雄主义者。但即便是拿破仑打仗，也需要忠心耿耿的将军们辅佐，而拿破仑最后的"滑铁卢"之败，正是因为身边已没有可堪大用之人。

文一波也曾试图解决人员流失问题，但他没有找到答案。

桑德创始人文一波

"革命尚未成功"

2018年初，桑德曾有意出版一本介绍企业历史的书，但这家环境行业里唯一可能出企业史的公司，最终没有出这本书。以后还有可能吗？等到文一波的锂电池事业获得成功，那大概还是有希望的。

感动自己是容易的，改变世界是困难的。现在的桑顿新能源还在生死大海上寻找舟楫，在无名长夜里叩问灯炬。谁不希望通往成功的路，眨眨眼，镜头一换，就从困顿变成鲜花着锦。

市场化管不好，单点环境治理没有实现应有的环境效果，那就换体制化来管，放养的变散养，散养的变圈养，乱象可能会变少。但民营企业也就别再想用资本和资源驱动自己高速增长了，也不要再想什么全产业链了。时代不同，江湖已不是二十多年前的那个江湖。

文一波一直认为：环保行业的前期主要由科研人员、大学老师等掌握一定环保技术的人所开创，公司的规模大多是几十个人。缺少有实力的企业带领大家将这个行业做成规模化，可以说国内环保行业从发展的初期就有些畸形。他希望做出规模化，他也做到了规模化。

从这个角度来说，在环境领域变局之下，新能源难道不是文一波的某种突围之举吗？桑德要是倒了，大型民营环境公司几乎也就绝迹了。我们要感谢那火热创业的梦想年代，不那么成熟的市场化环境以及当时的补贴、政策等需要辩证看待的各种事物成就了第一批环境企业，也为产业形成奠定了继续前进的物质基础。如今潮水退却，像桑德一样的第一批环境企业已经没有了拓展的雄心和动力。

我们想象中的文一波回顾往事时依稀会落泪，后悔没有珍惜当初的情形，大概并没有出现。一种人的世界是立场、感受、意见；另一种人的世界是目标、方法、行动。创业者大都属于后一种。况且，文一波的性格中，没有"认输"二字。2015年后的艰难时期，他曾说过一句话，大意是：从一无所有的农民而来，大不了做回一无所有的农民，去种地。

桑顿新能源的微信公众号还在更新。文一波接待湖南省财信金融控股集团和湘潭市政府官员调研的消息，以及桑顿新能源与湖南财信金融控股集团有限公司、中金资本运营有限公司在湘潭签署战略合作协议的消息，照片中他的鬓边已有明显的白发。但看起来，他简直是强悍。

2021年8月27日，湖南省财信金融控股集团调研桑顿新能源

参考文献：

[1] 银柿财经. 启迪环境预计上半年巨亏40亿元，深交所关注在建工程减值时点 [EB/OL].（2021-07-15）[2021-09-21].https://baijiahao.baidu.com/s?id=1705359599460186139&wfr=spider&for=pc.

[2] E20听涛视频栏目. 强人文一波书写的桑德传奇 [EB/OL].（2020-09-04）

[2021–09–21].https://www.solidwaste.com.cn/video/1268.html.

[3] 汪永平. 专访文一波：出现环境事故才去治理，面对环保要有危机意识 [EB/OL].（2018–02–24）[2021–09–21].https://www.h2o-china.com/news/271000.html.

[4] E20听涛视频栏目. 肖家河污水处理厂：小项目的大历史 [EB/OL].（2020–09–08）[2021–09–21].http://wx.h2o-china.com/news/314112.html.

[5] 上海证券报. H股桑德国际做空报告提出五点疑问 桑德环境遭隔空狙杀 [EB/OL].（2015–02–05）[2021–09–21].http://www.mnw.cn/news/cj/851781.html.

[6] 戴涵. ST原宜收购方亮家底 文一波将成实际控制人 [N]. 证券时报，2003–04–11.

[7] 张枭翔，张旭. 文一波的执念 [J]. 中国慈善家，2014（6）：76–79.

[8] 胡雪琴. 桑德20亿跨界布局锂电新能源 [J]. 中国经济周刊，2013（41）：72–73.

往事并不如烟：刘晓光和张虹海、首创和北控的擦肩与握手

作者：全新丽

北控水务和首创环保集团号称环境产业的帝都双雄，两家公司的开创者——张虹海、刘晓光——的渊源可以追溯到很久以前。一个国企老总在二十几年里到底可以走多远，到底能为水务、环境产业创造什么，张虹海、刘晓光是标志性人物。

身为国企负责人，他们分别把两个不那么被看好的企业做成了北京市规模最大的国企之一，凭此业绩成为了主流企业家。

刘晓光和张虹海：从政从商，几多相像几多缘

北控水务和首创环保集团之所以能成长为环境产业龙头，与企业战略布局密切相关，与张虹海和刘晓光两位企业家密切相关。有意思的是，这两位年龄仅差一岁的企业家，主要的人生经历颇为相像，这或许是时代大潮下的相像。

他们都是在恢复高考后考上的大学。张虹海77级（北京大学哲学系）、刘晓光78级（北京商学院商业经济专业），都毕业于1982年。对历史稍有了解的人都知道，这意味着什么。

在中国高等教育史上，1982年是一个不同寻常的年份。这一年，恢复高考后的首批77级本科生于年初毕业。紧接着，夏季又有78级学生毕业。结果，这一年有两届大学生毕业，同属于1982届。

1977年、1978年的高考，录取率极低。这两年考上大学的学生，多数人经历过上山下乡的磨炼。这是一个历经艰辛终于得到改变命运机会的幸运群体，

是一个经历了最激烈的高考竞争后脱颖而出的群体，是一个大浪淘沙后特色鲜明的群体。

刘晓光和张虹海同年毕业后都去了政府部门。在政府部门工作多年后，又先后从商，在国企施展才干，并泽被环境产业，各自为首创股份（现"首创环保集团"，下同）、北控水务奠定了发展基础。

两人经历相像，还曾差点做了北京首都创业集团有限公司（以下简称"首创集团"）同事，但俩人的人生态度略有不同。

刘晓光风云录

1955年，刘晓光出生于北京市一个中层革命干部家庭。他在少年时期颇为顽劣，15岁那年，被父亲送去当兵。

在新疆当兵的时候，热爱阅读的他见书就读，读过《资本论》《法兰西内战》《哥德巴赫猜想》《红与黑》以及费尔巴哈的作品。虽然经济学的书籍当时他看不懂，但也算打下了经济学的底子，知道了一个斧头换三只羊怎么换，知道了剩余价值在哪里。

1975年，复员回到北京后，刘晓光被分配到北京测绘仪器厂，曾担任过政工办公室副主任、车间主任、车间党支部书记。积累了丰富的基层工作经验，他逐渐对中国的经济有模糊认识。

刘晓光学过油画，在军队学过新闻速写，还热爱诗歌，自己也写诗，是一名文艺青年。恢复高考后，他却报考的是北京商学院的商业经济专业，据当时的国情，他认识到国家亟需商业人才。

1983年2月，毕业后的刘晓光来到北京市发展计划委员会工作，先后任商贸处副处长、综合处副处长、商贸处处长，后被提拔为总经济师，在1995年离任时，他已经担任党组成员、副主任；期间，还曾在北京市百货公司挂职副总经理，在北京齿轮总厂代职副厂长。

正当他在仕途上一帆风顺之际，他那颗想要当企业家的心又开始波动了。

他对企业不陌生，是北京市政府最早了解资本市场的一批人之一。20世纪90年代初，北京市政府的上市、发债、基金等方面工作多是由他来主持，他是首席运作人。

1992年，刘晓光穿着一身不太合身的红都西服、一双旧皮鞋，带着三名同事来到香港为北京市第一个上市基金募资。

他们到处求见，却到处碰壁。香港的企业家们瞧不起这帮打扮老土的大陆"表叔"。

刘晓光只能破釜沉舟。他让大家把自己兜里所有的钱都拿出来，凑了8000元，买了一套西服、一双皮鞋、一件衬衣和一条领带，还买了一块浪琴手表。就这样，他们配备好行头进入了资本市场。一家一家拜访，一家一家介绍北京的发展计划：要想来北京发展，需要先入股基金取得一席之地。

距离上市基金募集5.4亿元现金，还差2000万元，可证监会规定差一分也不能上市。面朝维多利亚海，刘晓光站在酒店的顶层，愁绪万千。多年后，他说，"那时做事真不给自己留后路，眼看着几百万前期筹备费用就要花完了，募集款却没有什么着落，这回去可如何交代啊。哥儿几个坐在香港的酒店里发愁，恨不得推开窗户跳出去。"

因坐愁城之际，接到一个朋友的救命电话。基金募集完成，顺利上市，这个基金就是ING北京投资基金。ING荷兰国际集团，以及长江实业集团有限公司、新世界发展有限公司等香港大公司都有份。

这个基金先后投了电表厂、顺义肉联厂、城市管道等等，其中投资的顺鑫农业、创维集团成了知名上市公司。

1994年，刘晓光开始筹划首创。1995年，他出任首创集团筹备负责人，在体制内的路径由政转商。首创这名字，是他自己定的。

1995年4月发生了一件事，当时兼任北京市发展计划委员会主任的北京市副市长王宝森在怀柔畏罪自杀。王宝森正是刘晓光的直接领导。

很多年后，地产大亨潘石屹在纪念刘晓光的文章中提到，因为此事当时抓了一批人。那之后，他和一个朋友又见到刘晓光，那朋友问："晓光，你怎么还没有被抓呢？"刘晓光开玩笑道："就是啊，不应该啊！"

其实，刘晓光也接受了调查。他的同事——被他从外企挖来的财务总监侯守法，和他一起接受了审计署的审查。更可怕的是，有一天刘晓光突然告诉侯守法，北京市可能要把首创集团撤销。侯守法立刻产生了动摇，开始探讨另一种选择：下海自己干，并且鼓动刘晓光一起下海，离开体制内。

开始刘晓光并不赞同侯守法的想法。因为他觉得钱不是最重要的，干一番事业、实现社会价值才是最重要的。可下海自己干，平台太小，不会有什么社会价值。但随着调查的持续，再加上侯守法的坚持，刘晓光逐渐认可了侯守法对自己

人生道路的选择。

刘晓光虽有过瞬间动摇，但是最终还是选择了在体制内为国家干事。两人的分歧在于，刘晓光一直认为自己是共产党员，是党的干部，要在党的平台上做事，才会对社会的贡献更大；而侯守法则认为下海自己做也一样对社会有贡献，挣了钱照样可以捐给社会做善事。

两人曾经有过争论。侯守法对刘晓光说，二十年后你一定会后悔，并说出了以下三方面的原因。"第一，你是有理想有抱负的人，你不怕辛苦、不怕累，但是你总是希望得到别人的认可，尤其是领导的认可，如果得不到，你会极度失望，如果是这样，你会后悔当初的选择；第二，国营企业领导人大多都是'两院院士'，干好了去医院，干不好去法院，出现任何一种情况你都会后悔；第三，到时候你看到你今天的朋友都是大企业家了，都是富豪了，而你自己什么都没有，你也会后悔。"听后，刘晓光说不会后悔。

二十年后，刘晓光回忆往事，只谈及创业维艰，从未说过后悔。"创业最惨的时候，我们只有一个亿的现金，大概分布在112个企业里头。那时候我发不出工资，请人吃顿饭心里都很紧张。拿一个大信封，里面放5000块钱，一顿饭吃5000块钱，心里挺难受。"

最困难的时候，他向银行借款1000万元，银行的朋友说，刘晓光，好自为之吧。他的眼泪就下来了。之前在政府工作，曾调动几十亿的大钱，做企业以后，却这么惨。

他最终带着首创走出了泥泞，让银行看到了希望，从而又获得了更多投资。最有钱的时候是在2004年，国家开发银行又给了首创172亿元。这样大的资金，完全有能力构造产业带：基础设施产业带、环保产业带、地产产业带和金融产业带。

创业的艰难是微不足道的一个方面，毕竟他一直充满激情。他曾在机场写下一首诗发给朋友，诗的主题是《投资银行家》，朋友们嘲笑他诗写得不好，但也能看出字里行间的真诚，看出就是他本人的真实写照。

刘晓光在诗中写道："他不断为别人找钱、挣钱，他没有国界、业界，他没有圣诞、春节，甚至没有白天黑夜。他的全部财产是那大脑中的风帆，他的思想永远是那么跳跃、那么超前。面对资本的大海浩瀚，他首先是做一个最靓的概念，然后又盯上可盈利的资产。做好通道去见上层，方案最实才是无声的公关。为了金钱，他要主动做好做大产业，为了产业他又不停地寻找大的金钱。一个个特别小组的奇妙运作，使资本市场不断出现耀眼的光环。他时而在资产组合并购中兴风游离，时而在资本市场上夺目鹊起。这就是一个投资银行家，最犀利、最机敏、最淋漓尽致的灵魂闪现。"

另一方面是，他在相当长一段时间里不能完全得到信任，长期任职首创集团副董事长、副书记、副总经理，朋友们笑称"刘三副"。按照他的党性和能力，他担任这三个职务中的任何一个正职都是合理的。

2006年，刘晓光生命中的又一次低谷。受时任北京市副市长刘志华案子牵连，他被带走配合调查。期间，和首创集团一起投标盘古大观（曾经叫摩根中心）地块的潘石屹，被中央纪律检查委员会一位领导叫到办公室做了笔录。潘石屹的讲述证明了几家地产公司的行为都是合法的。

那位副市长没有再出来，配合调查的刘晓光两个月后全身而退。但回来之后，身体开始出现毛病。朋友们都很为他担心，劝他好好休息一段时间，调养一下身体，想想下一步路如何走，不如人生就此拐个弯，从此吟诗作画，过轻松愉快的日子。

可是他没有停下来，反而迸发了更大的近似于疯狂的工作热情。出事前公司已决定任刘晓光为董事长，却因刘志华案迟迟不能结案而一拖再拖，最后不得不另任他的副手。个人的升迁与否，身体的病痛折磨，这一切都不能阻止他，他还像从前一样充满了工作激情。

除了首创集团，刘晓光也因为创立阿拉善SEE生态协会的事被人称道，被他的企业家朋友们拥戴和尊重。《阿拉善宣言》中说，"苍天在上，此情可表，此心可证，在阿拉善这个沙尘暴起源之地，我们将自己呈献于世界，让历史检验我们吧！"

地产大亨冯仑在他去世后写的挽联是"是晓光总会燃烧，阿拉善善在永远；有首创便是不朽，企业家家即天下"。

2015年，在他创立首创二十年的时候年满60岁的刘晓光卸任首创集团董事长，携着清风与梦想离开。他刚担任这个职务两年。

2015年，他退休了。他说："我60岁，估计干了别人120岁的事。我做过7个上市公司，做了很多融资活动。这种激情我一直保持着，今天还保持着。我脑子里老想着我还是40多岁，还是想干这个干那个，还有雄心壮志。我不知道为什么，可能是由于过去的教育背景，也可能由于过去我自身向上的、激情的因素。我觉得人的生命很短暂。要在自己有限的生命里做得更好、更完美。"

他说，创业过程像电影一样在他脑海里翻滚。回顾这二十年，如果再有机会，还想再干。这算是"我不后悔"的另外一种说法。

虽然不后悔，但刘晓光经历了不少风雨。

虽然他说要陪老伴到处走走，要画画。但他没有就此休息下来，他说，他还在想，是不是还能再创建一些东西。

他思考怎么缩小贫富差距。他还想写一本书，假如他能写成，书的题目会是《蓝血商人》。

2013年，任志强的自传《野心优雅》卖得很火，刘晓光不以为然。

他看了民间金融博物馆创始人王巍给任志强写的序《轴人任志强》，立刻打电话给王巍，"志强那本书写得不怎么样，尽是他那点破事。我是人家不让写啊，我以后写本首创的历史，比他华远厉害多了。你也给我写个序。就叫强人刘晓光，不是强大的意思，是顽强的意思，创业打不死我，项目累不死我，就是别委屈我。我比老任不差，就是说不过他。一个烂摊子交给我，弄到几千亿，我也可以吹吧，你在北京就应该做大。"

2017年1月16日，在距离62岁生日一个月之际，刘晓光病逝于北京。他做成了首创集团和阿拉善SEE生态协会，但哀悼他的人依然说他"壮志未酬"，因为知道他还有更多事要做。62岁，在当今并非高龄。

他曾出版过一本诗集《岁月的甘泉》。虽然未必能作为文学经典传世，但也算安慰了一颗自始至终热爱诗歌的心。

2013年4月12日，刘晓光参加"2013（第十一届）水业战略论坛"

张虹海与刘晓光两度握手未成，却相逢于环境事业

1954年，张虹海出生于上海。他的父母分别是河南人和四川人，所以他自称祖籍一半河南一半四川。

因为父母工作的原因，张虹海在浙江长大。1977年，时年23岁，已工作八年，只有初中文化的张虹海，居然以金华地区文科第二的成绩考上了北京大学哲学系。入学后，他还担任了学生会副主席。

1982年毕业后，张虹海曾任北京大学团委副书记、共青团北京市委副书记、北京市青年联合会主席等职务。

和刘晓光一样，他在政府部门工作期间，一直在和企业打交道，还担任过北京国际信托投资公司总经理。

张虹海和刘晓光相识于20世纪90年代，当时刘晓光是北京市发展计划委员会的一名处长，张虹海则是市属金融机构——北京国际信托投资公司的副总经理（后又成为副董事长和总经理）。

张虹海年纪比刘晓光大一岁，资格比刘晓光老，"官衔"也比刘晓光高，但是刘晓光却是管他的政府官员。刘晓光官衔不算大，权力很大。张虹海他们每次见到发展计划委员会的干部，哪怕是个干事，都是战战兢兢、毕恭毕敬，更别说是权力很大的处长。

在张虹海眼里，刘晓光有点呼风唤雨的气势。但接触久了，他感觉到刘晓光是一个具人情味儿的、很有思想和看法的官员。

1998年，张虹海离开了工作八年的北京国际信托投资公司，担任北京市人民政府外事办公室暨北京市人民政府港澳事务办公室主任等职。

五年后的2003年底，张虹海从政府出来时，找过北京市委管组织工作的副书记杜德印，提出希望回到企业去。

当时他有两个选择，其中之一就是首创集团。

首创集团当时的董事长是从北京市发展计划委员会常务副主任位置上过来和刘晓光搭班子的林豹。林豹因去上海出差时车祸重伤，失去了自理能力，所以空出了董事长的位置。杜德印说："首创可以考虑，不过，去的话，不能当董事长，那是给晓光留着的。"张虹海回答道："晓光当董事长理所当然。我没想过接董事长或总经理，当个副总就行。其实，晓光即使当董事长，他也会干总经理的活。他就是这么一个人。"

后来，北京市委考虑了张虹海的经历，派他去了北京控股有限公司（以下简称"北京控股"）任总裁。2003年12月，张虹海加入北京控股，任北京控股副董事长兼CEO。

张虹海和刘晓光，第一次握手未成。

虽然握手未能，却因为刘晓光对环保事业的执着、因为二人共同的理念，他们在阿拉善SEE生态公益项目上走到了一起。2004年，刘晓光的一个电话，张虹海没有半点犹豫，北控成为阿拉善SEE生态协会的创始成员之一。

2007年，北京控股集团有限公司（以下简称"北控集团"）与首创集团联姻失败，第二次握手未成。通过收购中科成环保集团有限公司（以下简称"中科成"），北控集团组建了自己的水务板块。

对于张虹海和刘晓光来说，两人的友谊不仅没有受到影响，反而因为共同的事业愈发亲近。

2011—2013年，两位企业家连续三年联袂登上中国水网（即E20环境平台，以下简称"E20"）主办的水业战略论坛的舞台，向水务领域以及环境产业的同仁们吐露心声。

2011年3月24日下午，刘晓光、张虹海在"2011（第九届）水业战略论坛"

张虹海和刘晓光在环境事业上走到了一起。在E20的水业战略论坛上，每一次他们的共鸣都给行业带来持续的启发和启迪。

2014年3月末的水业战略论坛，刘晓光缺席，张虹海最后一次参加。在这年的论坛上,张虹海的发言让人尤其无法忘怀。

他说:"我的职业生涯在画句号阶段,回顾自己这45年的工作经历,我感觉到我们在环保方面是很愧疚的,上愧给我们留下青山绿水的祖先,下愧要尝我们毒果的一代,所以我的负罪感非常重。看到台下有这么多同仁,我非常高兴,希望你们能够成为奋斗的一代,把我们留下的烂环境、破环境、糟蹋的环境恢复起来,让我们的子孙成为幸福的一代。"

2014年,60岁的张虹海已届退休年龄。4月,他辞去北京控股有限公司执行董事兼副主席职务;10月,他辞去北控水务主席、执行董事及提名委员会主席职务;次年6月,他辞去北京发展(香港)有限公司执行董事职务,从此寄情山水。

张虹海出版过一本书,书名是《中土一梦·悠游新西兰》。在这本书里,他作为创作者的身份是"摄影"。

2013年,张虹海参加中国水网等发起的第九季中国水业万里行

北京市政府组建,北控曾欲"联姻"首创

2007年,北控集团经过5年努力,终于完成企业转型,由一个综合性企业转身为以基础设施、公用事业为主的企业,重组转型得到了资本市场的充分肯定,企业焕发了活力,成为香港资本市场地方红筹股的领头羊。

转型过程中最重要的一步棋——2005年初实现对北京燃气集团(以下简称

"北京燃气")的并购，由于时任北控集团董事长衣锡群的执着与坚持，最后终于在北京市政府的直接推动下实现。

2004年，北京燃气获悉北京控股有意收购，毫不留情地拒绝了。当时高盛已经给北京燃气做了赴港上市计划书，领导班子根本不可能接受北京控股收购的建议。

北京控股就重组燃气项目向北京市领导进行了多次汇报。当时的北京市市长在一次听取汇报时问：如果不重组，北控会怎样？得到的回答是：市场不会青睐这样一家没有主业、管理构架复杂、控制力松散的单一控股型公司，其价值将会被长期低估，重新融资的机会微乎其微。

北京市政府对北京控股的现实和未来了解清楚后，重组的决心非常大，开始强势推动。

北京控股重组北京燃气被命名为"3G项目"，即Gas、Government、Guoziwei（燃气、政府、国资委），政府和国资委对北控重组成败的决定性作用可见一斑。

在重组燃气项目的同时，北京控股开始有计划地进行业务整合及资产剥离，让一批非核心业务逐步退出北控序列，包括建国饭店、三元食品、西餐食品、国际交换、王府井及八达岭等资产的划转得以同步完成。

北京控股重组北京燃气的成功给北京市政府带来信心，于是提出了北控集团和首创集团的合并重组设想。

这两家企业有协同优势，也有很强的互补性。两家都有基础设施、公用事业板块，当时北控集团的燃气、首创集团的水务分别在全国同行业里名列前茅（2007年，首创集团旗下的首创股份已连续四年被中国水网水业年度评选评为"水业十大影响力企业"）；两家也都有"高速路"。两家合并，将形成当时全国最大的公用事业板块。

同时，首创集团布局的金融板块正是北控集团下一步发展所需要的，北控集团在海外资本市场的强大融资能力则是首创解决高额债务负担、加快企业发展所需要的。

政府强力推进，两家领导也有着比较好的私交，重组工作进展顺利，一直走到了挂牌阶段。新班子确定了，牌子也做好了，就等领导定出席时间了。这时，情况发生了变化，因为政府人事变动，北控集团和首创集团两家国企的联姻最终没能走到底，没能按当时的传闻和猜测诞生出全国最大的水务集团。

两家公司各自发展，培育出北京市乃至全国水务、环境产业的两个龙头，盛开了两朵并蒂花。

北控和首创：花开并蒂，殊途同归

1995年，政企分开。北京市计划发展委员会、北京市财政局等政府部门投资创办的一批企业组成了首创集团。接手这样的集团，对谁来说都不是容易的事。刘晓光临危受命、知难而上，离开了政府机构，挑起了重担。这一干，就是半辈子，一直到退休。

北控集团的来历是这样的。1997年5月29日，经北京市委、北京市人民政府决定，以资产重组的形式组建的北京控股，在香港正式挂牌上市并获得圆满成功，创造了首次上市申请资金数量第一、市盈率倍数第一、认购倍数第一的香港股市纪录。旗下已形成以基础建设、消费品、旅游及零售服务、高科技为主的四大业务板块，迅速发展成为颇具规模的多元化综合性上市公司。开局形势大好的北京控股，很快在"做大做强"方针指引下，仅仅几年时间，就无可避免地走向大而虚弱，被香港市场边缘化。

2003年5月29日，北京控股董事局主席换成衣锡群（时任市长助理、兼对外经济贸易委员会主任、北京市经济技术开发区管委会主任）。衣锡群指出北京控股日后会更注重三个元素及发展趋势：提升北京控股的内在价值，为股东创造更多回报；重视市场规则变化，进一步完善发展策略；更重视商业道德及诚信为本的企业文化。衣锡群没有再谈做大做强的理念，但市场对于北京控股未来的发展方向反而更认可了。

这一年的12月，张虹海加入北京控股。

2004年，衣锡群表示会出售盈利欠佳的业务，同时通过国企资产重组的机遇，积极收购水厂及道路等国企资产。

2004年底，张虹海表示，公司将计划用3~5年的时间重整业务架构，集中资源发展公开设备及基础建设项目，公司正在研究向北京市政府购入项目，此外，拟投资由东直门往机场的铁路项目，总投资额55亿元人民币，也有意投资水厂及燃气项目。

2005年1月8日，由京泰实业（集团）有限公司（以下简称"京泰"）和北

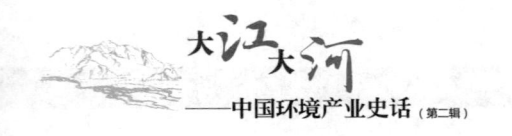

京燃气联合重组而成的北控集团，以近370亿人民币的资产总额，成为北京市最大的国有企业之一。此时的衣锡群也被任命为北控集团董事长、北京控股董事局主席及其母公司京泰董事长。

此时与北京燃气的联合重组，使北控集团初步实现了向城市能源服务为核心的综合性公用事业公司的转型，其战略目标也明确定位在"北京市政府对基础设施及公用事业从事经营管理的主导企业及海外资本市场投、融资平台"上。

北控在谋划水务领域，而在这段时间，首创集团也在水务领域高歌猛进。

2001年，首创集团下属首创股份正式进入了水务市场，作为北京市一家主要从事城市基础设施投资与管理的上市公司，自参与市场伊始便是高举高打，包括以10亿元募股资金收购高碑店污水处理厂一期工程、出资9000万元与马鞍山自来水公司合资成立马鞍山首创水务、出资19.7亿元与北京城市排水集团共同投资设立北京京城水务、出资1530万美元与威望迪环球集团合资设立首创威水投资公司等，一系列动作使得首创股份伴随中国水业市场化改革之路迅速发展壮大，并在2004年的首届"中国水业十大影响力企业评选"中一举夺魁，也自此开启了其对中国水业的领跑之路。

首创股份董事长刘晓光2003年接受媒体采访时曾说过，自己近年满意的两件大事，一是顺利完成了首创置业在香港挂牌上市，另一件就是以首创股份为平台进军水务行业。他认为，"水是一种不可再生的、战略性的稀缺资源""按照全球经济发展的格局，凡是与人类的生死存亡直接相关的产业将是永远的朝阳行业"，而那个时候，水务行业的市场化时机到了，首创股份乘势而起。

时任首创股份总经理的，潘文堂也曾谈过"涉水"的因由："水务属资本密集型产业，进入门槛高、投资长、回报稳定，适合大资金运作，非一般中小企业所能为。而且水务市场化程度不高，处于刚刚起步阶段，市场容量大，竞争对手少，加上我们有良好的政府关系，最终选择了水务。"

2007年，北控集团、首创集团合并未能成功。但北控集团走水务之路的决心已下。

张虹海表示，北控集团是把公用事业和基础设施作为主业，而不是把北京市公用事业和基础设施作为自己的经营范围。

同年，北控集团开始琢磨自行发展水务板块，但他们的水务资产实在是太微小了，只拥有北京第九水厂，于是北控董事会决定并购一家具备市场运营能力、经营状况良好的民营水务公司,而后与北控集团的水务资产一起装入壳资源上市。这时,中科成这家水务公司进入了北控视线。

除了中科成,北控集团还与其他公司有所接触,中科成打动北控集团的是其良好的盈利能力和技术水平。

对北控集团而言,中科成的技术、管理团队的能力和百万吨水的现成资产是他们最看重的。对中科成而言,如果与北控集团合资,北控集团的雄厚资金实力可以使公司在水务市场的业务拓展进入快车道。

毫无疑问,这种优势互补可以实现合资公司股东利益最大化。当然,这也是双方达成合资、上市共识的基础。

北控水务当年即入选水业十大影响力企业,位居第三名,第一名是首创股份,第二名是深圳水务集团(以下简称"深圳水务")。2009年,北控水务成为第二名,仅次于首创股份。2010年,跃居第一名。从此以后,在这个榜单上,第一第二的位置就长期由北控水务、首创股份霸榜,帝都双雄名号坐实。

北控水务超越首创股份,混合所有制功不可没。

在北控集团麾下的数百家企业中,北控水务应该说是一家十分特殊的企业。它的特殊不仅表现在其重组之初股份结构的配置中私营企业的股份仅仅比国有企业少了一点点,更为重要的是,北控水务的管理团队不是从母公司北控集团派入,而是由中科成管理团队全权管理,从市场上招聘。

形式上完成重组和能否将混合所有制进行下去最终实现股东利益最大化,这是两个不能相提并论的事情。

张虹海等北控集团领导的战略胸怀为北控水务的健康发展定了政策之调。他们将管理北控水务的大权交给了民营企业家,这不要说是在当年,就是现在也鲜见。

假使北控水务重组之始没有搞混合所有制,假使北控集团没有给管理团队这么大的权力,假使最初定调没有以完全市场化的方式经营这家上市公司,今天的北控水务会有这么骄人的业绩吗?国有资产能够得到如此井喷式增值吗?

人生苦旅踱步,终似一缕春风

"人生苦旅踱步,终似一缕春风。"是刘晓光生前喜欢的一句诗。

他爱诗,还爱写诗,也喜欢画画。但他最让人瞩目的是他的商业成就。

他领导首创集团在商场攻城略地,收购和培育多家上市公司,充分显示了他的杰出企业家能力,得到了商界朋友对他江湖地位的充分认可。

一个不争的事实是,在多个论坛上,刘晓光都是一位创造和传播先进思想的优秀企业家,也是一位受到广泛尊重的实干家,如亚布力中国企业家论坛,如水业战略论坛。在这些以企业家为主体的论坛上,没有出色的思想与出色的业绩,很难被认可。刘晓光每次敞开心怀演讲,都尽显睿智和大哥风范,是这些论坛的顶梁柱之一。

还有他在阿拉善SEE生态协会倾注的一番心血,正是企业之外的活动,却让社会更好地认识了企业家群体。

他似乎没有为爱好"浪费过时间",几乎所有的时间都花在工作上。即便写诗也是在机场或者飞机上。他的办公室里挂着他的一幅画作——一直是半成品。写诗和画画,挥洒的是他作为企业家的豪情。

张虹海与他略有不同之处。

张虹海说自己平日信奉知足常乐、随遇而安的老庄哲学,欣赏淡泊明志、宁静致远的神仙意境,骨子里却有北大熏陶出来的不安本分的一面。

2006年,时年52岁的张虹海正在北京大学光华管理学院读EMBA的时候,参与了中央电视台发起的《行走中国》活动。52岁,他说自己的职业特色是"老卖年糕(老迈年高)",故不敢说老骥伏枥志在千里,只要不拖众人后腿,心满意足矣。之后,他多次背起行囊,在大江南北行走。

退休后的他,带着他的相机四海漫游,行走江湖,不仅游,还写下了旅行到每一处的博文。

俩人虽有不同,其实刘晓光的退休计划里也包括了"到处走走",只是他的身体条件已经逐步不允许。2016年在某个论坛上,他因为面色发红、手部颤抖被质疑醉酒后上台,质疑者不知道他的病体已不足以支撑他再燃烧自己。

已识乾坤大,犹怜草木青。也许不光是两位企业家,每个中国人最终都将爱上山水、草木,只是时间早晚问题。如木心所说,中国的"自然"与中国的"人"合成了一套无处不在的精神密码。也正因此,中国人不可能永远让绿水青山被毁坏,而一定会倾力尽可能快地让水清、让山绿,实现美丽中国梦。

何为企业家

刘晓光说,企业家一定是一种冲动。他一定是一匹狼,眼睛是绿的,血是红的,不是每个人都能成企业家。一种类型的企业家,他称其为"思想型企业家"。所谓思想型企业家,其战略比较超前、企业经营模式更加理性,在企业发展中不光是依靠资源和金钱,很大程度依靠的是本身的智慧和思想。他认为自己应该是属于这个类型。

他很自信,但同时也感叹:企业家是时代的企业家,没有永远的企业家。今天很大的企业,明天可能就没了。

中国企业家确实有家国情怀,特别是"50后""60后"的企业家,办企业的时候想着国家的命运,想着民族的前途。有这种理念对不对呢?刘晓光认为,可能在那个年代是对的,它是一种激情,一种奋进的东西。

刘晓光主张,中国企业家有两个奖章,一个是金钱奖章,他要富裕起来;一个是社会奖章,他有社会责任。有金钱奖章之后,一定要追求社会奖章。这就是他所尊重的企业家的价值。

都说是命运之神对1977级、1978级大学生格外眷顾,历史给了他们非常好的机遇,他们中的多数人对国家和社会都有一颗感恩的心,具有报效祖国的使命感和责任心,有为国家民族付出的豪情壮志。他们有一种"以天下为己任"的抱负和"天将降大任于斯人"的期待,并具有较强的忧患意识和爱国主义精神。在特殊历史时期形成的顽强拼搏、敢于批判、昂扬向上的精神特质,影响了他们的一生。

这拨从20世纪80年代出发的人里,刘晓光、张虹海给自己选了一条特别的路。他们一直没有离开体制,直到退休。他们并没有把国企总裁当官儿做,他们和市场、和民间企业、和社会公益事业走得很近。

他们当然不完美,而且一点都不"酷",很"老土"。他们在一个迪斯科的时代选择了华尔兹、在一个百米冲刺的时代选择了马拉松,即使是面对未来无数的不确定性,在飞蛾扑火和隔岸观火之间,他们仍然坚定地选择了前者,他们匆忙脱掉夹克衫换上不合身的西装来敲时代之门。

刘晓光的宽厚、无私、激情,张虹海的洒脱、淡然、诗意,都能从中国的道

德文化中寻到踪迹，前者仿佛儒家的圣徒，后者则是道家的高人。而他们同时具有的是企业家的坚韧、远见和智慧，以及他们这一代有担当者的激情、梦想、隐忍。

一个时代有一个时代的人物，一个时代有一个时代的产物，他们的命运与经历颇有几分传奇色彩。他们的经历和道路也许不可复制，但其经验和精神却可以传承。

参考文献：

[1] 万云. 北控重组内幕解密 [N/OL]. 中国经营报，2007-05-18[2021-03-22].http://finance.sina.com.cn/stock/hkstock/hkstocknews/20070518/23023608330.shtml?from=wap.

[2] 中国水网，阿拉善 SEE 公益机构. 刘晓光追悼会在京举行（附生平全文）[EB/OL].（2017-01-22）[2021-03-22].http://wx.h2o-china.com/news/252717.html.

[3] 正和岛. 刘晓光自述：我的经历与思考 [EB/OL].（2017-01-17）[2021-03-22].https://mp.weixin.qq.com/s/rYczRYKe2gNwdkiZwfKzSg.

[4] 陈永乐. 潘石屹纪念刘晓光：大鸟终于冲破小笼子 会飞的更高更远 [EB/OL].（2017-01-17）[2021-03-22].http://finance.sina.com.cn/china/gncj/2017-01-17/doc-ifxzqnim4710795.shtml.

[5] 侯守法. 悼晓光兄 [EB/OL].（2017-01-19）[2021-03-22].http://www.360doc.com/content/17/0122/00/30625540_624069034.shtml.

[6] E20 听涛视频栏目. 刘晓光在环保行业的生前与身后 [EB/OL].（2020-08-10）[2021-03-22].http://wx.h2o-china.com/news/312609.html.

[7] 李路阳. 借国际资本之力打造水务旗舰 [J]. 国际融资，2014（12）：8-13.

[8] 武红霞. 北控水务与中科成环保的天作之和 [EB/OL].（2008-08-07）[2021-03-22].http://wx.h2o-china.com/news/73702.html.

浮沉记——赵笠钧之博天环境往事

作者：全新丽

    2022 年是博天环境集团股份有限公司（以下简称"博天环境"）成立 27 周年。如果是一部电影，镜头不断拉伸，我们会看到行业坐标下乃至中国坐标下的博天故事。这最终将是一个怎样的故事呢？它的结局目前还不得而知。

    但这个故事本身足够精彩，是充满跌宕起伏剧情的公司成长史。这家公司经历几次生死，依然坚守自己相信的东西，现在再一次来到存亡关口。

    对故事的主角来说，这 27 年绝不仅仅是一段简简单单的人生旅程，它充满了冒险、失败、成功、荣耀、被奖赏又被剥夺的情节，并且像是一个自我实现的寓言。2015 年，博天环境创始人赵笠钧在公司成立 20 周年庆典上激情畅想，"博天环境很任性，博天环境想失控"，这家公司真的在超越行业常规发展后，走向失控。

    博天环境以个体的一段独特历程，讲述了环境产业发展的一段历史。这不仅仅是一个人和一家公司的故事，还是一个关于环境产业崛起的故事，以及一个时代如何成就创业者，创业者又如何失宠于时代的故事——这是外因和内因共同起作用的结果。

从博大到博天：生死轮回第几番，尘尘劫劫不曾闲

不得不提的大事记

    1994 年 8 月，当时已成为北京市最年轻的处级干部之一的赵笠钧，从北京市农村能源领导小组办公室副处长调任北京市新能源开发服务公司经理。

    赵笠钧出生于 1968 年，1990 年 7 月毕业于中国农业大学（当时叫北京农业

工程大学）农业建筑与环境工程本科专业。

1995年，在新能源开发服务公司基础上，北京博大环境工程有限公司（以下简称"博大环境"）成立，另外一个股东是马来西亚集大有限公司。公司注册资本为15万美元，赵笠钧担任总经理。

1998年10月，博大环境中方股东变更为北京城乡建设集团有限责任公司（以下简称"城乡集团"），并进行了扩股增资，注册资本增加到了60万美元，业务扩展到食品、屠宰、化工、啤酒、制药等工业废水处理领域。

2000年6月8日，著名国际工程咨询公司美国美华集团（MWH Global，Inc，以下简称"美华"）和城乡集团在北京签订协议，合资经营博大环境，美华占60%股份，公司名变更为北京美华博大环境工程有限公司（以下简称"美华博大"），公司注册资本增加到250万美元。

2005年，大股东美华决定撤资，以1美元价格将手中的股权出让给公司高管团队，赵笠钧从职业经理人转变为实际控制人，同时也承担起近2000万元的银行债务。

2006年12月—2007年10月，美华博大搭建海外上市架构。

2010年9月，城乡集团将其所持40%股权转让给国投创新投资管理有限公司（以下简称"国投创新"）。

2009年12月—2010年12月，美华博大解除海外上市架构。

2010年，赵笠钧辞掉体制内职务。

2012年5月，美华博大更名为博天有限，注册资本增至11707万元。11月，博天环境设立，注册资本增加至13500万元。

2017年2月，博天环境在上交所主板上市。

濒危1998

博天环境的成立，晚于桑德集团、金源环境等公司两三年，发展轨迹基本相似。

1997年，发展两年后的博天环境有五名员工：赵笠钧、赵笠钧的大学同学王少艮、财务兼出纳潘文，还有一位行政兼司机单卫东，刚刚大学毕业的缪冬塬是第五号员工，负责技术。

20世纪90年代中期，整个社会的环保意识都很薄弱，对环保问题认识不足，法律法规也不健全，企业客户支付意愿不强，环保产业号称朝阳产业，但从业者的路走得并不顺利。

从业者也有一个懵懵懂懂的学习过程。据一位专家说，当时，赵笠钧带着自己的员工第一次去见客户，客户问起装机功率，结果俩人都不懂是什么意思。

和所有早期同行一样，博天环境最早的业务领域是小微环保创业公司相对更容易进入的工业废水，而且做的行当都是跟能吃的东西有关。

那个时代我国还没加入WTO，还没变成"世界工厂"，工业领域生产制造的东西大部分都跟老百姓的普通生活相关，基本还没有重化工。相应地，环保企业提供的服务也都集中在屠宰场废水、啤酒废水、冷饮厂废水等方面，以及少量的轻化工领域。

博天环境起步的里程碑业务是做正大集团的废水处理。正大集团作为一个外资企业，在中国做的生意整个和鸡相关，从饲料到种鸡场，再到屠宰场，博天环境做它的"一条龙"废水处理服务。

1997年，博天环境给正大集团做两个重大项目，一个项目一年几百万，过得挺好。

从过得很好到差点死掉，仅需一年。因为它只有正大集团一个核心客户，1997年东南亚金融危机爆发，1998年正大业务收缩、不投资了，博天环境的业务就没有了。

2015年，在博天环境20周年庆典上，赵笠钧曾发出感慨："1998年那一年，直到10月19日才拿到第一个项目，仅仅168万元。公司已经濒临倒闭。"

这是河北省廊坊市香河县的一个宰鸭场废水处理项目，几个人当时就觉得这公司要活不下去了。

存亡关头，赵笠钧号召大家赶快扑上去搞业务，并提了两个突破：第一要突破屠宰行业，第二要突破单一客户。

本来做技术的缪冬源负责整个市场工作，带着两个新招的毕业生，拿着公司电话簿打电话，找了几个行业，啤酒、皮革等。

不过，金融危机虽然使博天环境失去了唯一的客户，但时代也为它送来了第一次重大机遇。1997年国家环保专项行动之后，要求5000吨以下的小型造纸厂全部关闭，这一举措使不少工业企业意识到环境问题的重要性。随着政策的推动、经济的日益发展，博天环境及同期环保公司都迎来了春天。

撑到1999年，法国达能在收购武汉东西湖啤酒54.2%的股权后，要上废水处理项目。

项目合同额 1600 万元，算是时年行业里数一数二的大单生意，对于博天环境更是开天辟地头一遭。项目的争夺从 27 家环保公司开始，27 进 10，10 进 3，3 进 2，最后由博天环境和浙江水美环保工程有限公司（以下简称"浙江水美"）两家公司 PK。

经过残酷竞争后，博天环境拿到了东西湖啤酒厂废水处理项目。在啤酒领域，还拿到一个北京平谷的亚洲啤酒废水项目。此外，还有石家庄制药的废水处理项目。

置之死地而后生，1999 年，博天环境干了将近 3000 万元的业务，营业额是前四年的总和。

外资来了，外资走了

20 世纪 90 年代中期以后，外国公司纷纷到中国建厂。作为著名的工程咨询公司，美国美华随之进入中国市场，为这些跨国公司提供水处理服务。

当时外资企业在中国做环境工程项目没有总承包资质，业务很难开展，美华中国区负责人吴坚建议并购国内企业。

1999 年，美华集团也参与了东西湖项目竞争，只是一上来就被刷下去了。经此一役，美华知道了博天环境，在吴坚的助力下，于 2000 年 6 月收购博天环境 60% 股份，成立美华博大。

从 2000 年到 2005 年的 5 年间，从好的方面看，博天环境得到了美华集团和城乡集团在技术和资金上的大力支持，成功引进了国际先进的管理方法和经营理念，建立并完善了公司的管理系统和业务流程。博天环境在一众环保公司中有了自己的鲜明特色和相对先进的管理模式。从此我们可以看到，不断大胆地从管理创新中找破局发展的机会，成为博天环境的基因。

然而合并后的飞速膨胀与企业内部管理及人才配套的失衡，导致 2001 年公司出现了首次亏损。痛定思痛，公司管理层拟定了全新的发展战略：其一，聚焦高端客户，走细分化的蓝海市场；其二，申请相关资质，以最高标准锻造企业竞争力；其三，引进人才，通过多方合作参与大型项目，达到"借船出海"的目的。

2003 年虽然遭遇"非典"，公司盈利状况却达到了历史同期最好水平。但是，在管理过程中，双方团队的磨合并不是很成功。在北京总部，外资团队和原来的团队已经告别蜜月期，2002 年年底，公司内部政治斗争就很严重，走向分手边缘。

再加上美方管理人员更迭，2005 年，双方停止了合作，美华撤资，赵笠钧和管理团队以 1 美元价格买下公司 60% 股权，赵笠钧从职业经理人转变为博天环境的实际控制人，同时承担了近 2000 万元的银行债务，"突然间没了依靠，管理团队成了大股东，一切都要靠自己"。

在那段日子里，管理团队拿出多年积蓄，赵笠钧、王少艮、缪冬塬等九个核心管理人员都把自己家的房产拿出来押给银行，一共凑了 200 万元，维持公司正常运转。赵笠钧甚至向岳父借了 20 万"救命钱"。

"当想尽办法也无法解决巨大债务时，我们想到了客户。我们向客户坦诚了当时的困难，没想到不但没有让他们丧失对我们的信心，反而得到了他们主动的帮助。"赵笠钧感叹道，"客户之所以持续给我们机会，源自我们对品质的坚守。因为曾经重视了品质，博天环境才获得了重生。"

这是赵笠钧记忆中博天环境最为艰难的一年。重新构建的公司，增加了管理层持股，重新焕发生机，以营业额一年翻一番的态势，进入快速成长通道。

赵笠钧早年创业时期照片

开拓西南，进入市政

2000 年，博天环境一边引入外资，一边继续开拓各个工业领域。8 月，博天

获得了重庆龙章纸厂造纸废水项目。这个造纸厂干了8年，污水都没有达标，不得已上了改造项目。

2001年6月，博天环境总承包的浙江湖州碧浪污水处理厂工程竣工验收达标，开始尝试由工业废水处理业务领域向城市供水、市政污水处理等领域扩展。

这一时期最大的机遇来自三峡库区建设。

三峡大坝工程总投资为954.6亿元人民币，于1994年12月14日正式动工修建，2006年5月20日全线修建成功。列入三峡工程重庆库区水环境治理的首批国债项目，总投资约23亿元，涉及13个区县的19座污水处理厂。2001年年底前，首先要为库区的每个县城配套建成16个污水处理厂。

由于这批污水处理项目工程量大、技术要求高，而地处三峡库区腹地的重庆市污水治理工作起步较晚，管理滞后，自身难以包揽建设和管理，所以经验丰富、实力强大的企业参与库区污水处理项目建设正当其时。

为了这16个项目，国内270多家企业组成了70多个联合体。博天环境也加入恶战，由缪冬塬、赵笠钧的弟弟薛立勇及另外三个人参与投标。

博天环境最终杀出重围，是在三峡库区配套环保设施建设中唯一拿到项目的非重庆公司，而且拿到了4个，一共大约2个多亿，就此在重庆站稳脚跟。

拿下这个项目后，大西南成为博天环境福地，一直到2008年，都是主要业务来源。

也是因为这批市政总包项目，博天环境真正突破了工业废水治理领域，跳升到门槛更高的市政污水处理工程，知道了怎么与政府部门打交道，并通过与北京市政院等专业机构合作，知道了怎么借助各方力量。

2006年，博天环境的业务从重庆延伸到了四川，在德阳下辖的绵竹市做成了公司第一个BOT污水项目，走通了市政污水处理的商业模式全流程。

从这一年开始，公司连续6年（2006—2011年）入选中国水网年度评选的"水业十大优秀工程技术公司"榜单。

从2005年起，缪冬塬任总经理带领团队开拓市场，赵笠钧仍是城乡集团的重点培养对象，做到董事长助理，负责房地产业务。2010年之后，赵笠钧辞去体制内职务，专职经营博天环境。

煤化工：皮之不存，毛将焉附

起起伏伏的工业废水

做 EPC 工程曾是不具备融资优势的民营环保公司的首选业务模式。很长一段时间里，博天环境在行业里以工程公司面目出现，即便进入了市政污水领域，也未像同时期的桑德集团等那样，主攻投资运营，虽然也投了一些 BOT、TOT[①] 污水项目。而工业废水一直是博天环境的主要战场和品牌形象塑造地。

博天环境在工业细分市场里，确实抢到了几个先机。

20 世纪 90 年代初，国家提出"菜篮子"工程建设，博天环境进入了食品加工行业，承担了正大集团 80% 的环境治理工作；90 年代末，青岛啤酒掀起啤酒行业整合热潮，博天环境成为啤酒与饮料行业环境治理的佼佼者；2003 年，随着乳制品业的崛起，在市场占有率 70% 以上的蒙牛、伊利，博天环境占到其环保项目 70% 的份额；2007 年以后，能源安全问题越来越受到重视，博天环境适时而动，为神华、云天化等解决环境治理难题，奠定了在煤化工领域的首席位置。

博天环境在造纸、啤酒饮料、食品、制药、石油、化工、电子、电力、纺织印染及乳制品等行业拥有近百个水和污水处理业绩。

不能忽视的是，工业废水的细分板块有很强的周期性。

绝杀煤化工

2008 年，由于一个特殊时机，博天环境开始进入煤化工领域，并将重要力量都布局在这个领域。与其他工业项目比，煤化工从规模和难度上看，显然更胜一筹，被业内称为工业废水领域的"皇冠"。

博天环境杀进煤化工领域时，正值四万亿经济刺激高潮期，其与政府大力倡导煤化工的诉求不谋而合。

博天环境中标了神华包头煤制烯烃项目废水处理项目，这是一个总额 8000 多万元的 EPC 项目。当时资产不过 4 亿元的博天，第一次中标如此规模巨大的项目。这也是全球首套生产性 DMTO 煤制烯烃项目的污水处理项目。

这个项目的污水处理场装置（含雨水及废水排水泵站、事故缓冲池）为煤制

---

① TOT：Transfer—Operate—Transfer，移交—经营—移交，是一种项目融资方式。

烯烃项目配套的公用工程设施之一，接纳的污水包括气化、净化、甲醇制烯烃、烯烃分离、聚乙烯、硫回收、甲醇、回用水、火炬等装置生产废水及全厂地面冲洗水、污染雨水、生活污水等。

这个项目的成功，为博天环境成为煤化工行业环境整体解决服务商奠定了基础，自此，博天环境在煤化工领域所向披靡。

在2008年国际金融危机阴影下，2009年受到冲击的企业不计其数，有一些环保公司甚至彻底改写命运。博天环境却趁着煤化工领域的东风，逆势而上、业绩骄人，在包头项目之后，又签约神华鄂尔多斯项目，并续签神华宁煤集团6万吨聚甲醛项目循环水装置EPC总承包项目。

2010年2月，专注于煤化工、石油化工领域的水处理公司万邦达于创业板上市，这家公司在行业内名不见经传，却因上市名声大噪。这对名声卓著的环保公司，如博天环境来说，无疑是一个不小的刺激。

与此同时，2011年起，根据发展规划，国家要在陕西、内蒙古、新疆等西北几个省、自治区建大批煤化工项目，煤化工零排放项目蓬勃发展。当时，业内人士预计，煤化工产业即将迎来十年增长期，煤化工环保产业自然也能借机而起。

2012年，博天环境签约的兖矿未来能源煤间接液化示范工程污水及回用水处理项目，是全国首批百万吨级煤间接液化示范工程污水及回用水处理项目。

博天环境抓住我国煤化工产业大发展的机遇，持续夯实根基，行动之果断、决心之大不仅让业内对手万邦达、桑德难以应付，就连国际巨头GE美国通用电气公司（以下简称"GE"）、威立雅也毫无还击之力。

赵笠钧曾对媒体表示："在百亿元以上的新型煤化工项目水处理业务中，博天环境占据了近半的市场。"根据中国水网发布的《中国能源化工废水处理行业分析报告》，从2008年到2013年8月，中国投资百亿元以上的新型煤化工项目总共16个，仅博天环境一家就承接了其中7个项目的水处理业务。

从2012年开始，到2015年高峰期，博天环境煤化工EPC项目营收达到40亿元左右。在国内煤化工污水领域处于半垄断状态，市场占有率在百分之七八十。此外，在其他石化和工业废水领域，通过项目合伙人制、大区轮调制、品控制度革新和高强投入营销战术等一系列管理创新，博天环境在自己设定的单项合同额3000万元以上（从初定的4000万元规模线降了下来）的目标市场，拿标率曾经也如煤化工一般独步天下。这个现象说明了煤化工废水零排放在工业废水领域的决定性地位，可以说，那几年博天环境成了工业废水领域的王者。

2011年6月7日，赵笠钧（左）接受中国水网专访

盛世危局

最美好的时刻总是宿命一般隐藏着危机，这让很多人即使在最顺利时都保持着虔诚的敬畏。在煤化工领域取得压倒性胜利的同时，危险已经在慢慢接近博天环境。

2016年以后，随着煤化工政策收紧及国际能源价格暴跌，煤化工行业的发展受到很大影响，依附于此的博天环境开始承受极大压力：传统煤化工客户的支付能力快速下降，使得公司应收账款比重持续增加。

2013年，博天环境在能源化工领域的营业收入为7.29亿元，占总营收比重达78.11%，到了2015年，这一数据下降为51.51%。

截至2015年12月末，博天环境应收账款前5名客户中，仅蒲城清洁能源化工等4家化工企业的应收账款就高达2.87亿元，占应收账款总额的35.06%。

2013—2015年，博天环境营业收入增长率逐年递减，分别为65.87%、61.29%、32.19%。而2015年同行业的平均水平为63.30%。

除了工业领域的周期性影响，还有环保行业相关商业模式自身的问题。一方面，EPC业务模式对营收高增长贡献的背后是垫款压力的大幅增加；另一方面则是工业废水领域招标行业的潜规则——有知情人士透露，招标金额中显示的合同金额和实际金额有很大出入，其实，对于许多国内企业来说，刻意隐瞒招标金额是一个潜规则。也就是说，实际看到的价格，并不代表真实的合同价格，实际价

格可能要低得多。

在某些不顾规则低价竞争的对手面前,博天环境也不得不放低身段。不过,在押注了巨额筹码后,它还是实现了遍地开花的布局,但也为自己埋下了炸弹。

一场轮回,就像回到了1998年,虽然这时候博天环境不再只有单一客户,但重量级客户都集中在单一领域。

环保业务的可能性

在意识到煤化工危局时,博天环境开始尝试更多可能性。环保行业虽非创业的优质行业,但每个角落、每个缝隙里都充满了可能性,企业家最重要的任务是甄别,分析如何才能利用这些可能性打造新的产品和服务,开拓新的业务领域。

对于赵笠钧来说,或者对于任何环保公司的创始人来说,甄别业务的可能性都是非常重要的本领。

天元慧中华

对于博天环境来说,过去面向高端客户的策略已不能满足公司体量规模的增长,其发展进入了瓶颈期,谋求领域和管理上的大突破又成了博天环境的选择:必须根据全球的经济形势,寻找新的产业板块、新的增量市场,重新规划自身的产业,形成综合性且更为均衡的产业结构。

2013—2014年,博天环境提出五大业务板块——"天元大中华",即"博天工程""博元装备""博大科技""博中资本""博华水务"。五大板块分别从工程服务、装备制造、区域环境综合治理、资本整合和新水源业务开发五大方面,集中呈现水环境综合治理的矩阵效应。同时,涉足膜材料领域,成立了北京中环膜材料科技有限公司。

"天元大中华"后又升级为"天元慧中华",涵盖规划设计、设备制造、监测检测、水务投资运营、智能净水终端、环境修复等全产业链。

这五大板块紧密联动而又互相独立。以环境规划院为龙头,提供生态环境服务的整体规划、技术支持和研发;博元设备以替代进口设备为目标,稳步发展一河一策水体微生态工艺包、高端环保装备和膜产品的制造和销售业务;博慧科技以打造先进的监测设备研发制造能力、一站式监测、检测服务及数据研究分析能力为基础,提供智慧环境综合服务;博中投资以产融结合为手段,加快水环境关联产业的资源整合;博华水务积极发展流域治理、城市供排水一体化和园区集中治理等优势水务投资运营业务。

按照理想形态,如此合理均衡的业务布局,能够带来较强的抗风险、可持续发展能力,为公司的长远发展奠定基础。除了顶层架购的巨大变革,也有不少组织内部的革新举措。后起的水环境修复板块等发展势头也还不错。

但是,现在从战略管理角度"马后炮"地来看,这种领域和产业链的十字型扩张全覆盖的宏大布局能否取得成功,要解决的核心是每个单元面对竞争的差异化优势何在,是否会稀释公司内包括人才、资金等在内的有限核心资源,以及各板块之间能否真实形成交叉协同增益等非常具体的战略还原的挑战,尤其是在相关细分领域需求涨缩的大时代节奏变化中,正确与错误往往只在一时间切换。然而对赵笠钧来说,让博天环境冲上百亿目标是其始终坚定的选择。

2011年3月24日,在2011(第九届)城市水业战略论坛上,赵笠钧提出了百亿口号

隔行取利

在从 To-B 业务(服务于企业)延伸到 To-G 业务(服务于政府)之后,在赵笠钧的环保业务疆域中还曾有 To-C 业务(大众产品)智能净水终端的身影,与这个相比,其他布局都显得中规中矩。

有行业人士认为,就是因为涉足 B2C 业务,才给赵笠钧和博天环境带来了极大风险。其实,曾经由桑德出品希望打通 To-C 业务的桑顿自行车遭遇也是类似的。

曾几何时，赵笠钧及其核心管理团队一直坚持做好主业，隔行不取利。意思是好好做自己的事，不惦记人家赚钱多的行业。

但在 2015 年年初，博天环境搞出了大新闻，让业界大吃一惊：在和第三方合作进行入户水质检测基础上，发布了一款净水器——博乐宝。

在此之前，立升、碧水源都有基于膜产品的净水器，谁也没想到博天环境会涉足此领域。

"隔行不取利"，赵笠钧难道忘了吗？事实上，他认为净水器不是隔行，因为都是水的事。

他受华为影响，自有一套理论：华为就是从做 To-B 业务——基站交换机，再延伸到终端做手机。他认为净水器就是水处理的终端，他说服了自己，整个逻辑听下来应该没问题。

因此，在 2015 年调整产业结构板块、市场战略及商业模式后，B2C 业务一度被放在集团公司第一位，并被赵笠钧认为是在未来最具增长潜力的板块。在这一领域中，排在首位的就是名为"博乐宝"的互联网智能净水器。

这年 5 月，博天环境在京东众筹金融平台推出博乐宝，当时有相关媒体报道，这个产品在 6 小时内就吸引了 1000 万元订单，并在随后的一个多月内迅速突破 2000 万元。

但是，净水器本质上属于家电领域，消费级和工业级完全是不同的市场。从煤化工转战 B2C，最大的不同就是长现金流变为短现金流，这是生存环境的改变。做消费品，对于一家做工业废水起家的环保公司来说，太难了，即便商业逻辑看上去无懈可击。

2017 年 5 月，上市后的博天环境，随即将博乐宝科技有限公司（以下简称"博乐宝"）100% 股权转让给赵笠钧的另一个公司汇禾生态农业（北京）有限公司，使得博乐宝成为一个独立品牌，开始了在家电领域的征程。但也由此开始了另一场商业互撕大戏，因为与博天环境无关，就不详述了。

在博天环境上市后，赵笠钧还收购了另一家上市公司开能健康科技集团股份有限公司（以下简称"开能健康"）。开能健康属于人居环保产业，首倡"全屋净水"理念，他在构建开能健康和博乐宝之间的可能性。不过，几经翻云覆雨后，2020 年，开能健康的实际控制人、董事长又从赵笠钧变回了瞿建国，进出之间冷暖自知。

博乐宝净水器

波折上市路

2014 年，负债率高且已经敏感察觉煤化工领域危机的博天环境，开始尝试上市之路。此时，对于博天环境资金链状况，行业里众说纷纭。

根据当时披露的招股说明书，报告期内博天环境资产负债率超过 70%，负债规模已较多地超出行业平均水平。

博天环境当时被诟病的一点是大多数项目以 EPC 为主。与运营类项目相比，EPC 有个很大的缺点，就是现金流太短，一旦项目完工，资金流也就没了。与工艺包和设备类的销售相比，EPC 模式对中短期垫资又有很强的要求。

截至 2016 年，博天环境的收入大部分来自 EPC 总承包工程。在工程前期，博天环境作为施工企业进入现场采购设备等均需要大量资金，除工程预付款外，还会产生总包方垫资的情况。这应该是博天环境负债率高的一个原因。由于博天环境一直处于持续增长状态，这样的情况随着开工项目增多会更明显一些。

再加上煤化工水处理市场急速收缩的状态，优质客户的流失在所难免，博天环境似乎已无力偿还沉重的负债，上市融资或许成为其唯一的生存希望。现在回顾看有一种规律，上市对于企业的意义：如果上市是为求生，往往上市后依然容易陷于连锁的倒逼窘局；如果以上市为顺势而得，上市后才有可能更自由地趁风起伏。

到了 2015 年，赵笠钧也多次在公开场合表示，环保行业急需资金支持，应该为环保提供一些更低成本的金融支持，因为环保带有很强的公益性。

在度过 1998 年和 2005 年的生死劫后，成立 20 年的博天环境再次陷入困境，不同的是，这次是一个充满鲜花的陷阱。

这时的博天环境已是逾千人规模的大公司，在环保行业里有良好声誉，被评

为"2012年度中国水业最具影响力服务企业"、"2014年度中国水业最具投资价值企业",却依然面临如此窘迫情形,而这几乎是环保公司命运的缩影。

对于负债率问题,博天环境解释称,"公司资产负债率较高,主要因为公司近年来发展迅速,资金需求大,但融资渠道比较单一,主要依靠自我积累和银行贷款"。公司方面认为,鉴于公司所处行业特点和业务处于高速成长期,70%左右的资产负债率总体处于合理水平。

话虽如此,博天环境还是努力降低了负债率,2016年降低到65%。

上市成功,开启高光时刻

2017年2月17日,博天环境在上交所挂牌上市,保荐机构为中信建投证券,发行数量为4001万股,全部为新股发行。募集资金总额为26966.74万元,扣除发行相关费用后,募集资金净额为23866.91万元,分别用于"研发中心建设项目"和"临沂市中心城区水环境治理综合整治工程河道治理PPP项目"。

赵笠钧表示,"成功登陆A股市场,意味着博天环境能够借助资本的力量发展得更好,也能与更多股民共享成果。未来,在中国绿色发展的道路上,博天环境将不断为社会带来更有品质的环境服务,助力生态文明建设,用我们的奋斗回报社会、回报广大投资者"。

他曾提出,未来十年是环保产业重要的战略机遇期。中小企业要抓住细分领域的潜在机会,开拓新业务形态,成为隐形冠军。一方面,通过量身定制环境服务方案,打造领先的细分品质,充分体现专业能力与专业精神,布局大企业难以企及之处;另一方面,通过技术优势参与到多个领域、大体量的环境项目中,成为"最大的小公司"。

正如E20环境平台董事长傅涛在《听涛》节目中所说的:博天环境的历程像行业的一个奇迹,博天环境最后在2017年登陆资本市场,2017年之前所有的梦想都实现了。

他认为,博天环境在2010—2017年的成功,有几个决定因素:美华传递给博天环境的精益化质量管理基因;摆脱原来体制的束缚;企业家本人的强大精神力量;同时还要感谢那个普遍增长的时代给予敢为人先者的机遇。

上市之后,同年9月,博天环境迎来一轮多个高级岗位的重新任命,表现出赵笠钧在人才战略层面推动未来千亿新征程的布局。在组织结构和人才上的深度国际化成为他的又一个管理创新选择。

最引人注目的是由吴坚继任博天环境集团总裁，吴坚当年离开美华后，又在著名的杜邦公司担任高管。之后又引入了几名高端人才。

2018年9月18日，博天环境集团第三届第一次董事会、监事会在日本东京召开，会议选举出新一届董事长、副董事长、监事会主席，以及各专门委员会委员。赵笠钧继任公司新一届董事长，张蕾继任副董事长，王少艮任公司新一届监事会主席。同时，会议聘任了吴坚担任总裁的新一届核心管理团队。

2019年，博天环境搬到了位于北京中粮置地广场的租金高昂的新办公地。同时，博天环境进一步从外资跨国企业引进不少高管，但据说由此带来了一些水土不服和文化不融问题。

2017年，赵笠钧进行上市路演

2018年4月，赵笠钧（左四）、王少艮（右四）以个人名义向母校捐款120万元

不战必亡，战之必危

到底是进军B2C业务、收购开能、收购高频还是PPP业务造成博天环境最大的危机？抑或是，市政工业和多产业链层级同步布局本身就是个错误？事后，再

59

发出这样的提问对博天环境来说已经于事无补。

站在当时的时间节点，赵笠钧的选择都有其合理性：必须要上市，度过煤化工行业周期收缩的危机，无论是十字布局，跨向 To-C 业务还是 PPP，能帮助公司上市就必须抓住这一线生机。

只能说，经营企业过程中，所有的事情都是阶段性正确的，就像经济学家凯恩斯那句名言："当事实改变之后，我的想法也随之改变。"

踩上 PPP 的风火轮

转折点的源头发生在 2015 年。国家大力推进 PPP 模式，同时，"水十条"发布，在政策驱动下，2014—2016 年环保行业规模高速扩张。

一些民营环保企业为了 PPP 项目，在 2015—2017 年期间向银行举借大量贷款，并发行了大量的信用债。

当 PPP 之风刮起，行业里所有人都停下脚步开始观望。企业家们一边认为这是有钱人的游戏，一边小心试水，几乎所有民营环保上市公司都投身其中。

2016 年，还未上市的博天环境开始做几个水利生态的 PPP 项目，在山东、广西、福建、湖南等地，都做得不太好，负债很多。

但在那个阶段，市政污水厂业务基本已经饱和，PPP 兴起之后，市场上的单体污水处理项目几乎绝迹。博天环境内部讨论完战略方向，在污泥、危废、土壤修复版块都有涉足。

最重要的是，博天环境要上市，上市要体量。而上市是为了解决融资问题、资金链问题。一环扣一环，几乎决定了博天环境必定要做 PPP 项目。

这就和东方园林对 PPP 下重注一样，因为之前的业务模式遭遇了危机，必须找到一条新路，PPP 看起来有风险，但毕竟也是机会。

To-G 业务中的 PPP 项目帮助博天环境完成了营业收入的规模，尤其是弥补了煤化工周期性的下滑。赵笠钧曾经在演讲中用一张 PPT 展示了这一点。

对博天环境来说，如果不沾手 PPP，2017 年是否能上市？如果不上市，公司是否能挺过上一关？

历史无法假设。

博天环境赢取的海口项目是国内首个黑臭水体打包 PPP 项目；2016 年 10 月，财政部等 20 个部委发布国家级 PPP 示范项目名单，博天环境表现抢眼，共有 5 个项目成功入选。放眼 2016 年，博天环境在流域治理领域可谓战功赫赫。其实占到这个先机也不是仅仅靠勇气,在PPP风起的3年之前,博天环境已经敏锐看到了厂网河系统治理的商机,2012年起再度和美华携手,探索在这个领域的突破,博慧科技有限公司(以下简称"博慧科技")的成立就是抢占先机之举。

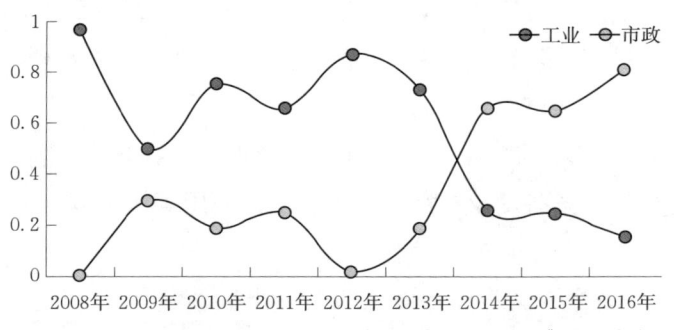

2017年的水业战略论坛上,赵笠钧以《环境产业的天演论》为题发言,提到了博天环境的双轮驱动战略,市政项目增加,工业项目减少

2016年12月16日,博天环境和有过多次合作的央企中电建路桥集团和中国电建集团环境工程有限公司签署战略合作协议,中电建正是PPP热潮中的一颗明星。

借助PPP,博天环境业绩光辉,时时有巨大利好,这一切如同灿烂的礼花一样在夜空中绽放,似乎一扫煤化工紧缩带来的阴霾。

殊不知,这光辉岁月正是隐忧到来的时候,是一些错误开始发生的时间。在公司层面,又有一些问题已经出现,但是此时此刻,耀眼的光芒把这些隐忧和问题遮蔽住了,一些人提出的担忧和疑虑,也被举杯相庆的声音掩盖住了。

大潮退却

市政污水特许经营的PPP,是强运营项目,基本问题不大。但河道、道路PPP在运作过程中,操盘手们就发现:由于没有"关闭权",如果政府不支付,那环保公司没有任何抓手,而以当地的财政状况,根本不可能拿到钱。

从2018年开始,在经济下行压力加大、减税降费的背景下,地方政府财政收入不具备大幅增长的可能。限制从政府性基金预算支出,对以政府付费模式为主的生态环境综合整治项目有较大影响,大量环保类PPP项目被叫停。

数据显示,2019年1—11月,财政部PPP综合信息平台库退库项目1146个、退库金额12949亿元,其中环保行业退库项目251个,退库金额1180.98亿元。

参与项目的环境企业无法继续获得融资,或市场认为这类企业未来现金流将出现问题而大幅提高了其融资成本。PPP项目对环保产业,尤其是民营环保企业

影响巨大，随后几年，行业一直在消化其影响。

同步发生的金融去杠杆的影响亦不能忽视。环保产业财政拨款及政策性贷款额曾在 2016 年及 2017 年两年出现大幅增长。2018 年政府支持力度减小，断贷抽贷事件频发，直接导致融资难度激增、融资成本攀升，诸多民营企业资金周转困难，项目停滞不前。环保行业的平均投资收益为 6% 左右，而融资利息已高达 8% 以上。

与多数民营上市环保企业一样，博天环境也深陷在这个泥潭中。进入 2018 年，发生了资金链紧张引发股权批量质押、主体信用等级下调、被"列入负面观察名单"等危机。

在 2019 年半年报中，博天环境明确战略调整，聚焦自身优势业务，逐步剥离非主营业务。凭借自身 25 年所积累的工业水系统及水务优势，逐步推进"工业市场 + 水务市场"的双轮驱动战略，辅以"土壤及地下水修复市场"的整体布局。

没有达到预期目的的资本并购

上文提到过，博天环境上市当年，赵笠钧本人的钧天投资就质押股票，收购并实际控制了开能健康。虽然没有动用上市公司资金，但是无疑会影响到其整体现金流。

2020 年，开能健康实际控制人变回瞿建国。这一进一出，体现了企业家做大的雄心壮志、对于事业不断追求的情怀，但和同属于 C 端布局的博乐宝一样，这并没有给博天环境本身带来实际帮助，反而分散了精力，并带来资金压力。

另外一次就是著名的高频环境收购事件。

2018 年 7 月，博天环境用 3.50 亿元完成对高频环境 70% 股权收购。其中，股份对价为 2 亿元，现金对价为 1.50 亿元。

当时，芯片产业被广泛关注，作为芯片产业的重要配套，造芯超纯水成为行业热点，收购高频，专注于主业，显然是"正确的"。

2019 年后，博天环境发展遭遇逆风，资本运作走向衰落，因对高频环境剩余 30% 股权收购事宜纠纷，被高频环境提出仲裁申请。

北京仲裁委员会判令博天环境返还高频环境合计 70% 股权；原告返还股票对价款 2 亿元，原告收到的博天环境 3000 万元定金无需返还，原告承担仲裁费 148.7 万元。

从资本角度看，这两次重要的收购，都说不上成功，也是博天环境后面面临窘境的诸多原因之一。

雪上加霜

因为金融政策变幻，上市并未对博天环境的现金流和负债率有根本性改善，这个不得不归咎于运气不佳。

上市时，博天环境的股价不高，融资不多，以致上市后，有好几个涨停板。之所以定价如此之低，是因为打算上市后再做定增。

2017年2月17日，博天环境上市前两日，证监会发布政策，对《上市公司非公开发行股票实施细则》等再融资规则进行修订，从频率和规模上对上市公司再融资做出大范围收紧。

例如规定上市公司申请非公开发行股票的，拟发行的股份数量不得超过此次发行前总股本的20%；上市公司申请增发、配股、非公开发行股票的，此次发行董事会决议日距离前次募集资金到位日原则上不得少于18个月等。

修订后由于条件更加苛刻，上市公司与参与方受到限制太多，在引发再融资金额出现下滑的同时，也曾引起市场的争议。新规在治理当时的资本市场融资乱象上起到了积极作用，但股市走势因此一直整体不佳。

本身杠杆过大的博天环境，无疑是受到再融资规则负面影响较大的一家。

莫等闲，当自强

一阵风一阵雨一阵晴天，环保行业里对政策的感受向来如此，能存活20年以上的环保公司都有了一定的抵抗力。

但由于环保行业的天然特性，环境公司在过度追求规模时，难免陷入皮薄馅大、非常脆弱的尴尬境地。在2018年以后，行业形势有了很大变化，一大批民营环保上市公司被接盘，以度过危机。

知情人士透露，2018年，也曾有国企向博天环境伸出橄榄枝，当时博天环境股价20多元，在民企里的估值相当不错。但因为控制权问题，双方未能合作成功。

之后，业绩大幅下滑、负债突破百亿、流动性持续紧张的博天环境开始四处奔走，想找到一个合适的战投伙伴。十余年不计成本地追求增长，到如今却待价而沽。

2020年，E20研究院执行院长薛涛说，"博天环境现在正处于一个生死考验的

阶段，它也在等待国企白马入场，眼下，引进国资战投是其要走好的关键一步"。

博天环境积极地与山东青岛、广东中山下属国企接触，后又有城通生态、三峡、国投等谈判对象，每隔几个月发布的并购意向公告像走马灯一样。其间博天环境也错失了一些机会，几乎都是由于资产负债率和股权质押率太高。最近的一次是与葛洲坝生态环境公司，双方能否达成战略合作意向，业内普遍表示悲观。博天环境此次能否上岸，还是未知数。

另据知情人士透露的信息，一直谋求与央企合作，进取心放松，反而有可能耽误公司断臂求生的时机，对创业者来说，这是最深刻的教训：一切合作都应基于自强不息，都应立足于公司的自我发展，等待接盘的心态是有害的。

如果和葛洲坝的合作未能成功，那就只能跟债权人商议债转股，实在不成，就只能重组，这可能是赵笠钧和博天环境最无法接受的一条"退路"。

2022年6月22日，博天环境发布公告，公司收到股东国投创新（北京）投资基金有限公司（以下简称"国投创新"）和上海复星创富股权投资基金合伙企业（有限合伙）（以下简称"复星创富"）发来的告知函，告知国投创新和复星创富终止向葛洲坝生态转让公司5%的股份。如今尘埃落定，和葛洲坝的合作成了泡影……

有谁能像2005年赵笠钧和管理团队那样，挽救博天环境于不倒？也许唯有自强不息。

一个很会求生的环保公司

从1995年开始，博天环境创造了很多行业内的特殊的东西，引领了很多东西，可圈可点，它的发展过程，也有很多是可以借鉴的。

它的长处之一是项目做得好。

博天环境做的工业废水项目，看起来都很规整很舒服，有一种工业美，和工厂本身融为一体，从来不会一堆堆混到一起，一定会很通透。因为这是生产装置，要经常使用，一用好多年，一定要便于检修和管理。

博天环境不去做那些大面上都行，细节都不成的项目，赵笠钧在项目质量的追求方面更是不计成本：哪怕在工地上有很小的一个瑕疵，他都会大发雷霆，他对质量安全的把控比较严格，反而对成本不是那么在乎。

能做到这些，一是因为创始团队成员都是很细致的人，另外确实跟美华学到了东西。这也是多年后依然让博天环境员工感到自豪的东西。

另外一个长处是在营销和品牌打造方面，体现出比较强的策划能力。

在这方面也有很多让人印象深刻的例子比如在参加环保展时，在展台请来芭蕾舞演员翩翩起舞；比如发起沙漠挑战赛，连续做了5年，这在环保行业里是罕见的，曾让同行们刮目相看。

跟人一样，作为一个公司，每一次关键的突破，其实也都有运气成分，但这种运气不是瞎猫撞上死耗子的运气，是日积月累的专业能力带来的运气。

博天环境的工业废水处理项目车间

2018年第四届沙漠挑战赛E20商学院队

2015年，赵笠钧参加"中国水业万里行"活动

从"立军"到"笠钧"：是非何足论，恩怨可相抵？

与文一波、何巧女、张维仰等企业家相似的一点是，赵笠钧也是一个农村孩子。1968年，他出生在宁夏中宁县，考上大学后，来到北京。

2009年"五一"劳动节这天，还叫做美华博大的博天环境全体员工，收到了董事长赵立军的一封题为"名字"的邮件，在这封邮件中，他宣布了自己的别名"笠钧"——笠读逍遥千百篇，钧天圣贤博大赞。

文中，他不但表达了作为农民的儿子，作为环保从业者，对当前环境污染、食品安全问题的忧心；也表达了自己从事环保事业的信心和决心。他表示："跨过不惑之年，易名警己。"

2014年，他正式更名为赵笠钧。他是一位有故事的人，他的创业经历早已被演绎成江湖传奇。

人的问题

赵笠钧身边的人曾说："老赵是个精致而有情趣的人，跟行业里其他老板不一样。"

但和行业里那些大开大合、大成大毁的老板一样，赵笠钧一直雄心勃勃。

2011年3月，赵笠钧在"2011（第九届）城市水业论坛"上表示，"博天环境要在未来的10年，也就是2020年，收入达到100亿"。此言一出，震惊行业，"博天现象""博天速度"成为行业热议的话题。他还在行业里提出"风口论"，激励了许多中小企业。

浮沉记——赵笠钧之博天环境往事

2014年7月19日晚，江苏盐城通榆河畔，桑德集团董事长文一波（中）、博天环境集团董事长赵笠钧（右），展开了一场"亭湖夜话"

对赵笠钧个人而言，人生的最大挑战出现在2008年。2008年5月汶川地震后，赵笠钧主动请缨，担任城乡集团援建总指挥，赶赴四川。

"天天晚上余震不断，床头就放着双肩背包，装着两瓶水和一点饼干。如果余震强烈，你的第一选择就是抓着包往外跑，没时间犹豫。"在生与死面前，赵笠钧开始思考："如果今晚就是我的终结，别人会怎样评价我？25岁当上副处长，27岁创立博天环境，但是一路走来我只是在追求个人目标，团队跟我打拼这么多年，我没有更多替他们着想。"

2010年，结束了两年援建任务的赵笠钧回到北京，选择彻底退出体制内工作，投入到博天环境的创业生涯中。所谓的创业，就是孤注一掷地去干一件事情。别的都要不了，都保不了，只能有一个目标。

他当时也下定决心把博天环境真正变成员工发展的平台，企业进入发展的快车道也是从那时候开始的。

他比较早就要求在各地租赁最好的办公场所，高规格装修，为了让这个行业有尊严，"我就是要让我的团队有尊严地从事环境行业，要让他们为此感到骄傲"。

他还曾不服气地表示：别的行业产生污染，我们环境产业治理污染，为什么我们就比人更灰头土脸、低人一等？

赵笠钧受到非议的一点是"高薪挖人"，他和管理团队确实总是坚持用合适的

67

人，不太计较钱的问题。他是一个重视人才的人，曾说："公司最大的资产是流动资产，每天上班流动回来，下班流动出去，如果有一天，这些流动出去的资产没有流动回来，公司的价值就没有了。"

唯一需要警醒的是人挖来之后的问题。组织行为学里有一种说法，同样一批人，不同的捏合方式创造的价值会不同。很多公司，会动用资本优势挖很能干的人，但挖来之后可能不欢而散，或者发现这个人并不是所想的那样，相处很不愉快，最后不得不重新洗牌。

另外一个比较有意思的事是，2015年开始，赵笠钧要求公司内部不许再称呼"某总"，对他和其他高管，都要直呼其名或者用其他代称。目的是改变公司里的等级观念，追求更平等、更扁平化的风格。由于不这么做就要罚钱，所以执行得很不错，大家在他当面也直呼"笠钧"，不过私底下一般都称"老赵"。

赵笠钧在用人方面、管理方面、对行业的判断方面、模式的选择方面，都自有其方法，在他的带领下，博天环境是行业内比较早关注品牌营销和人力资源的企业。

而且他很擅长宣传鼓动、凝聚人心，在博天环境数次攻坚克难的阶段，他每每都能够把思想工作做好，把大家凝聚起来。

赵笠钧重视团队的表现之一便是财富分享：致力于将公司打造为优秀员工财富增长的平台。根据当时的媒体报道，博天环境上市使公司一百多位持股员工享受到了公司发展的红利，在博天环境的团队中，高管们身家过亿，另有几十员工所持股份价值超过千万。

恩怨交错

当暴露在波动性、随机性、压力、风险和不确定性中时，唯有拥有企业家精神的人能够顽强顶住。所谓企业家精神就是，无论环境如何变化，无论命运如何起伏，都选择一次次站起来，继续做事。

赵笠钧他们其实是一代环保企业家的时代缩影。他们都是在剧变的社会发展和时代洪流中找到了承托理想和自我个性空间的人，而那些冲破体制的时代故事，时常在这样的人身上发生。可以说，当一些条件慢慢成熟，就是这些"超级冒险家"登场的时刻。

而这一批人，是自己的天赋和时代碰撞的产物：对一些事物，在别人觉得风险很大时，别人不看好时，他非常看好。当他花了很多时间经营公司，专注于此，对自己所做的事情越了解，就会越信仰。就像博天环境经历的多个危机时刻，反而可能正是后期赵笠钧的信心来源。

在这个过程中，出现个体的恩恩怨怨，也是必然的。

现在，博天环境团队成员的身家，随着股价跌落而贬值了，更有一些人的股份被质押，曾经狂欢的情绪变成怨怼。

但还是有很多人对赵笠钧表示了感激之情：如果不是他，有的到现在也可能只是一个国企里的项目经理。他带着他们见识了大江大河，经历了大起大落。

这些备受重用的部下长期和赵笠钧共事，到后来难免会对老板产生"孺慕"，这种感情综合了父子、师生、朋友各种感情。这是令人称奇的关系，从老板角度看，是最理想的关系；从部下角度看，是最安全的关系。老板有此修为，至矣尽矣。

只可惜再好的关系也可能随着外部条件变化而变化，会随着人心的变化而变化。

前面提到，上市之后，为了进一步突破发展空间，引入国际化管理成为博天环境新举措。一些国际高端人才入场，也带来了一些跨国公司的文化甚至管理流程，与原有团队的隔阂就出现了。在 PPP 入坑 To-G 业务陷入危机的同时，这样的动作也在隐隐损伤着工业废水业务的根基。有下属说，"人家 PPT 做得好看，说话也好听"，他们揣测："也许老赵觉得自己功成名就，需要找一些听话的人。我们跟他说话习惯了，有问题就指出来。但老赵需要那种绝对服从的人了。"

高管和赵笠钧的交流越来越少，再加上 2018 年他很少在北京，后来和他沟通都需要预约。有人说，当下属反应一些敏感问题，比如说项目风险太大，老赵就会说一些高屋建瓴的话，下属不知道怎么接。双方的沟通逐渐不在一个频道上。

换另一个角度去看，赵笠钧也许是希望用更多的组织变革升级，以及相应的信任、授权和创新机制，带来自身精力的解脱，来谋求他个人能有余力帮助博天环境去获取更大的资源，找到更大的发展空间，但是回头看，这些反而导致了原有团队的疏离。

无论是 2014 年前后加大巨量营销费用投入，异地扩展，人才引进，还是之后进入 To-G 和 PPP 以及 To-C 领域，资本市场连连并购，以及引入跨国企业高管和国际化管理模式等，这些创新变革或者冒险背后，都是赵笠钧希望找到博天环境增长到百亿千亿之道的雄心使然。在历史大周期的起伏下，前期的决策搭着时代

的春风获得了成功，而后几年却带来了危机和风险。

2019 年之后，财务问题、项目运营、各种抱怨，汇总起来就是一个很可怕的现象，很多人觉得这个企业会出大问题。但 2019 年，博天环境还是搬进了中粮广场，沙漠挑战赛也照常举行。

看到博天环境走到这一步，那些曾在博天环境奋斗的人，那些曾经几千万身家如今又失去的人，除了抱怨之外，其实更多的是心疼，心疼自己参与创造的企业、心疼老赵。

结语

虽然篇幅不短了，但以博天环境和赵笠钧的博大复杂，还没法说周全。

公允地说，在文一波、赵笠钧等企业家起来之前，整个国内环保行业还是一个杂乱无序的小作坊阶段。这批人把企业做大了，把整个行业带壮大了，也影响了一些国家政策决策。

这批人敢于接受挑战，或者去寻找挑战，他们不甘心明天活得和今天一个样。在普通人看来，一个农村孩子来到北京，又到科研院所、国家机构，这已经很不错了。但他们依然要去改变。如果没有这种改变之心，很容易走几步就停下来了。

他们那个年代有一句话，叫"船到码头车到站"，意思只要考上大学，学习这个事就结束了，因为一考上大学就有铁饭碗之类。有些人上了大学就不学习了，还有一部分人，大学毕业就不学习了。

但这批企业家不是这样，他们持续学习、持续前进，赵笠钧可能是这个行业最早进入中欧商学院学习的企业家，他的许多做法跟在商学院的学习分不开。他们创立企业时，起点并不高，但是不断学习，持续走了很多很多年，这才是决定性因素。

这些人敢于去冒险，很安定的工作可以不要，虽然创业成功的人可能是十里挑一，但他们愿意付出代价。不管创业是否成功，创业者在追求目标的过程中，能力有很大提高，他用这些能力，已经能干很多很多事。对环保创业来说，成功也许只是一个结果，而不是目标，就像钱是一个结果，而不应该是目标。

对企业家来说，全身而退跟功成名就一样，可能也需要一些运气成分，需要一些机缘巧合。而这些偶然性，也和国家经济的大周期紧密相关。运气之外，"知止"确实也是一种极度稀缺的修为，尤其对于靠无数次拼搏和冒险成功杀出血海的企业家而言。

环保企业的成功与不成功都会有非常多的原因。但总有一些企业受人尊敬，它们的创始人算是英雄人物。在行业的蛮荒时期，创业做了一个企业，就是非常大的贡献，即使未能实现"伟大企业"这个目标，至少让后来的人知道了环境产业是怎么回事，为后面打开了局面。

不管他们做企业过程中有多少时代给予的运气和机遇，毕竟还有一点是很重要的，他们最终能成大事，建起一个几千人的公司，要有很强的管理团队的能力和平衡各种势力的能力，具体而微也包括极强的表达能力，能让人相信自己描绘的愿景，振臂一呼，应者云集。

很多环保创业者，早期的拓荒者，他们都曾在媒体上、在各种平台上为环保摇旗呐喊，所作所为不单单是为了自己的公司，因为那时候他们的公司业务都还很小，获得的份额有限。

2017年，在博天环境上市那天的采访中，赵笠钧曾说，"我们好像是悲剧式的人物，我希望有一天环境治理好，我们能失业了"。回顾他在各个场合发出的豪言壮语，再看这句话，颇有些"迎入日月万里风，笑揖清风洗我狂，来日醉卧逍遥，宁愿锈蚀我缨枪"的豪情。

这批企业家是环保行业布道者。他们确实改变了一些事情，一个人能对产业、行业的进程有所影响，是很了不起的。

只不过对企业家个人来说，早临的逆境是福，晚来的逆境是命。只希望这些企业家不会被逆境击垮，通过自强不息而不是等待拯救，再次涅槃重生。

不肯过江东——何巧女之东方园林往事

作者：全新丽

1992年，有好几个老牌环保公司成立。1992年对整个中国来说是多么特别的年份。据人力资源和社会保障部数据显示，1992年有12万名公务员辞职下海，1000多万人停薪留职——中国历史上一个追逐财富的时代开始了。

何巧女正是在这一年成立了东方园林（现名全称"北京东方园林环境股份有限公司"，以下简称"东方园林"）。作为一家园林公司，它最初的业务和环保没有什么关系，虽然市政公用事业改革的相关政策也同样适用，但它和环保公司基本上处于平行空间。谁能预料到，二十多年后，它将和不少民营环保公司殊途同归于水环境治理和PPP。

第一桶金：花房姑娘

1966年，东方园林的创始人何巧女出生于浙江武义一个多子女家庭。她的父亲是一位老师，为了养家糊口，承包了荒山种植茶花等花卉。武义县隶属于金华市，这里气候温和，雨量充沛，是传统的农业县，盛产桑蚕、茶叶、食用菌等特色农产品，何父选择花卉苗木实属因地制宜。

高考时，成绩优秀的何巧女没有选择报考清华大学，她担心自己考不上，但其实她的分数已经且过线。受家庭的影响，她选择了北京林业大学园林专业。1988年，何巧女大学毕业后，被分配到了杭州市园林绿化局工作，但众人眼中的好工作，她只干了一年就不干了。她想出国留学，托福都考过了，却因为一些客观原因未能如愿。

1990年，第十一届亚运会在北京召开，正借住在北京林业大学学生宿舍、从南方贩卖花卉和盆景到北京的何巧女借此机会挣到了第一笔钱。后来她发现，国贸的一些大企业，都需要点盆栽、盆景等，她就通过出租、出售的方式为这些公司服务。

通过卖花和盆景，何巧女很快赚到了人生的第一个100万元，开始在园艺道路上越走越远，当时京广中心、国贸中心的第一家花店都是出自她之手。1992年8月8日，她成立北京东方园林艺术公司。

后来，生意越做越大，何巧女忙不过来，聘请了一个人负责进货。怎知那人竟是个骗子，一口气进了50多万元的假花苗，随后就消失了。她不仅损失了金钱，还损失了多个大客户。这是何巧女创业路上第一个波折。

第一次转型：从地产景观起步

20世纪90年代的园林企业，大多数都是做苗圃的。何巧女明显表现出超越同时代同行企业家的眼光和手段。她抓住机会从卖花转到了景观工程上。和现在一些做水环境修复的民营环保公司早年的历程类似，房地产的发展给了他们相对容易获取的第一批市场化客户。

当时，有一家地产公司在开发顺义的第一个别墅区"名都园"。何巧女到这家公司老总办公室送花，老总跟她聊天，问二十多岁的小姑娘为什么干这个？是哪个学校毕业的？她说自己毕业于北京林业大学的园林设计专业。那时候还没有园林设计公司，那老总说我正好有个别墅要做这个，你给我画张设计图。她回去画了一张图，就这样把工程接了过来，做了第一单地产景观项目。后来又做了新世纪饭店园林绿化工程等，由此慢慢转型做了地产园林项目，很快就发展得不错。

何巧女抓住了北京大力开发外销楼盘的商机，利用自己的语言优势，承揽了绝大多数外销楼盘的园林设计。公司成立四年后，她经人介绍，认识了李嘉诚的爱将——当时正操盘长江实业集团项目"东方广场"的陈悦明。这是一个里程碑式的大型外资地产项目，何巧女能参与其中，于她而言，显然是个突破，也许就是"东方园林"这个名字带来了福气。

作为知名房地产设计师，陈悦明对园林景观的要求自然不低，更何况这个项目位于长安街边。不过何巧女还是以自己的专业优势和项目管理能力，打动了陈

悦明，东方园林成为了东方广场园林工程的建设方。何巧女一举从北京园林圈跻身中国园林设计和地产园林项目的主流圈子，这也为日后的扩张和发展埋下了伏笔。

时间来到了2000年，水务、燃气、园林……这些市政公共服务市场化的大幕逐渐拉开。

中国园林行业真正发展是在2000年后，2000年中国的"地产热"催生了一批园林公司。那个时段，就像市政污水处理项目都是由排水处负责一样，市场上很少推出由企业来竞争的市政园林项目，这些工程都由各个园林局下属的各个"苗圃"类单位负责——园林属于市政环卫板块的一个小业务，而且都属于事业单位。

园林行业门槛不高，很容易赚钱，但是不容易做大，因为单子都很小，合同额几百万元，最多一千万元，少有公司能做到一亿元，做更多就很难，管理能力也跟不上。那时候的园林企业都是做地产园林项目，东方园林从起步走向发展也是做房地产配套。

由于地处北京，又有先发优势，此外何巧女通过引进建筑类大型央企的人才，率先将施工工程项目管理的理念和流程导入萌芽期的园林工程行业，也是让东方园林在业内领先的一个成功之举。由此，东方园林在园林圈名声鹊起。

何巧女

第一次上市：梦碎

2000年前后，即在沪深两市成立约十年后，各行各业逐渐出现了第一批上市公司，如水务环保行业首创环保集团就在2000年上市。

胸怀伟大商业追求的何巧女被"上市"梦想所诱惑。作为一家当时营业收入仅2000多万元的公司，这梦想似乎不切实际，但结合当时的资本市场政策动向就会明白这并非痴人说梦。

1999年1月15日，深圳证券交易所（以下简称"深交所"）向中国证卷监督管理委员会（以下简称"中国证监会"）提交《关于进行成长板市场方案研究的立项报告》及其实施方案。2000年8月，经国务院同意，中国证监会决定由深交所承担创业板市场筹备任务，同时停止深交所主板新公司上市。

2000年8月，深交所成立创业板筹备工作领导小组，创业板筹备工作全面启动。深交所全面动员、周密组织，在法规规则、技术系统、企业培育、人才储备等方面，为创业板市场建设做了大量基础性工作。2000年10月26日，深交所举办首期创业板拟上市企业培训班。2001年4月，深交所成立创业企业培训中心。

眼看着创业板推出在即，敢拼敢搏的何巧女在一家咨询公司的"忽悠"下，决定为了上市大干快上。通过从央企、国企、事业单位等挖人，一年多时间在全国成立了13个公司，一口气在全国12个省市拿下了80多个项目，员工扩张到700多人。短短时间，大连、青岛、西安、重庆、武汉、成都、上海、南京、东莞、深圳基本上全部覆盖，办公场所都设选在当地最好的五星级酒店。

"在当时，一个纯粹的草莽时代，'我们啥也不懂，人家也不懂'，何巧女拿出那样的气势开拓市场，对手基本没有。"东方园林当年的一位元老回忆说。

诚想，2001年下半年风云突变，全球科技股泡沫破灭，海外创业板市场纷纷失败或步入低谷，在中国建设创业板市场备受质疑。受多方因素影响，创业板推出进程暂缓。

东方园林在激进状态下设立了十几个分公司，后台管理根本跟不上。何巧女聘用了很多自己的同学，这些人多缺乏企业管理能力。公司变大了，但亏钱亏得一塌糊涂。

2003年，东方园林出现了严重问题，走出公司会被围攻，被追着要钱——同一时期，一些做环保工程的大佬也曾身陷相似情形。

为了应对危机，2004年，何巧女召集各地大将回京，大连分公司、青岛分公司的主力撤回北京，其他地方弃城而走，清欠债务，十几个分公司全部清掉。

第二次转型：大干市政园林

在重整旗鼓的过程中，何巧女发现了地产景观项目的各种问题：拖欠款、规模小等。

2005年，她希望业务转到大市政。从卖花、卖盆景转做地产景观工程难，从地产景观转到市政园林更难，这是一个质变。2005年，东方园林依然考虑全国布局，但这次只有北京总部、华东区（基于苏州）、西南区（基于昆明）三个点。

2000—2005年，中国市场变化非常大，市场上已经逐渐有了市政园林项目推出——这与市政污水处理项目的出现同步，都离不开市政公用事业改革的巨大推力。那时候的园林公司，有地方上的国企，和一些地方性小公司，能够做全国性布局的民企没几家。

何巧女确定了公司发展战略就是进入大市政领域，恰逢其时，两个划时代的项目给了公司重大发展机遇：奥运会配套项目（首都机场T3航站楼景观带、鸟巢周边的水系与景观）、苏州工业园区项目。这两项目都以高标准、大投入以及市政园林工程少见的大型外包为特点。

2005年，东方园林获得了首都机场T3航站楼景观带项目。同年，苏州工业园区要启动，首先是金鸡湖大酒店国宾馆景观工程，政府要求按照上海东郊宾馆、上海西郊宾馆那样的规格做景观。在日本ANETOS地域规划股份公司完成景观建筑规划后，由东方园林的东方利禾设计院进行了详细深入的景观设计，并通过工程招标委任东方园林承担项目施工工程。

布局收缩，加上凭借重点项目成功进入市政，东方园林熬过去了危险时刻。

苏州金鸡湖大酒店国宾馆景观项目是东方园林转型大市政的标志性项目，一举奠定了它在大市政领域的江湖地位。随后，它又中标苏州金鸡湖凯宾斯基酒店等园林绿化建设项目。

项目做完后，影响力就出来了。东方园林很快再次中标一个典型的市政园林大型项目：山东潍坊10公里的白浪河项目——潍坊市领导到苏州金鸡湖项目考察后就确定要用东方园林。这就是标杆项目的价值。

从2005年发力开始，北京和华东区分公司业务全面开花。2009年上市的时候，这两个区域公司起到了关键作用。

东方园林全面转到了大市政政府投资项目。它踩到了城市化的点。当然，也跟我国的城市开发模式有关：在城市化过程中，我国开始普及由地方平台公司做整个区域的整治搬迁和基础设施建设的模式。基于这种模式，各类专业工程公司逐步找到了参与和发展的机会。

喜忧上市：插上资本的翅膀

2006年，缓过劲来并转型成功的东方园林开始启动上市，何巧女在引进人才的战略上开始关注资本，一批来自金融界的优秀人才加入了东方园林，如中信证券方仪等。当时何巧女的主力干将有五人：两名元老级负责人（分别负责北京、华东两个大区），两名运作资本的副总裁，还有一名搞苗圃战略的技术专家。公司管理高效，进入良性发展状态。

何巧女走对了关键的三步棋：从地产转市政、不惜成本招揽人才布局全国、建立东方园林品牌。作为一家以工程为主业的公司，东方园林不走政商关系路线，走的是品牌、营销、管理之路。

"何巧女没有官员朋友"，一名曾效力东方园林多年的元老说。同一时期，一些小的园林公司走政商路线，但这样很难做大，因为需要老板亲自冲到前头去拉关系，但老板不可能有无限多的时间和精力，也不可能认识那么多的地方官员，更不可能天天跟领导吃饭。没有政府关系，那就得纯靠市场模式，靠品牌、营销、管理。

2007、2008年，是东方园林铆足劲冲上市的关键时间点，它的先锋部队发现，全国性布局面临着很多困难，市场压力很大。于是，东方园林推出了"532"模式：工程干完，工程款付50%；竣工验收一年再付30%；两年期结束再付20%。这种模式没有多少人敢干，团队测算，可能要垫进去10%现金流才能平衡，感觉风险太大。但何巧女坚决推行这种模式。

回头来看，垫资成为在市政领域的企业快速做大的利器。敢于垫资，使得东方园林在BT（Build Transfer，建设—移交）和PPP等模式上突飞猛进。但是垫资，最终带来了后来东方园林在PPP上的崩盘。

在高举高打、注重营销的同时，东方园林项目在品质上走高端路线，园林的

设计品位，包括树种选择等方面，在业内领先。设计都是跟美国 EDSA 景观设计公司（以下简称"EDSA"）这样水准的公司合作，EDSA 是世界环境景观规划设计行业的领袖企业，主要业务为规划、景观设计、城市设计等，2010 年东方园林控股了这家公司。

2009 年 11 月 27 日，东方园林以 58.6 元 / 股的发行价在深市中小板上市，成为当时中国园林行业第一家上市公司。上市当日以 99 元 / 股开盘，此后一路上涨迅速跻身百元股。

2010 年，东方园林再次战略调整，撤掉全部区域公司，回归总部，在北京设立五个事业部，事业部按地域划分：东北事业部、北方事业部、西部事业部、华东事业部、华中事业部。总部只管理财务、人力、行政、证券、法务，而业务由五个事业部负责人管理：从资金支付到成本管理全闭环，极为高效。

在此模式下，东方园林急速发展，这种态势从 2010 年一直持续到 2014 年。在此期间，东方园林的营业收入不断攀升，从 2009 年的 5.84 亿元，攀升至 2013 年的 49.74 亿元。

上市后，一直敢于大手笔投入的何巧女更加不惜成本引入人才，东方园林一时间高手如云。

2011 年，知名房地产公司大连万达集团股份有限公司（以下简称"万达"）副总裁张诚突然离职，业界传说他要创业，却在 11 月入职了东方园林。之后几年，新华都购物广场有限公司金健、亚马逊卓越有限公司郭朝晖、中国建筑第三工程局有限公司陈幸福、中国建筑股份有限公司（以下简称"中建股份"）马哲刚、大唐国际发电股份有限公司郭朝军、吉利汽车集团（以下简称"吉利"）李东辉等一批金牌职业经理人先后加入东方园林。

金灿灿的履历自然需要金灿灿的薪酬，最高薪的人能拿到年薪 800 万元，甚至 1000 万元。自 2000 年就开始跟着何巧女打天下的元老们对此无法接受，他们觉得"这太浮夸了""大家都一起降薪吧，都降到 100 万元，剩下的就跟业绩挂钩，你出成绩了，你拿 2000 万元我们也没话说。"尽管 2014 年元老们与何巧女反复谈判，但何巧女还是因求贤若渴的心态，没有同意改变公司的价值导向和激励导向。客观而言，一个园林公司开出 800 万元年薪，实在过于膨胀了。

事实上，2014 年是东方园林历史上较为困难的一年。垫资模式走得艰难，业绩压力巨大，高管们都很焦虑，再加上何巧女听不进调低浮夸薪酬的意见，多重因素叠加导致2015年大批元老陆续离职。

有一段时间，在东方园林，来自万达的前城市总经理有五个，还有一大批银行分行行长等加入。除了几名元老守着主业，其他高管开展各种经营、进行各种孵化，并且投资并购。花钱不少，但竟然没有成功的。搞电商的苗联网、T_0-C端的婚礼堂等都没有取得预期的成果。这一阶段虽然轰轰烈烈，却仅仅留下一个田园东方资产——2014年，东方园林旗下田园综合体产品正式面世。

东方园林总部

成败PPP：飞向太阳的伊卡洛斯

何巧女推动东方园林大张旗鼓进入环境产业，这次转型，是趁势而为，也有不得已的压力。2013年后，市政工程建设审计趋严，对市政园林工程的推进造成影响，在此背景下，东方园林2014年营业收入和净利润双降，环境领域在当时起码看上去很美。

那个时期，PPP模式受到广泛关注。2014年，国务院、财政部、发展和改革委员会（以下简称"发改委"）连续发布有关PPP的政策。2015年4月16日国务院正式颁布了《水污染防治行动计划》（以下简称"水十条"），水十条落地后，水务、环境行业迎来新的发展机遇，行业开始憧憬，这将开启新一轮环保"盛宴"。

与此同时，财政部、环境保护部两部门印发了《关于推进水污染防治领域政府和社会资本合作的实施意见》（财建〔2015〕90号）。

水十条叠加PPP，环境行业完全改观，这既有对以往单点治理模式的纠偏，也引来一波又一波的所谓"野蛮人"，深刻影响了产业格局。即便在2017年末，狂风平息，这股风潮的影响也一直存在，时至今日，谁也不知道它将引导历史的河流流向何处，其中的得失也不是当下能说清楚的。

东方园林也想借机冲向时代之巅，2014年年底，何巧女表示：PPP和国企混改是属于这个时代的又一个春天，东方园林全面进军水生态、土壤修复、水务、固废等领域，东方园林将绽放在PPP的春天里。

2015年1月，东方园林全称改为北京东方园林生态股份有限公司，2016年又改名为北京东方园林环境股份有限公司，为自己的跨界正名。

PPP的加持进一步释放出何巧女做大事业的激情。自2015年开始，东方园林日益膨胀，何巧女变得听不进意见，拿着高薪的高管们"顺势而为"，开始以哄为主。著名的"3000亿"就是在此期间炮制出来的。东方园林深度切入到了以水系治理为主的生态修复业务以及海绵城市建设。

紧接着，2016年开展全域旅游业务，并成立环保集团，进军工业危废领域。不得不说，在那两年，这位企业家的叱咤风云和豪情，让老牌环境公司都感觉到了一丝压力。

何巧女的转型成果显而易见。财报显示，2015年开始，公司中标的PPP订单总额不断增长。东方园林利用在PPP方面的先发优势，与多省市地方政府签署了PPP项目协议并迅速落地。2016年，东方园林爆发式增长，当年净利润增幅高达115%，并收购了中山市环保产业有限公司、上海立源生态工程有限公司等水处理公司。

2017年，插上PPP翅膀的东方园林多项指标创记录，当年实现营业收入152.26亿元，较转型前的2012年增长高达287%；当年净利润21.78亿元，较2012年增长217%。东方园林的股票也从2015年最低时的7元/股，涨到了2018年最高时的22元/股。

东方园林作为最早参与PPP项目落地的民营企业之一，2016—2018年，PPP项目中标金额分别高达416亿元、715亿元、408亿元，一度被称为"PPP第一股"，也成为当年PPP业绩规模排行榜夹在建筑类央企大块头中的唯一民企。

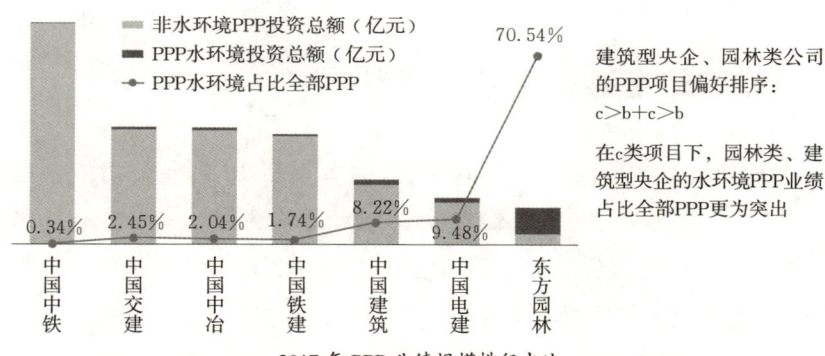

2017 年 PPP 业绩规模排行占比

注：根据 E20 数据中心 2017 年统计，东方园林 PPP 项目总量直追建筑央企，且水环境投资 PPP 项目占其全部 PPP 项目的比重达 70.54%。

巨额的订单数据看着好看，但也只是账面上的数字。几乎所有的 PPP 项目都需要垫资施工，PPP 项目完工验收后的资金回款往往较慢。所有这些都需要企业有稳定的现金流和不错的融资能力。

在 PPP 项目快速膨胀的过程中，以 2017 年 8 月 1 日时任财政部副部长的史耀斌的讲话和随后发布的《关于规范政府和社会资本合作（PPP）综合信息平台项目库管理的通知》（财办金〔2017〕92 号）（以下简称"92 号文"）为发端，财政部开始对地方政府进行一系列去杠杆措施，限制地方政府 PPP 的项目支出。

2017 年 11 月 21 日，国资委发布《关于加强中央企业 PPP 业务风险管控的通知》（国资发财管〔2017〕192 号），限制央企参与 PPP。同期，何巧女在公司管理层会议上说，"这是国资委腾给我们的机会"。东方园林在 PPP 上更加激进，公司内部对项目开拓人员实施强激励措施，风险控制反而被弱化，不少项目甚至 PPP 的手续还没走完，公司就已经为政府垫资数亿元，风险进一步加剧。

但是，此时的银行已经开始警惕，尤其是财政部金融司时任相关领导"入财政部 PPP 项目库不是保险箱"的表态，成为了压倒金融界对当时 PPP 信心的一根稻草。金融界从 PPP 中快速撤退。

这一切，对高负债奔跑的东方园林来说，简直是致命打击。2018 年，东方园林的股价从最高点每股 22 元左右再次跌到每股 8 元左右。

东方园林仿佛飞向太阳的伊卡洛斯[①]，PPP 是它蜡制的翅膀。

---

① 伊卡洛斯是希腊神话中代达罗斯的儿子，与代达罗斯使用蜡和羽毛造的翼逃离克里特岛时，因飞得太高，双翼上的蜡被太阳融化而跌落水中丧生。

尾声：宛如梦幻泡影，如露亦如电

2018年开始，东方园林资金链断裂。5月，发行10亿元公司债券，结果认购数仅0.5亿元，被称为"史上最惨发债"，成为了东方园林PPP模式崩盘的转折点。此事件造成了东方园林股价L形下探并停牌三个月。随之而来的各银行的逼债抽贷等举措更是给困境中的东方园林雪上加霜。

2018年东方园林开始第一波裁员。根据2018年年报数据，在职员工由2017年的6129人减少到了5244人，东方园林的欠薪问题也在2018年下半年开始有所显现。

2018年9月，面对中国人民银行行长易纲，何巧女说："现在民营企业太难了，如果易行长给我批准一个银行，我一定拯救那些企业于血泊之中，一个一个地救。"豪情万丈的发言引来全场掌声，但金融机构的纾困未能彻底拯救东方园林。从2019年开始，何巧女及其丈夫唐凯就多次被法院列为被执行人。

2019年8月5日晚间，东方园林发布公告称，公司实控人何巧女、唐凯向北京朝汇鑫企业管理有限公司（以下简称"朝汇鑫"）①转让公司控股权。权益变动完成后，北京朝阳区人民政府国有资产监督管理委员会（以下简称"朝阳区国资委"）成为公司新实际控制人，东方园林成为朝阳区国资委下属首家A股上市公司。

2018年12月，何巧女曾与同为朝阳区国资委旗下的北京盈润汇民基金管理中心（以下简称"盈润汇民基金"）签订了《股份转让协议》，以10.14亿元的价格将公司5%股份转让给盈润汇民基金。朝汇鑫与盈润汇民基金为一致行动人。

何巧女的名字再一次与东方园林并提是在2021年7月，东方园林公告称："持股5%以上股东何巧女于2020年8月21日—2021年7月22日通过集中竞价方式累计被动减持公司股票2698.872万股，占公司总股本比例1.00%。"

毁誉：刘邦还是项羽

环境产业里，民营企业家们大致有两类。一类企业家业务能力逆天。能力强的人当老板有个好处，下面的人凡事都有个依靠。但是也有坏处，这类人容易苛

---

① 朝汇鑫成立于2019年7月23日，为朝阳区国资委旗下100%控股的全资子公司。

责下属，从而限制了下属的成长和人才的引进，使得其个人的能力和精力边界成为了企业瓶颈，这一点很像西楚霸王项羽。另一类企业家业务能力没那么强。他们有时间想好做大事的方向，同时会哄人、会分钱，反而容易成为汉高祖刘邦。

从引进人才和授权管理这个角度上说，何巧女是后者。

身为刘邦谋士的韩信对西楚霸王项羽的评价是："项王见人恭敬慈爱，言语呕呕，人有疾病，涕泣分食饮。至使人有功当封爵者，印刓弊，忍不能予，此所谓妇人之仁也。"何巧女是一位女企业家，她的"仁"却不是项羽式的"妇人之仁"。她的胸怀与格局，让她的团队成员感念至今。

业内曾听闻，东方园林有一名元老在上市前夕离开，上市后，何巧女又把这位元老请了回来。此人本来有15万原始股，但离职时已签字交还给公司。何巧女在召回他时，将价值几千万的股份又送回。这位元老因此关了自己的创业公司，重回东方园林。不过此事后来还有点小小曲折。重回公司的这位元老头两年本应该得到其他股权激励，何巧女却没再给。

不过与一些小老板比，何巧女依然称得上心胸宽广。用人、用钱的彻底放权，正是她能请来高手的原因。但就像她在经营企业方面平衡理性与激情一样，此事也有两面性，高薪未必都能给东方园林创造出高额价值，熟悉企业体系的职业经理人，不一定能在东方园林发光发热。

她的战略布局、创新模式、开放用人、做事格局，都没问题，"她如果能把步调放慢一半，东方园林将是个伟大的公司。"接近何巧女的人士曾如此评价。她全然不顾小算计，只看大方向，只不过这个大方向还得跟随国家的发展节奏。敢打敢拼、敢赌敢博，既成就了她的东方园林，也最终在错误的节点上使她失去了这家公司。

何巧女虽然格局大，不是项羽式的"妇人之仁"，但她还有项羽"生当作人杰，死亦为鬼雄"的悲壮。大开大合、激情投入、以公司利益为先，面临败局不肯放弃，她有自己的商业理想。

外界评价何巧女是一位高调的企业家，但这位跨界到环境领域的企业家，却从未现身过任何一个环境领域的活动。她研究过的企业有万达、吉利、中建股份等，但是从来没有研究过园林以及环境领域公司。东方园林高管团队的人才结构，让她生发出俯瞰行业的心态。她参加过的商界活动，身旁坐的是董明珠、陈春花。

不知道何巧女是否算是见过奇迹的企业家，但我们钦佩何巧女这样真正赤手空拳的企业家，她从底层咬着牙打拼成富豪，然后以更快的速度失去财富。

据接近何巧女的人士表示，她在一连串的波折后，根本没有给自己喘息之机，立刻开始招兵买马，准备再创辉煌，而且大手笔依然使人咋舌。不知在迥异于以往的市场环境下，在央企、国企鱼贯入场的情况下，她是否能够再次崛起，再次实现她的商业梦想和商业追求。

创业历程几次起起落落，离场后又 all in 杀回，透露出了何巧女性格里的豪情、不服输、固执和骄傲。我们从这个角度看到的，不是狡黠的刘邦，而更像是西楚霸王，盖世勇猛，多次以少胜多，逐渐固执己见，却也有着绝不过江东去苟且的英雄气概。

在退出时，她没有选择套现移民；在此之前，也是尽力打造民企中不多的职业化管理风格。无论成功失败，她都在全心全意地做一名企业家，去追求事业上的巅峰。不管外界这几年对她如何非议，这种真诚的投入始终值得尊敬。从这点来看，她的消失，一定不是没人在乎的。

如果给何巧女一次穿越时空的机会，她也许会穿越到 2015 年，让之后的一切都不发生。但如果何巧女是一本书，那这些年的起起落落就是最好看的篇章。当一切光环散去，不知道她会否有一天故地重游，来到鸟巢。当年东方园林在这里种下的银杏树，已蔚然成林。

参考文献：

[1] 郝美平，武占国. 何巧女"告别"东方园林，"女首富"在突围后谢幕 [EB/OL]. （2019-10-31）[2021-08-28].https://baijiahao.baidu.com/s?id=1648908860793530492&wfr=spider&for=pc.

[2] 清都. 300 亿身家清零？这么多券商、银行，也救不住何巧女 [EB/OL]. （2021-05-31）[2021-08-28]. https://baijiahao.baidu.com/s?id=1701254173936488953&wfr=spider&for=pc.

[3] 创新创业中关村. 回首北京奥运 10 周年　中关村用科技点燃盛夏记忆 [EB/OL]. （2018-08-09）[2021-08-28].https://www.sohu.com/a/246216827_355034.

[4] 徐宁. "PPP 第一股"东方园林正式易主，朝阳区国资委成实际控制人 [EB/OL]. （2019-08-06）[2021-08-28].https://baijiahao.baidu.com/s?id=1641087495535738800&wfr=spider&for=pc.

曾经沧海难为水之"校长"蒋超与金州浮沉

作者：谷林

在评价一个人，尤其是一位曾经辉煌一时但不幸正处低谷的企业家时，我告诫自己要避免"以成败论英雄"的固有思维模式，但很多时候，却不得不为他扼腕叹息。在很多人的心中，他曾经的辉煌足以证明其成功过。在拥趸的心中，他仍然是一位无人可及的商业天才。而我更关心的是：是什么原因让他从辉煌跌落？他的发展之路能给行进中的同行和后来者什么样的启示？如果他的经历可以算作一种财富，希望更多的行业从业者特别是后来者能从中受益。这不仅是写这篇文章的初心，也是对这位企业家的致敬——商海变幻，人生浮沉，在历史的长河中，一定有蒋超的位置。

少年：以外国政府贷款成就绝对王者——陌上年少足风流

蒋超，1957年1月生于成都，1977级大学生，1981年毕业于江苏理工大学汽车设计制造专业，1982年赴美国留学，1986年在加利福尼亚州注册成立了Golden State（金州）公司。随后，蒋超回国，每天身穿西装，手提皮包，开始了自己的商业传奇之路。

蒋超英文名字叫Peter，在金州，他喜欢大家叫他的英文名。和他关系不错的高管更喜欢叫他老皮。

回国后，最早蒋超并不做环保行业，也没有做自己所学的汽车相关专业，而是为奥地利一家电缆公司做代理业务。这源于一家湖南客户想上电缆项目，苦于

资金不足。他们听说可以申请外国贷款，便邀请蒋超帮忙。

那时的中国，改革开放将近十年，经济和社会发展快速，城市日新月异，包括污水处理等在内的基础设施建设需求旺盛，但政府并没有足够的资金。外国政府贷款因为有一定的优惠，便成为其时各地政府解决资金问题的补充。

金州具有"外资"背景，掌门人蒋超熟悉国际间的商务运作，有相对丰富的外国资源，同时又具备国内市场的开拓能力，这无疑是绝佳的优势。蒋超觉得这是"上帝给自己的机会"。他抓住了这个机会，一口气谈了12个有意向的污水处理项目，并最终与10个项目签订了合同。这成为蒋超在国内的第一桶金，一年之间，公司从北京西苑饭店的一间小办公室，扩大到21间办公室。

外国政府贷款，本质上属于资源型业务，谁掌握了资源，谁就占领了市场。当时的金州作为国内少有的外国政府贷款代理公司，具有显著的核心竞争力和领先优势。而那时的外国贷款基本为限制性贷款，物资采购只能在贷款国内进行，国外的设备质量比国内好，价格也贵很多。金州不仅为外国政府贷款业务做居间服务，也代理外国设备，相当于一鱼两吃。

这个阶段，金州参与引入外国政府贷款和引进外国先进的设备，的确为国内市场的发展起到了推动作用，其引入的先进技术和观念，也成为国内同行争相学习的范本。

独特的资源，领先的地位，高额的利润，让少年时代的金州快速发展，几乎成为"无敌"的存在。

在后来数年间，金州成为50多家跨国公司在中国地区的融资顾问，为国内200多个排水项目、轨道交通和固废及风电等项目做外国政府贷款代理，并引进国外先进技术、设备和运营理念。据一些经历者估计，高峰时，金州在国内外国政府贷款市场的占有率最少超过80%，甚至因此引起了当时对外贸易经济合作部（以下简称"外经贸部"）的注意。

但任何一个行业，都有其生命周期。随着市场日益成熟，竞争逐步加剧，市场价格越来越透明，加上国际汇率影响和国际政策限制，蒋超也在思考：国际贷款业务到底还能做多久？

1997年受经济合作与发展组织（OECD，以下简称"经合组织"）政策限制，外国政府对华贷款减少。同一年，对外国政府贷款的管辖部门由外经贸部转到财政部。

这些变化让蒋超坚定了业务转型的决心：他将原外国政府贷款公司交给了弟弟经营，自己则开始关注国内市场，并将目光聚焦在环保工程行业，在行业内率先走向独属于那个时代的"贸工投"的跨越式发展之路。

青年：三驾马车引领环保行业——春风得意马蹄疾

虽然蒋超决心从外国政府贷款业务转型，但不可否认，长久以来，金州利用政府贷款+外国设备代理在国内环保市场中占据了显著的领先地位，同时早已成功多重布局抢先占领环保工程业务，打造了自己的青年时代。

1988年，蒋超作为匈牙利SGP公司代理，成功引进奥地利政府贷款，建设南通狼山水厂供水项目（10万立方米/日），这是中国第一例利用外国政府贷款建成的现代化水厂，引用国外先进技术和设备，自动化程度达到国内最高水平。项目于1990年10月16日竣工，得到原建设部的推荐，吸引了国内同行的广泛关注，接待了一批批的参观者。金州也自此踏入环保领域，成为国内最早的一批行业开拓者之一。

其时，中国的环保产业刚刚起步：鹏鹞环保股份有限公司（以下简称"鹏鹞环保"）刚成立4年，晓清环保也于同年成立。先行者已经出发，巨大的市场机会正在逐步打开。

1992年全国环境保护产业工作会议召开，确定了中国环保产业发展的指导思想和基本方向。随后国家相继出台了多项环境法律法规和环境标准，加大了对环境污染治理的投资力度，我国环保产业发展驶入快车道。环保产业开始从环保设备的加工制造为主逐步扩展到环保技术开发、工程设计施工、环境咨询等环保服务。一批环境工程公司，也开始涉足市政及工业废水的设备集成和工程总包。

1992年5月17日，得益于南通狼山水厂供水项目的经验和铺垫，金州与南通自来水公司合资成立太平洋水处理工程有限公司（以下简称"太平洋水处理"），希望在全行业推广自动化技术。让蒋超引以为傲的是：太平洋水处理作为中国水务领域第一家中外合资的水处理工程公司，最后被上升到国家层面进行审批，公司名称也因此没有被冠以南通或江苏等区域符号。

1995年，太平洋水处理自控设备的供货安装业务收入达到五六百万元；1998年基于系统控制和系统集成技术的年合同额突破3000万元。鼎盛时期，浙江80%

的污水自动化项目几乎被太平洋水处理拿下。2008年底，太平洋水处理年产值达到4.5亿元，纯利润超过3000万元，工程遍布国内二十多个省、自治区和直辖市，供水、污水成功案例600多个，三次荣获中国建设工程鲁班奖。今日回顾，在市政设施自控领域，太平洋水处理同样具有黄埔军校般的地位。如果不是由于它自身的衰弱，后进的同行很难找到成长的机会。

较早掌握投资能力参股或控股以实现业务覆盖范围的迅速扩张，也是金州敢为天下先的另一个表现。在太平洋水处理成立当年，中持（北京）环保发展有限公司（以下简称"中持环保"）创始人许国栋正在北京建工学院做教师。1992年，他带领几位学生创立了北京市华晖环境保护公司。1994年，蒋超投资了许国栋和他的公司。新公司即北京金源环境保护设备有限公司，成为金州系旁支上的又一支生力军。

金源环保承接了联合利华中国和路雪（北京）有限公司（以下简称"和路雪"）的污水处理站工程。项目完工后，在和路雪的要求下，1994年9月9日，双方签订污水站委托运营合同，从而开启了国内环保设施委托运营模式的先河。金源环保得到了国家环保总局的关注。

1999年3月，国家环境保护总局发布《环境保护设施运营资质认可管理办法（试行）》，金源环保成为首批获得专业运营资质认可的15家企业之一。一年后，桑德环境、北京市城市排水公司（以下简称"北排"）、杭州锦江环保能源有限公司（以下简称"锦江环保"）、东江环保技术有限公司（以下简称"东江环保"）、鹏鹞环保、重庆三峰环境产业有限公司（以下简称"三峰环境"）等这些大家所知的最早的著名环保公司们才入选第三批名单。

凭借先发优势和优质的服务，金源环保后续与拜耳制药公司、日本第一工业制药株式会社、通用汽车公司、美国通用电气公司、海力士-意法半导体有限公司等外资企业和中国海洋石油集团有限公司、中国宝武钢铁集团有限公司、光明乳业股份有限公司等国内大型企业取得合作，引领工业污染治理市场。那时候，北京万邦达环保技术有限公司（以下简称"万邦达"）、博天环境集团股份有限公司（以下简称"博天环境"）、倍杰特集团股份有限公司（以下简称"倍杰特"）等代表性公司的身影或者还没有出现，或者不如金源环保耀眼。

引入地方国资现在是大家熟悉的一种策略，但是远在20多年前，金州在这方面的思路却具有前瞻性。为更好地整合资源、开拓、服务重点区域，金源环保通过引入地方国资加快其在全国的布局。1997年，金源环保与无锡四机厂合资成立无锡金源环境保护设备有限公司（以下简称"无锡金源"）。2000年进军上海，成立上海分公司。2001年11月，蒋超引入北京建工集团有限责任公司（以下简称"北京建工集团"），金源环保重组为"北京建工金源环保工程有限公司"（以下简称"建工金源"）。随后，建工金源进入市政污水领域，迎来了新一轮快速发展期。

2001年12月7日，建工金源揭牌仪式上嘉宾合影

1995年，蒋超成立北京金州工程有限公司（以下简称"金州工程"），初期主要做外国政府贷款，兼做工程和设备总承包。2004年，北京城建集团有限责任公司（以下简称"北京城建"）出资8000万元入股公司，占比30%股份。新的金州工程主要涉足城市生活垃圾、建筑垃圾、危险废弃物、污泥干化等固体废物处理领域，先后承接了很多当时的知名项目，如北京第一个垃圾焚烧发电EPC工程（高安屯垃圾焚烧发电厂项目）、北京市第一个通过国际公开招投标确定的医疗废物处理项目（北京金州安洁医疗废物集中焚烧处置厂项目），国内最大的市政污泥干化项目（北京清河污水厂污泥干化项目），以及张家港垃圾焚烧厂一期二期、深圳平湖垃圾焚烧发电项目咨询等。

至此，从外国贷款业务到外国环保设备代理，再到环保工程，金州实现了业务的转型与升级，太平洋水处理、建工金源、金州工程，在各自的领域，一起组成了青年阶段的金州在环保行业的三驾马车。

在此期间，一批行业领先公司相继成立：1993年，文一波创立桑德；1995年，

博天环境重组完成；1997 年，同方股份有限公司（以下简称"清华同方"）成立，安徽国祯环保节能科技股份有限公司开始涉足环保领域……

金州及其三驾马车与这些公司一起成为后来国内环保市场的领先力量。

壮年：向环保项目投资运营转型——黄沙百战穿金甲

自 20 世纪 80 年代起，以威立雅环境集团（以下简称"威立雅"）、苏伊士环境集团（以下简称"苏伊士"），也包括金州等为代表的外资企业，给国内环保行业带来了先进的技术、资金以及理念，一定程度上促进了整体市场进化的步伐。1995 年以后，国内有更多的地方开始进行环保投资机制的探索。特许经营，是这个时期的关键词。

1996 年左右，成都市自来水总公司六厂 B 厂项目决定在国内首次采用 BOT 模式进行招标。项目设计规模为 46 万立方米/日，设置保底水量，吸引了威立雅、苏伊士等诸多世界大公司的目光，最终项目花落威立雅。那时中国企业还没有能力去整体赢得类似项目，金州有幸参与其中，成为该项目输水管道工程总包服务商。这个经历为其后续探索项目投资提供了经验。

2000 年初，北京经济技术开发区管理委员会决定以 BOT 方式建设污水处理厂并公开招标，国内外共 8 家企业参与了竞争。最终金源环保中标，获得该项目的投资、建设、经营特许权。

2000 年 9 月 22 日，北京经济技术开发区污水处理厂签约仪式

2001年3月，项目破土动工，10月底竣工，2001年12月18日进入商业运营，创造了市政污水处理厂当年开工当年竣工的奇迹。该项目成为中国最早的一批BOT特许经营项目，并在2021年3月，继成都自来水总公司六厂A厂项目之后，成功到期移交政府的特许经营项目，备受关注。

北京经济技术开发区污水处理项目（以下简称"经开污水项目"）不仅为金州带来了连续稳定的现金流，也为其进入市政领域奠定了基础，再加上企业自身优秀的运营管理能力，以及北京建工集团的加持，建工金源从工业废水治理市场进入市政污水市场，从EPC工程转向特许经营投资的快车道。

从2002年开始，建工金源先后中标江苏太仓城东污水处理厂BOT项目、盐城城北污水处理厂TOT及城南污水处理厂BOT项目，以及昆山吴淞江污水处理厂、奉化城区污水处理厂、巢湖城北污水处理厂、长春北郊污水处理厂等众多业绩。由此，金州系各公司逐步发展成为国内环保行业规模最大、资质最高、业务能力和技术实力最强的投资企业之一，特许经营投资业务背后的金融特征使得金州系相关公司的资产、营业收入和整体规模乘着时代的机会迅速增长，企业步入壮年期。值得注意的是，2004年，时称建设部（现"住建部"）才颁布了《市政公用事业特许经营管理办法》（建设部令第126号）——这个铸就了当前中国环保产业成长基石的126号文。当时的金州无疑是这个领域的先行者。

从工程转向特许经营模式的过程中，在经开污水项目之外，金州历史上最引人注目的当属中标国家奥林匹克鸟巢项目。

2003年，金州与北京城建和中国中信集团有限公司（以下简称"中信集团"）一起参与并中标了国家体育场（鸟巢）项目。三家企业组成的联合体与北京市国有资产经营管理有限公司共同组建了国家体育场有限责任公司。项目总投资为313900万元，北京市国有资产经营有限责任公司代表政府出资58%，中信集团联合体出资42%。在中信集团联合体投资中，中信集团占比65%、北京城建占比30%、金州占比5%。

鸟巢作为国家奥运工程的核心项目，万众瞩目。金州与中信集团、国企北京城建一起成功参与，一下子让金州品牌为全国所知，其品牌影响力也在那时几至巅峰。

为了更好地与社会沟通，国家体育场有限责任公司副总经理兼金州代表张恒利被选为项目的新闻发言人。十多年后，回想彼时，张恒利仍难掩自豪："在这么

大、这么知名的项目上，金州能与央企国企联合中标，的确是很大的荣耀。那时候，每天面对全国甚至世界媒体，压力真得非常大。但自己的一生能有那样的时刻，感觉也挺值了。"

因为鸟巢项目所展现的实力，2002年，金州被邀请参与奥运配套工程北京高安屯垃圾焚烧厂项目。

那个阶段，我国的垃圾焚烧起步正处于发展初期，很多日后的行业龙头刚刚成立不久：1998年，三峰环境成立。2000年开始与多家世界顶尖的垃圾焚烧发电技术公司洽谈技术转让，后敲定了与法国阿尔斯通公司（以下简称"阿尔斯通"）的合作。2012年，阿尔斯通被德国马丁公司收购。2000年，绿色动力环保集团股份有限公司（以下简称"绿色动力"）与深圳市能源环保公司（以下简称"深能环保"）成立。而日后金州在垃圾焚烧领域的最大竞争对手，现在的行业领先王者光大环境，一年后即2003年，才开始转型做垃圾焚烧。

一个连做水厂投资才刚刚入门的水务企业，敢于抓住转瞬而逝的机会迅速布局垃圾焚烧行业，本质是看穿了投资运营的底层逻辑，体现了全盛时代的金州和领军者蒋超对时代的洞察力、对商业模式的深刻理解和敢于创新的胆识。

如当年北京经开污水项目，北京的垃圾焚烧项目，同样没有可供参考的案例。项目到底该如何干？需要建多大规模？企业如何营利、政府如何支付等，一切都在探索中。但蒋超认准了垃圾焚烧发电项目，也看到了BOT的发展趋势，决定将项目继续推进下去。后来，高安屯垃圾焚烧项目成为国内最早探索垃圾焚烧特许经营模式的典范。

参与高安屯垃圾焚烧项目不久，在水务市场，金州又联合接手了北京水源十厂项目。

1998年，北京水源十厂项目正式立项，采用BOT方式进行国际招标，计划供水能力100万立方米/日，分两期建设，一期（第十水厂A厂）建设规模50万立方米/日。该项目是继成都自来水六厂后，中国第二个水务类PPP项目，也是北京市首个利用外资建设市政设施的BOT试点项目，被列入北京市"九五"计划重点项目，是北京市城市基础设施建设领域市场化投融资体制的开端。最终，日本三菱商事株式会社和英国安格利安公司国际控股有限公司联合体（以下简称"安菱联合体"）最终中标。金州成为安菱联合体聘请的项目总顾问，以及部分工程承包商。2005年，安菱联合体因故退出，金州联合北控一起接手了水源十厂项目。

经过两次转型，对接上金融资本的金州终于站在了环保产业链的顶端。

那时的金州，发工资都用美元，装在大信封里。金州总部阳光广场，楼下有个中国银行，每月发工资日，楼下倒外汇的贩子都能熟练地认出金州的员工并热情地上前招揽生意。

那时的金州，人才济济，如太平洋水处理的沈国贤、建工金源的许国栋、金州工程的韦纪宁等都在行业负有盛名。后来这些人陆续离开金州，或自主创业，或在其他公司高就，金州也因此被称为环保行业的"黄埔军校"，蒋超因此被称为"黄埔军校校长"。

在外界看来，这个称呼一方面是对金州当时行业地位的肯定，同时也表露出金州留不住人才的惋惜。但从一些知情者的描述和我的采访中可以感受到，蒋超本人非常喜欢这个称呼，在他看来，这是自己当年辉煌的印记和证明。

快速进入垃圾焚烧市场

根据蒋超的介绍，金州在做外国政府贷款业务时期就已经进入国内包括垃圾焚烧在内的固废市场：1989年谈判了一个利用奥地利政府贷款做的堆肥项目；1991年开始跟踪珠海的垃圾焚烧项目；1995年参与了中国第二个垃圾焚烧项目，即上海浦东垃圾焚烧项目；1999年参与了上海浦西垃圾焚烧项目。

2000年，国家经济贸易委员会、国家税务总局发布《当前国家鼓励发展的环保产业设备（产品）目录（第一批）》（国经贸资源〔2000〕159号），将城市生活垃圾焚烧处理成套设备列入目录，拉开了国家鼓励生活垃圾采取焚烧发电处理方式的序幕；2002年底，建设部颁布了《关于加快市政公用行业市场化进程的意见》（建城〔2002〕272号），以特许经营制度吸收社会资金（包括外商投资）投资和建设市政公用行业，拉开了我国市政公用事业市场化改革的序幕，BOT方式逐渐成为主流。

蒋超带领金州再一次抓住了这个机会，以高安屯垃圾焚烧项目为契机，正式进军垃圾焚烧发电市场，并实现了在全国固废处理市场的快速布局。施剑成为金州当年快速发展的见证者与主要参与者。在此之前，施剑是西格斯环境工程科技（上海）有限公司（以下简称"西格斯"）的业务经理，2002年被蒋超邀请加入金州，同年参与过高安屯焚烧垃圾项目的前期。2004年，他被派往上海负责与台湾地区合作伙伴及日本田熊筹建金州田熊公司，并担任副总经理，后来又参与了金州计划与上海环境集团有限公司合资成立的上海金州富昌环保技术有限公司（以

下简称"金州富昌")。

金州富昌成立后，施剑被临时授命，以金州固废管理股份有限公司总经理的身份主导江苏常州垃圾焚烧项目（以下简称"常州项目"）的市场工作。1998年施剑曾在上海医药设计院（现中国石化集团上海医药工业设计院）任该项目的项目立项经理，帮助常州市政府完成了常州项目的可研报告。最后，金州以综合排名第一的结果中标常州项目。

建设部在出台特许经营政策之前，2001年发布了《建设工程项目管理规范》（GB/T 50326—2001）作为国家标准。

常州项目成为当时国内在特许经营政策试点背景下，通过BOT模式，第一个比较正规执行此规范的项目，具有标志性意义。据悉，后续市场上的很多项目特别是垃圾发电项目协议都是以其作为蓝本。因为高安屯垃圾焚烧项目进程相对缓慢，常州项目后发先至，而当时市场上没有可供借鉴的案例。其中项目定价的模式、调价的方式等很多内容条款，都是由金州与政府沟通探索形成的结果。

假此盛勇，金州相继在张家港、江阴的垃圾焚烧项目评标中获得领先，并以合资方式拿下了宜兴项目，而当时在张家港、江阴项目竞标中排名第二的则是正在该领域高速起步的中国光大国际有限公司（以下简称"光大国际"，为光大环境前身）。当然，这些项目最终未全都花落金州，常州项目后来被光大国际最终获得。这个煮熟的鸭子飞了的故事，其实已经暴露了金州并不是苏伊士、威立雅这样的跨国巨头，这个"外企"在资金链方面，有着自己的阿喀硫斯之踵。

"一年之内连续在5个项目上领先。"对于企业盛况，施剑介绍，"那时的金州，在市场上简直可以说是无与匹敌。"那个时候，无论从技术团队、市场能力，包括法务、投资，金州都对当时奋力成长的光大国际形成强大的压力。而在人才方面，其时金州旗下包括施剑、方建华、滕若平、叶传泽等人，都是国内最早做固废业务的专业人士，有更丰富的经验。

高安屯垃圾焚烧项目1998年立项，是国内最早立项的垃圾焚烧项目。项目早先的投资商是北京华联达环保能源技术开发有限公司，计划使用西班牙国家贷款，但因政策、管理等各种原因，资金迟迟不能到位，最后把股份卖给了金州。金州由此从项目的设备供应商变成投资股东，正式挺进固废处理领域。

当时国内的垃圾焚烧发电市场起步不久，在项目建设规模、付费机制等方面尚处于摸索阶段，加之金州正参与鸟巢等奥运项目，另外，当时的金州有外资成分，项目需要相关政府重新审批，历经5年，终于在2003年审批完成。次年，金州与政府进行BOT协议沟通。2008年7月项目试运行，2010年正式运行。

作为北京市第一个现代化大型生活垃圾焚烧项目，高安屯垃圾焚烧厂每天可焚烧生活垃圾1600吨，是当时亚洲单线处理规模最大的垃圾焚烧项目；项目采用日本田熊公司的炉排焚烧技术，利用余热转换成蒸汽发电、供热，二噁英排放浓度仅为国家标准的1/10，并且达到国际上垃圾焚烧厂最严格的排放标准——欧盟2000标准。

2004年11月5日，同为北京奥运配套项目的北京金州安洁医疗废物集中焚烧处置厂正式开工。项目作为北京市第一个通过国际公开招投标确定的医疗废物处理项目，也是北京市颁布实施《北京市城市基础设施特许经营办法》后的第一个成功范例，实现了医疗废物集中焚烧处置厂设计和建设的最高标准。项目特许经营期为25年，2006年3月1日投入运行。

全产业链与多业务发展

在业务快速发展的同时，金州逐步完成了公司架构的构建。主要下辖两个板块：金州环境股份有限公司（以下简称"金州环境"）和金州环境投资股份有限公司（以下简称"金州投资"）。

金州投资是资产公司，主要负责项目投资。一些水务项目如南京城北污水处理厂、扬中供水项目、淮安污水项目和北京水源十厂等都由其投资，垃圾焚烧领域的张家港、高安屯、常州、常熟等项目也都由金州投资完成。

金州的三驾马车太平洋水处理、建工金源和金州工程均属于金州环境下属子公司，按照规划，日后将分别单独进行IPO（Initial Public Offering，首次公开募股）。

在此之外，金州陆续成立了金州惠凯、金州恒基、金州旭弗、金州田熊、金州富昌、金州安洁等水务和固废处理领域的专业技术和工程公司。

依托这些公司平台，金州真正建立起为客户提供从项目投资、项目设计、工程建设、系统集成到运营管理的全产业链服务，业务领域囊括了供水、生活污水、工业废水、生活垃圾、医疗废物、危险废物和污泥等多个领域。

在环保业务之外，以鸟巢项目为基础，金州还与天鸿集团联合体成功赢得水上公园项目，同时涉足文化娱乐产业，创办了传媒公司等，进行了多元化业务布局。

2000年，包括搜狐网在内的中国三大网络门户在美国上市，掀起了国内的互

联网热潮。而在此前，蒋超已经成为美国加州华人的商业领袖。据传说，张朝阳筹备搜狐的时候，在美国募资，见的前三个人里就有蒋超。由于当时没有看懂互联网，蒋超错过了对搜狐的投资，这也成为他的一个心结。

为了抓住互联网机遇，以及推动中国水业发展的情怀，同年，蒋超与时任国家城市给水排水工程技术研究中心常务副主任张悦、金州顾问何寿平以及现任 E20 创始合伙人张丽珍和首席合伙人傅涛夫妇共同策划、组织，创办了中国水网（即后来的 E20 环境平台，金州是 E20 环境平台最早的天使投资人）。十多年后，在接受媒体采访时，蒋超仍将此看作是"自己做得最成功、最有价值的一次投资"。

中年：牵手美林的福祸相倚——讲堂迷却散花人

一路走来，无论是在水务还是固废处理领域，金州无疑都走在了行业的前列。从 2003 年首届中国水业年度十大影响力企业评选开始，金州就一直入选十大榜单，曾连续入列的中国企业有首创股份、深圳水务、清华同方、北京排水集团（以下简称"北排集团"）、中环保水务投资有限公司（中环水务）、国祯环保，以及后来入选的桑德、中科成等，外国公司则是公认的世界巨头威立雅、苏伊士，以及入选过一届的泰晤士水务公司（以下简称"泰晤士水务"）。

根据傅涛的观点，从 2002 年建设部发布《关于加快市政公用行业市场化进程改革的意见》（建城〔2002〕272 号）开始，环保市场，尤其是水务市场，已经从设备采购、工程建设阶段进阶为资本拉动阶段。

期间，同样开始布局特许经营投资业务的桑德集团和鹏鹞环保也都进入了资本市场：2003 年底，鹏鹞环保以亚洲环保控股有限公司的名义在新加坡上市；桑德集团则通过收购和直接上市的方式拥有了两家上市公司。

对于金州来说，那个阶段的高速扩张让蒋超认识到光靠企业自身的积累做加法难以支撑发展需求。随着项目越来越多，蒋超带领金州开始向外国学习融资知识，并研究了很多相关模型。

2006 年 6 月，金州以可转债方式通过美林投资银行（以下简称"美林"）募集资金 1.5 亿美元，这成为当时中国水务私营企业金额最大的一笔融资。按照规划，这笔资金将用来进行水务和固废处理领域的项目投资与升级，并计划海外上市。

作为美籍华人的蒋超，希望有朝一日，金州可以成为环保企业在美上市第一股。

据悉，当时美林1.5亿美元占股45%，以当年7.8的汇率计算，金州当年的市值超过26亿元人民币。而其时，金州旗下的三驾马车各自的营业额大约都在2亿元左右。那时，后来的创业板新秀碧水源还没有上市，年营业收入约为7000万元。

正处巅峰的金州，加上资本的助力，发展可谓如日中天。一路走来的顺风顺水，让蒋超有了更足的信心和更大的雄心，金州发展的步子更快了。2006年，金州继续入选中国水业年度十大影响力榜单，2007年甚至一跃位列第二名。

2008第六届城市水业战略论坛上，金州连续第6次入选年度影响力企业榜单，之后再无入选

美林1.5亿美元的投资让金州"锦上添花"，也给了蒋超更多的自信和对未来的预期，加之十多年来的顺风顺水，金州的市场表现更加"豪迈"——在美林入资的时候，金州旗下有12个项目。美林入股之后，在其跟投的许诺下，蒋超带领金州团队发挥出超强的市场开拓能力，一年之内获取了包含北京丰台垃圾厂项目等大约16个水固项目。虽然这些项目不全是品质优良的项目，但后期做一些投入，进行包装提升，也是较好的资产。可这时候，美林却出事了，预想的投入随之落空。

2008年，美国房贷双巨头——联邦国民抵押贷款协会（以下简称"房利美"）和联邦住宅贷款抵押公司（以下简称"房地美"）股价暴跌最终推倒美国金融危机的多米诺骨牌，影响波及全球。作为顶级银行的雷曼兄弟公司（以下简称"雷曼兄弟"）和美林相继爆出问题，前者被迫申请破产保护，后者被美国银行收购。

之前因为审查等各种原因，金州的上市计划遭遇拖延，资金计划遭受影响。此次金融危机，更是雪上加霜，金州在美国的上市计划泡汤，资金链出现危机，不得不转让了很多项目以求回血，在风头正劲的垃圾焚烧领域瞬间失速，眼睁睁看着光大国际从此一骑绝尘。

多年后，在对蒋超的采访中，他总结融资的经验时说："当时不太懂，一下子融得太大。对于美林这样的大投资者，有更多的赚钱通道，它们不太会投入更多心力到金州这样被投资企业的发展中去，更多的是财务投资，只关心财务结果。但这与企业的发展会产生矛盾：比如人员问题，企业发展需要做人员储备，而人员成长也需要时间，需要着眼于长远的眼光。而财务投资更看重短期的财务表现。"蒋超的这个思考，恐怕后来在PPP中翻车的大量民企老板们能感同身受：资本给了企业家高飞的翅膀，但它也有着潘多拉魔盒般的危险。

2009年，金州先后引入新的战略投资人安博凯直接投资基金（以下简称"安博凯"）和哈德森清洁能源投资基金（以下简称"哈德森"），接手了美林的股权，融资5000万美元。2014年，安博凯、哈德森将拥有的金州投资92.7%的股权转让给了北京控股。这笔交易刷新了之前金州引入美林的交易记录，这笔交易也成为改革开放以来中国环境市场最大一桩并购案。

暮年：金州传奇落下帷幕——招屈庭前水东注

资金短缺，让金州一些隐藏或被忽视的管理问题更多地浮出水面，很多精英人才陆续离开。

施剑2006年去了上市公司百玛士绿色能源投资有限公司担任CEO。百玛士被首创收购以后，他同百玛士的老板合作过一些别的事情，2012年被蒋超重新邀请回金州担任北京金州工程有限公司的总经理，后调任金州工程总经理。

据施剑回忆，他第二次进入金州时，很多熟悉的人都已离开，虽然他召回了一些人，但团队整体上没有之前那么齐整了。公司的干劲和士气与之前不可相比，很多事情做起来不如以前那么顺畅。

当时金州运作已经比较困难，一些项目没有钱继续投入，甚至一些出差费用都不能及时到位。曾经辉煌的明星公司遭遇如此困境，前后的落差和苦撑的煎熬，蒋超的身体开始出现更多健康问题。

彼时的金州，可谓元气大伤，但作为曾经的王者，其根基仍在。按照专业人士的说法，只要金州能很好地守住一些有稳定收益的核心资产，即使日后可能回不到鼎盛状态，生存应该不是问题，甚至"小日子过得还不差"。

鹏鹞环保就是一个很好的例子。因为融资不力，以及战略保守和其他管理原因等，鹏鹞环保错失行业资本时代的高速发展机遇，从昔日的领跑阵营跌落。但凭借较好的风险管控，守住一些运营项目，稳扎稳打，在PPP热潮期间，不仅躲过了其他企业的破产或卖身遭遇，更于2018年成功重回A股上市，一度成为当时净现金流最好的上市水务民企，而且逆市收购了具有央企背景的中铁城乡环保工程有限公司。这个案例，可以成为"韧性组织"的代表，在当前多变的外部环境下，对于民营企业而言尤其值得借鉴。

但对于蒋超来说，也许是因为当年的光芒太过于耀眼了，也许因为蒋超原本就是个爱面子、不服输的人，他太想重新崛起了。也许敢于放手一搏，是蒋超之前能够成功的基础之一。只是时代变迁，他在后续的牌桌上连续进行了几次"show hand"模式的大赌，本是希望全面翻盘，结果却是将手中的积累越赌越薄，最终导致昔日强大的金州系逐步崩塌。

蒋超一边继续组织跟踪垃圾焚烧发电BOT项目，同时积极寻找新的投资伙伴，如前述引入了安博凯、哈德森等；一边请著名咨询公司对公司组织架构和股权及战略做规划调整，筹划重组水处理服务公司（合并太平洋水处理、建工金源及金州工程）准备IPO，规划固废资产重组等一系列动作。2013年，金州从北京建工集团手里回购其拥有的49%股权，全资控股建工金源。2016年，金州与武汉东湖高新集团股份有限公司（以下简称"东湖高新"）等一起成立产业并购基金拿回北京控股拥有的100%金州水务的股份，但是最终这些举措都未能挽回金州向下的颓势，甚至还更多消耗了珍贵的存量资源。

作为曾经的行业先行者，金州的发展让人关注，蒋超的精神也让不少行业人士崇敬。"2015（第十三届）水业战略论坛"上，蒋超获颁"中国水业'执着、坚韧'企业家精神奖"。获得奖牌的现场，蒋超潸然泪下。

回顾金州历史，蒋超感慨万千："做一件事情就要做好，就要坚韧、执着。既然做了一个事情，我不是三心二意的人……从财务方面，我是不如别人成功的，但是在行业的努力方面，我自己认为还是努力的。期间我也经受过很多诱惑，做过别的事情。但从业28年，我始终执着、坚韧，因为我坚持一个理念，要把

金州的环保事业做下去。"当时，很多人被"校长"感动，为其颁奖的傅涛也泪花闪烁。

"梦想之夜"晚宴上，蒋超发表获奖感言

但不放弃的精神，却并没有获得期待的结果。金州的外部融资、内部公司之间的"闪转腾挪"和救火式"抽血"，并没有彻底解决金州的资金问题，反倒是后者进一步加剧了集团内部的矛盾，让管控恶化，曾经最被外界看好的太平洋水处理因为长期为金州整体输血，不仅错失上市机会，发展也日益窘迫。

太平洋水处理的前员工曾撰写文章，记叙员工在公司高管会议上多次高呼："老板，太平洋水处理的体量太小，救不活集团，还是求集团放过太平洋水处理，保留一个生命的火种吧！"可惜，一切都已经无可挽回。在太平洋水处理破产之后，这位员工描述了自己深深的痛惜：

"最悲情的是：太平洋不是被竞争对手逼死的，而是在营收和利润年年创新高的情况下突然被活活闷死的，这种死就如"李心草"一样，所有的怜悯和悲伤都无法承载她们溺水时瞑目之前的所有痛苦……

以前不断在新签着合同，现在都在主动跟业主们解除合同，对员工来说，真的是犹如黄粱一梦。梦醒了，似乎太平洋永远都只是一个梦罢了……

公司以前一直谈如何做一个"百年老店"，结果走到二十七年的时候突然"戛然而止"了，呜呼！……"

2020 年，金州悄然破产清算。这个曾经的行业传奇，在市场变幻中走向了自己的终点。

众人眼中的蒋超：横看成岭侧成峰

放眼行业，中国环保市场曾经的很多大佬现在也都折戟沉沙或风光不再，这背后既有时代的原因，更有个人的问题。站在现在看过去的评论总是失于浅薄的，而且那样也无法使自己获得站在未来看未来的洞察和预判能力，只有结合时代背景看待问题，才能理解，作为金州的创始人，为何在很多人眼里，至今，蒋超仍是难以超越的存在。穿越时光，蒋超和金州何以浮沉，也成为行业人士回望历史、看向未来的镜鉴。

战略应变及规模化后的管理难题

金州的发展，无可否认的是，2008年的那场世界金融危机是个巨大的转折点。资金对于环保企业，尤其是已经进入投资轨道上的企业来说，是命根子。这些年行业遭遇变故的诸多领先企业，也几乎都主要是因为资金问题而陷入困境。

傅涛曾专门录制视频总结过对金州发展的思考。在傅涛看来，除去金融危机的原因，更遗憾的是，资金链断了，金州却没有及时调整自己的战略。依然按照扩张战略发展，导致力不从心。金州旗下的三驾马车，每一个都可以成就金州再上市。但因为力不从心，这些点也最终一个也没做好。

傅涛介绍，金州当年的高额业绩是合并报表的结果，但金州本身对业务板块和相关公司的管控能力并不够。在顺风顺水的黄金期，集团能够带着大家一块成长。一旦集团受挫，各个二级经营主体就会面临压力和膨胀，管控不力，从而导致了集团战略难以落地。虽然后来蒋超也意识到了这个问题，但那时已经没有能力去进行正确地调整，从而错失了很多机遇。

对此，施剑深有感触。他介绍，金州有很多子公司采取合资模式，它们之间不仅有业务重合，而且一些子公司的负责人是蒋超的"亲密战友"和所在公司的主要股东，在一定程度上成为金州下属的"诸侯"。

在第一次离开金州前，2006年集团的一次战略会议上，施剑曾就此问题向蒋超建议，希望把大家的股权集中在一起，攥成一个拳头，以强化或实现集团内部的统一管理。但基于各种原因，蒋超最后也没有下定决心，事情不了了之。施剑在2014年离开了金州，回到家乡上海创业。

解德泉担任过太平洋水处理的执行副总裁，因为精于技术，并有在设计院的

工作经历，2000年，在金州探索业务转型时，受蒋超邀请加入，他曾帮助金州拿下第一个污泥项目的技术总承包合同，后于2003年离开金州。虽然在金州待的时间不长，但通过观察，对于蒋超，解德泉有自己的感受。

解德泉介绍，他心中的老板"两端高中间低"。两端，指的是商务端和个人端。解德泉认为，蒋超个人的商务能力超强，无论是对市场的敏感还是对趋势的判断，都属于行业顶尖。引入外国政府贷款、代理外国环保设备、转型环保工程，然后探索项目投资，每一步都卡在了点上，抓住机会，先人一步，而且都是在市场几无借鉴的情况下，引领了市场方向，取得了巨大的成功。在这一点上，甚至可以说，至今在环保界，仍无人能及。

个人端，指的是与人打交道。蒋超面容亲切、为人豪爽、富于胆识，更主要的是对人性有深入的理解和把握。公司发展初期和中期，金州能聚集那么多行业精英至于麾下，不光凭借公司本身的吸引力，蒋超针对不同加盟者的有效沟通肯定也是重要原因。在有的员工看来，蒋超甚至能在不说话也不做什么动作的情况下，仅仅通过一些微表情的暗示，就能引导别人做出他想要的结果。

所谓中间，指的是具体的事务管理。在他看来，蒋超或许更善于进行战略判断和发展决策，但在具体的项目管理、财务管理、行政管理等事情上，是欠缺的。

或许因为商务出身，而且成绩斐然，让蒋超有了过多的自信。在遇到事情的时候，他更多喜欢用商务的思维去解决问题，而不是从解决问题该有的方式去思考解决问题的方法。比如客户反馈设备效果有问题，一般的做法是检查是否设备的参数、安装、调试等方面出了问题，而蒋超的做法可能更倾向于去和客户搞好关系，求得客户的理解和通融。这样会有效果，但并不是合理解决问题的办法，也会在长远上限制公司的技术、服务提升，和整体发展。解德泉认为，成功是宝贵的经验，但对于很多成功者来说，有时候过于依赖之前的成功路径，也是一种自我设限，结果可能适得其反。

另有金州的昔日高管认为，金州在自己的上升期，尤其是拿到美林的融资后没有顺势而为，这也是蒋超在战略上犯的一个错误。融资后，按理说，企业更应该关心公司的溢价，但他似乎更关心工程收益。

或许因为蒋超自己的成功路径依赖，相比设备代理，他更习惯了环保工程挣钱的逻辑，却不是很懂资本运作和挣钱的逻辑。如果按资本逻辑，金州主要应该关注两件事：短平快，以快进快出实现高收益；或者追求长期的稳定收益。蒋超追求工程利润，但工程都有周期，至少也得两年，而看金州一些重点项目，比如高安屯垃圾焚烧、北京水源十厂项目这种做法，项目拖得那么久，光利息就损失不少，更别说挣钱了。即使有利润，也相当于是捡了芝麻丢了西瓜。更不幸的是，遭遇金融危机，两个预期最后都没实现。

"贸工投"范式下核心优势之困

正如解德泉所评论的"中间低"，我采访了不同的金州前高管，对成长变大后的公司的管理不力，是金州这些前高管们的最多共识。E20研究院执行院长薛涛认为，这背后，也是"规模陷阱"的一种表现，当企业顺利做大后，企业家的管理能力能不能跟上，企业的核心竞争力能不能跟上，都是严峻的挑战。

对比桑德和金州，基于企业家的基因，前者采取的"技工投"——以技术起家，然后做工程，然后做投资；后者则从政府贷款（本质是贸易）起家，直接转型跨入环保行业，走的是"贸工投"的发展模式。两者最终都在合适的历史阶段，顺利抓住特许经营投资的机会，拥抱了资本，做大了自己，但也都因此在面临外部环境变化时因民企不擅长的资本而遭遇滑铁卢。

金州走向失败的原因，除了前述的过度涉及重资产投资，也许可以和联想的"贸工技"去对比。在联想的"贸工技"模式里，"贸"是手段，是借此先扎进行业，了解行业、积累资源；然后通过占领市场，拿些大工程多挣点钱；最后的落脚点是"技"，研发出自己的技术，建立自己的核心优势。这条路的问题在于前端诱惑太大，前两步做起来后，挣钱如流水，人就容易迷失，后面的"技"可能就忘了，不想做了，或者稍一松懈，错过了时机，做不起来。

说回到桑德和金州，当投资带来的规模增长成为主要驱动因素，技术的话语权在公司就会越来越弱，不能从"投"走到"技"，或者"投技"并举，本质上也是投资驱动下带来的"规模陷阱"的一种难以克服的巨大惯性。

金州虽然名为外企，但在运作本质上其实是一家民营企业。它不如真正的外企像威立雅、苏伊士等一样具有先进的技术、核心的运营能力和强大的融资能力，与真正的国企相比，也没有雄厚的资金实力和政府资源，只是因为前期的政府贷款项目挣了不少钱，转型环保比其他国内企业走得早一些，积累了一些优势。但当国内企业，尤其是一些国企都逐步做起来了以后，市场竞争加剧，金州的日子就不好过了。

在总结金州经验的时候，不少受访者都表达了对此的遗憾：金州在技术方面

有自己的积淀，比如建工金源做的和路雪、奔驰等工业企业的废水处理项目等，都是能体现出技术竞争力的项目，但公司整体不够重视技术，技术基础比较薄弱，没有建立"护城河"，也无法对项目适用技术做出精准判断，导致投资过大以及运营失利等问题。又因为公司内部的问题，一些特别好的项目没有充分利用好。

高安屯垃圾焚烧厂，因为高质量的建设和运营标准，当时得到了行业和政府的高度关注，每年光接待参观者就多达万人。如果能节奏得当，早日运营，以此为基础，即使常州等项目转让给了光大国际，金州在固废领域的发展也肯定会有另一番可能。

当然，一切的假设都是马后炮，骨感的现实才是硬道理。企业发展和人生过往一样都没有如果，能做的只是总结与归纳，然后避免在未来犯同样的错误。

硬币的两面与信任的悖论

即使金州已成为历史，但在解德泉、施剑、张恒利等近距离接触过蒋超的人眼中，或者曾目睹过金州高光时刻的行业人士心中，在很多方面，蒋超仍是前无古人的存在。

蒋超在"2008（第六届）城市水业战略论坛"现场提问交流

蒋超喜欢亲力亲为，业务能力一流，其超凡的商业敏感和对趋势的准确判断，以及进行市场开拓时体现出的胆识与魄力，让很多人叹服。鼎盛时期，正是蒋超独特的个人魅力，以及企业自身的吸引，让金州精英群聚。

那时的蒋超胸怀广大、目光如炬，求贤若渴。对于看中的人才，也许只是短短几面，甚至交流几句，就能敞开接纳的胸怀。一位曾在金州工作的高管，描述了他与蒋超第一次见面的情形：蒋超热情亲切，率性直接。那时他还在别处任职，仅仅只是短暂交流，蒋超就直接发出加盟邀约。如此直白又恳切的老板，还是第一次碰到。

另一位当年的金州高管，回忆当年加盟金州后，蒋超曾找自己沟通："来到金州，不敢说锦衣玉裘，但保证你喝好酒、吃好饭，过上梦想的生活。"那种豪气和坦诚的确别具一格。

施剑对蒋超给予的信任印象深刻："那时老皮对人比较信任，敢于授权，让你去做事。当年我参与项目投标时，除了价格等一些难以决策的问题，老皮会提出一些建议，其他基本上都是团队说了算。"

张恒利对此也深有感触："开拓市场的时候，老皮挺愿意相信别人。当年我代表金州负责鸟巢项目，手下没有什么人，拥有更多的是老皮的充分授权以及信任：成与不成，都没关系。尽力往前冲就行。"

在何寿平的回忆中，"老皮对于离开金州的员工总是笑脸相送，如果离开了还想回来，也是大度地照旧欢迎。"因此在金州的发展史上，有很多人都有去而复回，甚至几进几出的经历。正是在这样的方式里，蒋超培养并为行业输出了一批批能人，获得了"校长"的美誉。"校长"称谓的背后，何尝不是这些员工表达对他的真心感激？

蒋超十分虔诚地信佛，有寺庙必定参拜，公司有众多"请"来的佛像，也有阿姨专门负责在员工下班后礼佛。他喜欢对人说"我是一个信佛的人""慈悲为怀"，与人相处不仅"有事有人"，而且"无事也有人"。属下如有什么失误或失责的事，他常会自己揽下来承担责任，也会在大家拼尽力气取得一些成绩时说"都是佛祖的保佑"。

走向辉煌成功后的蒋超，身上的光芒耀目可见，但这也如硬币的两面。他更喜欢正面，却有意无意地忽略了背面。他喜欢讲排场，干什么事情，身边经常是秘书、司机等下属群伺；他好为人师，喜欢解答公司里年轻人的问题；喜欢给大家讲自己的创业故事和金州的发展历史；他总是精力充沛，能陪着大家从早上七点一直工作到第二天的凌晨两点；喜欢听取一个一个部门或者人员汇报工作；喜欢开会时喊一屋子人，让同事们感觉或许会随时连保洁一起喊过来听；他喜欢决策，喜欢对任何问题发表意见和建议，甚至喜欢给专业领域的专业博士当老师。

何寿平是蒋超在做南通自来水公司狼山水厂时的合作伙伴，后来成为金州的

顾问。他在回忆中曾评价蒋超："也许由于自己过于能干，所以总是决策太快，缺乏科学细致地论证，会显得有些轻率，不过，一旦发现问题，从实际情况出发，改得也快。"

事情总有两面，就如过于自信时难以避免自负或自满，豪气的同时或许容易粗放，容易信任别人就也容易放纵他人，知错能改说明问题在之前已经犯下……

采访中，我看到不同人眼中有不同的蒋超。不同时期、不同业务中，和对待不同人时蒋超呈现了不同面。

在企业初创期，一切顺风顺水时，大家拧成一股绳一起向前看，蒋超是大家心中的"大家长"，是王一般的存在。当企业发展到高点，各种利益流动，一些事情往往会有变化。当企业出现问题，硬币的另一面就会反转，效应会被放大，正负作用发生转移。更糟糕的是，这种变化或许是因为视角与心态的变化带来的，而一些变化也成为人心流失的助推剂，一些错误或许就难以弥补。

在金州成立 30 多年后，我们试图从过往中寻找一些"事实"以总结经验，可隔着厚重的历史，资料很少、细节稀缺，一些经历者的讲述只能提供有限的参考。对于蒋超这位曾经传奇一般的企业家，其实难以真正的臧否。无论如何，蒋超和金州，已注定成为行业的传奇。

前文中，将何巧女比喻为飞向太阳的伊卡洛斯。在这里，蒋超又何尝不是另一位伊卡洛斯？放眼环保圈，甚至企业圈，这些曾经到达一般人难以企及高度的创业者，或许都是一个个的伊卡洛斯。有梦想、不服输，成就了他们各自的事业，也成为他们作为创业群体共同的标签。他们的浮沉，给了同行者和后来者经验，可以说是一种行业的继承，也是这位曾经领先者留给行业的另一种价值。

参考文献：

[1] 傅涛.【听涛】那个属于金州的时代 [EB/OL].（2020–08–24）[2021–12–05]. https://www.h2o-china.com/news/313295.html.

[2] 陈哲. 金州环境"技术"布局 外资迁回国内城市水务 [EB/OL].（2009–03–16）[2021–12–05].http://www.eeo.com.cn/2009/0316/132381.shtml.

[3] 美通社. 安博凯及哈德森向北京控股出售金州环境投资 92.7% 股权 [EB/OL].（2014–12–14）[2021–12–05].https://www.prnasia.com/story/112297–1.shtml.

[4] 全新丽. 金州环境引进新的财务投资者 [EB/OL].（2009-12-14）[2021-12-05].https://www.h2o-china.com/news/85409.html.

[5] 张倩. 金州环境：夯实基础，蓄势待发 [EB/OL].（2010-04-27）[2021-12-05].https://www.h2o-china.com/news/88000.html.

[6] 时钟. 他山之石：自主创新之路——建工金源发展回顾 [EB/OL].（2006-06-21）[2021-12-05].https://www.h2o-china.com/news/48614.html.

[7] 施凡荣. 太平洋之伤，谁之过也 [EB/OL].（2019-11-10）[2021-12-05].https://mp.weixin.qq.com/s/-TyvsWkYB_BF4wzpKYAJUw.

灯火下楼台——张维仰之东江环保往事

作者：全新丽

多年以后，当张维仰被有关部门带走接受调查的时候，他首先想起的可能不是给李清（李清于 2003 年调任广东省环保局局长，连任十余年，直至落马）一千万原始股的承诺，而是二十岁时的某一天，自己所作出的离开家乡的选择。

身处历史洪流之中，人们往往很难预知时代潮水对个人命运的冲刷和洗礼，回望起点，却不难看到个体命运在时代大背景下的变迁。

1985 年，高中毕业后，感到前途渺茫的广东省河源市和平县东水镇农村青年张维仰，来到了深圳，与家乡相比，这里显然有更多机会。1980 年，深圳成为我国设立的第一个经济特区，在制度创新、扩大开放等方面肩负起试验和示范的重要使命。

在这样的时代大背景下，从深圳市城管局环卫处一份班长性质的基层管理工作起步，到民营环保企业家代表、A＋H 股上市公司董事长、福布斯榜上富豪，再到"失联""取保候审"，远走异国——1965 年出生的张维仰，几十年的创业历程显然不能用幸运或倒霉简单概括。

环保企业，太容易发生一些生死攸关的颠簸。不管你的名号多么响亮，实力多么顽强。只不过，在 2018 年以前，风险大多来自于偶发的点。而如今，哪怕一刻疏于对政策的把握，都将是惨烈一片的伤口。

听者有心

1985 年，张维仰因河源市招工而来到深圳当起了环卫工人，在环卫部门工作，每天和垃圾打交道。蒸蒸日上的特区，引入了很多港资与台资的工业企业，细心的张维仰观察到，众多的工厂产生了大量垃圾、废品、废液，难以处理，影响了自然环境和环卫部门的工作。

1987年，位于蛇口的一家外资企业找到深圳市环卫部门，提出每吨垃圾出500港币的高价，请求帮忙处置其公司产生的工业垃圾。企业负责人无奈地说："不管怎么处理，只要拉走就行。"环卫部门将这些废液直接运到垃圾厂倒掉，却发现废液把管道和容器都腐蚀了，于是被迫找化工技术人员对废液进行化验。化验结果发现，废液中铜的含量很高，只要将废液的酸碱度中和一下，就可以解决腐蚀的问题。

当时大家注意的都是解决废液腐蚀的问题，问题解决后皆大欢喜。张维仰默默记住了化验报告中的另一个细节："废液中的铜可以通过技术手段提取出来，制成广泛应用于工业和农业的化工原料硫酸铜。"

年轻的张维仰对这个细节进行了深入思考：企业为工业废品、废液的问题头疼，要花钱来处理这些"废物"；环卫部门将这些"废物"倒掉后，仍对自然环境产生了二次污染；而其实这些"废物"中又含有价值很高的"宝物"，那能不能从"废物"中提取出有用的资源，再对废物做真正的无害化处理呢？

张维仰还进行了深入调查：既然废品、废液中含有"宝物"，为什么以前很少有人进行提取、处理呢？

他调查的结果是：对企业来说，废物处理获利空间有限，且处理成本比生产成本还要高，因此企业一般不愿自己投资建设处理装置，也没有精力和资金专门研究环保问题；对政府来说，可以投入巨资建立处置废物的设施，却对提取里面的有用物质获取小利不感兴趣；对生意人来说，工业废物种类繁多、成分复杂、有毒有害、处理技术难度大、资金投入多、回报周期长，没有人愿意经营……

张维仰当时想，越是大家不愿做、不在意的生意，市场机会才越大。不得不说，有些人的商业感觉是天生的，创业者的敏感，是对外界变化的敏感，尤其是对商业机会的快速反应。

第一桶金

经过考察，张维仰把目标放在深圳市宝安区。主要考虑到很多地区废弃物来源比较分散，大多数企业一天可能只产生一吨废水，而宝安区生产企业众多，容易集中工业废物并进行规模化处理。而且宝安区土地资源丰富，便于建立处置基地。

张维仰找到当时的深圳市宝安区环境保护局，表达了自己对处理工业废物的想法。这是件既为企业减压，又能减少环境污染，还能减轻政府压力且不需要政府投资一分钱的好事，理所当然地，他得到了政府部门的支持。

1990年，张维仰从深圳市城市管理和综合执法局环卫处辞职，借来几千元钱，成立了一家小型化工企业——东江化工。按他后来的说法，就是当起了个体户。这个小小的私营经济体，奠定了张维仰后来的事业基础。

对张维仰来说，这是一个"意外拣来的"商机，同时他也有一种朴实的情怀："处在改革开放初期的深圳，很多企业投资设厂，产生的废物却无人管理。许多人并没有环保这个概念，废物对环境造成的影响非常大，我做环保的想法便由此应运而生。"

他找到一个"三头赚钱"的办法：卖化工原料给工业企业，然后又以收费的形式从这些企业拉走具有腐蚀性、毒性和污染性特征的工业废物（主要包括含有铜、锡、镍等重金属的工业废液、工业污泥、废渣和废有机溶剂），再从这些工业废物中提取有广阔市场空间的金属。废物"淘金"，在张维仰这里不是比喻，而是名副其实。

没有技术背景的张维仰聘请专家，研究用各种创新的工业技术来分离、萃取废液中的金属和其他有用物质。小钱是赚到了，也积累了一些市场经验，但张维仰始终觉得没有目标，方向不明确。

20世纪90年代中后期，深圳工业高速发展，国家对环保的不断重视，形成了政府、企业都对工业环保有较大需求的市场氛围。张维仰很快发现，"三头赚钱"不如"两头赚钱"，应该把全部精力放到工业废物的处理与资源化、无害化上。

经过多年的资金、技术和人才积累后，1999年9月16日，张维仰拿着前期个体户生意积蓄的500万，成立东江环保（为东江环保股份有限公司前身），以提供工业环保综合解决方案为主营业务。他希望集中精力将东江环保做大、做强，从而在环保产业能有所作为。

东江环保沙井处理基地是东江环保早期最为重要的项目，即现在的深圳市宝安东江环保技术有限公司，成立于1999年10月12日，是国内规模最大的工业危险废物综合处理及回收利用的基地之一，年处理能力20万吨，占地面积约4万平方米。

深圳市东宝河两岸沙井地区数百家电子企业聚集，成为华南地区最大的电子产业基地之一，高浓度的工业废水曾经几乎不加任何处理就排进河里，这些废液所含污染物浓度比一般的生活污水高达数千倍。

东江环保沙井处理基地建成后，大量令人生畏的废液集中在其车间的池子里，经过十几道密闭工序处理之后，透明的水柱从车间另一端流出。而废液中有用的金属物质已经提取为各种颜色的粉末，可用于饲料添加剂、杀菌剂、防腐剂等。

张维仰的第一桶金，说不上坎坷或平顺，但确实是自己挣来的——他不是有了钱才有本事，他是因为有了本事才有了钱。

东江崛起

危废（包括固态、液态）的处理，与环保领域的市政污水处理、市政垃圾焚烧等截然不同，自一开始，这就是一个纯市场化的商业战场，在收益来源上不存在政府付费。前者都是To-G业务，而危废其实是To-B业务。但是，不同于常规的工业大气和工业污水治理，危废又是一个要依靠政府批"路条"（即许可证的俗称）的，并因此具有一定区域局部垄断性的行业（尤其在行业发展的早期），从这点说，它也带有某些To-G的特征。

直到正式成立东江环保，张维仰不断调整着自己的商业模式。因为形势很快发生了新变化，部分客户已经了解到废液的资源化价值，认为自己的废液是原料，不愿意再花钱。

张维仰根据提取价值与处理成本的对比调整了策略，如果提取价值远大于处理成本的，东江环保甚至会向工厂付一定费用；若提取价值很低，收集后大部分只能做无害处理，则仍需向企业收费；如果二者差距不大，则不再向企业收费。这一模式持续至今，基本上也是危废领域通行模式。

但东江环保把前提讲得很清楚：你这是工业危废，是你委托给我们帮你处理。所以东江回避"买"原料的说法，而把付费形式称之为"回馈利润"。

就在张维仰投身这个行业后，深圳出现了许多迅速致富的机会。20世纪90年代，在深圳，是"炒股""炒地"的黄金时段，几乎是投入了就可以暴富。

面对这样的机会，张维仰没有动摇，他把经营中赚到的大部分利润投入到了技术创新中。但创新的结果不好评估，有很大风险。一个老朋友对张维仰说："你做牛做马辛苦赚来的钱，又全都花出去了，你图什么？把钱存起来，买地买房子，

那才是真正的老板！"

张维仰回答是："低级点说，做了环保这行就要创新，创新才能让企业生存。工业废物中不断有新的成分出现，只有不断创新、不断发明新工艺、不断添置新设备才能适应新的情况。高级点说，我做的是'有利于地球的事业'，即使创新投入有风险，我也担了。"

彼时，刚刚起步的环保产业各个领域都在探索自己的路，市政污水在2000年后开启的特许经营时代逐步找到BOT这个"投建运"的法宝。而大多数环保公司，其实都是环保工程公司，规模都比较小。

根据深圳市环境保护局（以下简称"深圳市环保局"）资料，深圳当时做环保概念的企业有200多家，到2006年7月，正常运转的不足70家。70家中，年产值能达到1000万元以上的有23家，超过1亿元的只有4家。200多家环保企业，大都以做环保工程为主营业务。这样的环保企业有技术和人才，但规模小、人员少、发展靠工程组织能力。这种模式本身没问题，但同业竞争者太多，恶性竞争之下，利润很低。环保工程利润很快从最初的30%降到了5%，大部分企业拿不到单，拿到单也不赚钱。

东江环保避开了这片"血海"，由于危废本身也是类似BOT的"投建运"模式，因此，其环保工程营业额一直占比很低。

当时，在深圳市，以危废回收做化工产品为主营业务的环保企业，包括东江环保在内共有6家，其中4家仅能处理单一品种工业废物，例如仅能提取有机溶剂或只能做海上压舱水废油回收。但一家工厂往往会产生多种类型的垃圾，自然不希望把每一种分类给一家厂商，而是希望有人能一揽子把它拿下来。

直到东江环保成立十年后，珠三角地区能够做大规模危废综合处理的也仅有两家公司，即东江环保与深圳市危险废物处理站有限公司，后者属于政府所有，民企的"效率为王"在竞争中发挥了作用，2003年10月东江环保在香港联合交易所有限公司（以下简称"香港联交所"）上市之后，产值与利润都超过了对手。

十年内，东江环保始终以年均超过30%的速度稳健成长，2005年处理各种含重金属工业危废的能力已达10万吨，相当于节约原矿60万吨，同年营业额2.92亿元，总体毛利率40.5%，处理规模和盈利水平位于国内本土危废处理行业前列，并入选为国内首批循环经济试点单位。

资本助力

2000年后，环境产业进入投资驱动时代，主要表现就是管理能力没有融资能力重要，这样的趋势持续了相当长的一段时期。同为"投建运"的模式，即便是东江环保所在的危废细分领域，想要跑马圈地，扩张市场份额，一样需要资本助力，需要大量融资、大量投入。

东江环保虽然取得了长足发展，但完全靠企业自身积累，要上规模就面临着很大压力。寻找在管理、资金、资源方面能给企业支持的战略合作伙伴，引入风险投资，成了张维仰的选择。

他自己也发自内心地觉得，随着公司规模扩大，业务量不断增加，原来那套靠经验、凭感觉、家长式的经营管理模式越来越不能适应公司的发展需要，公司在人才引进方面的困境就可以说明一些问题。

他认为，在快速发展过程中，人才是制约企业发展的主要瓶颈，公司通过多种渠道招聘人才，但一直无法招到好的人才，有的人才进来后，发现公司治理结构无法保证他们的利益，便相继离开，诸如此类的问题一直困扰着张维仰。

当时有人劝他谨慎，因为一旦出让股权，很多事情就不好控制，特别是风险投资进来以后，难免要参与公司管理，凡事都将限制很多，作为个体户管理者出身的张维仰是否能适应这些约束，这是一个问题。但张维仰想要的不光是一个属于自己的蛋糕，他想要的是一个有自己一份的大蛋糕，而且能够与共同奋斗者们一起分享。

如果只是为了赚钱，张维仰可以维持现状，每年几百万不成问题。"一个人可能多赚三五年的钱，但三五年过去，企业如果不能站在行业的前端，就很难长久维系。"正所谓十年磨一剑，他对东江环保的期望不只是赚钱，而是希望当成事业来做大做强。

当东江环保以低成本快速切入不同种类的废物，并能同时规模化处理之后，多家风险投资公司开始频频与东江环保接触，张维仰的商业模式和东江环保持续多年的技术创新受到追捧。还有非常重要的一点是，当时正值二十一世纪初互联网泡沫破灭的萧索冬天，在惊魂未定的风投眼中，东江环保显得一枝独秀。

2001年11月，张维仰最终选择了深圳市高新技术产业投资服务有限公司（以下简称"深圳高新投资"）、上海联创投资管理有限公司（以下简称"上海联

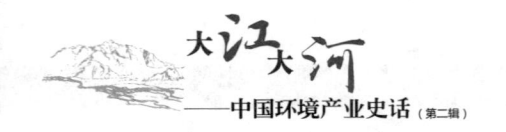

创")、中国风险投资有限公司（以下简称"中国风投"）。三家公司联合投资1200万元，换取了24%的股份，如此组合颇值得玩味。如果东江环保接住海外基金抛来的绣球，吸引到的投资可能要大大超过这个数字。但上海、北京、深圳三个城市是张维仰扩张布局中重要的点，在这个领域附带的To-G部分特征下，这三家投资公司所带来的社会资源价值远远高于直接投资。

签约后第二个月，东江环保就在国资背景的上海联创的帮助下进入上海浦东市场，参股上海新禹环保技术有限公司，这是上海最大的民营危险废物处理企业，之后又在成都建立了唯一的危险废物处置及资源利用公司。

另外，三家中的中国风投是由中国民主建国会中央委员会（以下简称"民建中央"）发起、民建中央会员和会员企业参股成立的，以风险投资及基金管理等为主营业务的专业投资机构，成立于2000年4月，是落实1998年全国政协九届一次会议《关于加快发展我国风险投资事业》提案的重要载体。

东江环保是中国风投早期投资的为数不多的公司之一，也是成功之作，这使中国风投积累了在环境领域的投资经验。后来中国风投又投资了维尔利环保科技集团股份有限公司（以下简称"维尔利"）、深圳市铁汉生态环境股份有限公司（以下简称"铁汉生态"）、海湾环境科技（北京）股份有限公司（以下简称"海湾环境"）、北京中电加美环保科技有限公司（以下简称"中电加美"）、青岛国林环保科技股份有限公司（以下简称"青岛国林"）、青岛华世洁环保科技有限公司（以下简称"华世洁环保"）等环境类公司。

而深圳高新投资完全是政府背景，承担着对中小企业贷款提供担保、融资等服务的任务，并且在香港有相当丰富的网络，为东江环保在香港上市做好了保障。

张维仰说："你是要做一番事业，追求一种成就感，还是仅仅想赚钱呢？如果是想花花钱，就会在价格上纠缠不休，你出200万，他出1000万，可能谁出的价钱高股份就给谁。但这样引入的风险投资常常只是玩一下资本游戏，并不关心企业发展。如果真的希望风险投资商帮助你来发展，关心的就不是价格的问题，而是发展的问题，大家的需求一致，理念一致，其他方面才很容易达成共识。"

创业者要引进风险投资，必须先在心里多问几个为什么：你是要钱，还是别的更重要的东西？不同的目的，决定不同的行为，张维仰当时的目的就是要请风投来一起把企业做强做大，这个愿望很强烈，几乎成了一种渴望。一个好汉三个帮，他需要三个好汉来帮他。

香港上市

在风险投资公司推动下，成立刚刚三年的东江环保开始谋划上市。为缩短时间，他们选择了门槛相对较低的香港联交所创业板，2003年1月正式挂牌。

首轮募资中东江环保以每股 0.338 港币的价格发售了 1.779 亿 H 股，并在首日交易中收报 0.42 港币，高出招股价 18%，融资 6000 余万港币。在当时欧亚农业（控投）有限公司（以下简称"欧亚农业"）等一批在港上市的大陆民企陆续爆出丑闻，港人投资热情大打折扣的背景下，东江环保的表现中规中矩。即便如此，东江环保创造了香港股市三个记录：上市速度最快（半年），辅导期时间最短（半年），第一家民营环保 H 股。

事实上，东江环保这一次在香港上市获得的其他收益远比资金支持更关键。国家对危废处理行业的控制日渐严格。2004年7月1日，《危险废物经营许可证管理办法》实施。从 2005 年 1 月开始，广东省只有省一级才能发放危险废物经营营运牌照，而之前各个地市都能够发放。东江环保是业内少有的在成熟资本市场监管之下的公司，地方政府可以对其大胆放行。越来越高的资质门槛将东江环保与竞争对手区隔开，客观上还增强了其上游原料的控制能力。

在股市上筹得的资金，张维仰主要用于建设处理基地和促进技术创新，先后在上海、苏州、惠州、成都等地建设了基地。

上市后的 2004 年，东江环保的营业收入达到了 2.13 亿元，比上一年翻了一番还多。

2005 年，东江环保从包括威立雅在内的竞争对手手中，夺下了"广东省危险废物综合处理示范中心项目"，获得了 30 年特许经营权，这个可以看做一个里程碑的事件。

东江环保的商业模式并非没有可复制性，但张维仰精明地通过与资本的合作获得了掌控政策资源和提高技术水平的能力，从而拉开了与国内外竞争对手的差距。

深圳上市

在香港上市后，由于香港创业板交投不活跃，基于技术实力和高成长性，

2010年9月，东江环保转至香港联交所主板上市。

在港股转主板不久之后，东江环保即谋求回归国内A股上市，并于2011年12月22日成功过会。2012年4月26日，东江环保A股首发，发行定价为每股43元，对应市盈率为33.1倍。发行股份总数为2500万股，实际集资10.75亿元，较原计划集资金额4.4亿元，高出6.35亿元。

回归A股是东江环保战略布局中重要的一环。此前，尽管公司从香港创业板转到主板，但知道的人依旧不是很多。回归A股，相对融资额会更大一点，有利于公司项目建设。更重要的是能够使公司品牌、公司规范化得到广泛认可。

当时，东江环保已从区域性、单一产品企业，逐步成长为中国废物处理行业的领先企业。净资产从2001年的2000多万元增长到2011年的20亿元，净利润从2001年1000万元增长到2011年的2亿元。资料显示，截至2011年12月31日，与公司建立业务联系的企业已达16000家，分布在全国22省的75座城市。A股招股意向书显示，公司营业收入由2009年的8.35亿元增加至2011年的15.01亿元，年复合增长率为34.07%。

在路演时，张维仰表示，公司将以废物处理为核心业务，通过将废物的处理处置、资源化利用和环境工程及服务相结合，打造完整的环保服务业务链，形成工业和市政废物综合管理与资源循环的全能固废处理服务平台，力争将东江环保打造成为符合低碳经济特色的高科技综合固废处理环保服务商。未来公司将深化广东市场布局，积极拓展长三角、华中、华北等地的市场，业务布局辐射全国。

2012年4月26日，东江环保深圳中小板上市
（时任总裁陈曙生、张维仰、时任副总裁兼财务总监曹庭武、时任董秘王恬）

危废之道

在《国家危险废物名录》（2021年版）中，"具有下列情形之一的固体废物（包括液态废物），列入本名录：（一）具有毒性、腐蚀性、易燃性、反应性或者感染性一种或者几种危险特性的；（二）不排除具有危险特性，可能对生态环境或者人体健康造成有害影响，需要按照危险废物进行管理的。"

危险废物来源广泛，主要来自于化学、炼油、金属、采矿、机械、医药行业。《国家危险废物名录》（2021年版）中包含46大类危险废物，根据危险废物的来源，可将危险废物分为工业危险废物、医疗危险废物及其他危险废物。

除了废矿物油、铅酸蓄电池等有价值的危险废物，其他危险废物的处理都需要产废企业付费，或者互不付费。与市政污水、垃圾处理不同的是，危废企业的收费是环保企业自主行为，自己定价，号称与产废企业"协商"，也有部分省市是政府给出指导价。

危废处置需要许可证，都是政府授权，下放到了地方政府。一般是政府有规划，先走预审批，环评，项目建好了才能申请许可证。通常都由企业自行投资，政府和企业联合投资的情况很少。医废也属于危废，但商业模式特征存在不同，尤其区域垄断属性差异很大。伴随着环保部对"路条"审批权限的逐步下放和扩大危废处置能力的指导思想，近年来工业危废领域已经从普遍在危废处置能力上的供不应求转向部分区域出现供过于求的充分竞争态势。

危废资质分为"处置""再利用""收集""贮存"四种，有"处置"或者"再利用"资质的，必有"收集"和"贮存"资质，但单有"收集"和"贮存"资质的，未必有"处置"和"再利用"资质。实际运营中"收处分离"情况十分普遍，因为获得"处置"或"再利用"资质的门槛高，而且还需建处置厂，"收集"资质的获得却相对简单，主要靠关系。

大部分危废处置企业的技术、资金、研发能力较弱，资质单一，市场竞争格局目前仍呈现"散、小、弱"的特征，规模较大、具备深度资源化能力的企业较少。也有一部分水泥行业企业，依托自身的水泥厂，能处理某些特定种类的危废，但一般不成气候，不具备全面竞争能力，在外地生存比较艰难。

《荀子·劝学》中说，"无冥冥之志者，无昭昭之明；无惛惛之事者，无赫赫

之功。"张维仰将精诚专一的志向,都用到了危废上。他虽然被认为是一名和气、善于沟通的创业家,但在核心事项的坚持上,有罕见的强硬。

如前所述,东江环保最早专注于电子厂的含铜废液处理,废液是有毒的,但也有铜在里面,东江环保回收这些废液,提炼废液中的铜,将剩下的废物合规处理,达到排放标准后,排放或填埋。东江环保当年是深圳两家合规回收商之一,利润增长不错,慢慢发展起来。

但这个市场比较小,所以东江环保从资源化类型开始进入无害化领域,处理没有回收价值的危险废物,比如废化工原料类,按国家要求,必须用焚烧或固化后填埋的方式处理。无害化和资源化业务的最大区别是,无害化业务是企业必须付钱处理废物,而资源化业务则是东江环保付费收购有价值的危险废物,如含铜废液,企业要花每吨几千元的价格去处理没有价值的废物,对企业的道德要求就很高,乱倾倒危险废物的新闻屡有所闻,唯有严格监管才能遏制。

应该说,东江环保在危废领域确实属于先知先觉。危废细分市场真正热闹起来正是在2013年后。2013年《最高人民法院最高人民检察院关于办理环境污染刑事案件适用法律若干问题的解释》(以下简称《两高司法解释》)的推出及2016年《两高司法解释》的修订,推动了"隐性"危废的释放,直接导致我国危废产生量迅速增长。

对于危废领域的处理技术,张维仰认为,好的技术未必是理论上最先进的技术,能满足社会需求,有很大市场空间的技术,才是真正的好技术。这也是当初他用来说服投资人的理由——在上海联创的项目评审委员会上曾有过激烈讨论,有人质疑东江环保的技术问题。

"很难在同行业上市公司里,找出一个跟我们具有可比性的企业。"张维仰说,"我们的技术在行业内肯定比人家领先,这个领先不是单就某一个环节,而是我们的综合技术更先进。要解决危废资源化和无害化相结合的问题,我们有解决方案、有自己的技术路线和技术指标。"

张维仰一手把筹集的资金主要用于建设处理基地和研发中心,另一手又以原料控制能力和与环保部门的沟通能力为砝码,从国际公司那里换取技术。

2003年6月,东江环保与美国著名工业集团Heritage(以下简称"Heritage")建立合资项目,东江环保持股62%,并负责原料供应。Heritage与东江环保同样采用废线路板蚀刻液为原料,但产品却是品质优于硫酸铜的三碱基氯化铜,美方同意把这一技术无偿带入合资公司中。

2005年，取得广东省危险废物处理示范中心项目后，张维仰转身拉上在这一项目竞标中败北的奥绿思（广州）固废能源技术有限公司（以下简称"奥绿思"，为威立雅从事危废处理的子公司），共同组建了惠州东江奥绿思固体废物处理有限公司（现名惠州东江威立雅环境服务有限公司）实施此项目。奥绿思在危废的焚烧、填埋、仓储等方面有数十年经验，而这是东江环保所不擅长的业务范围，也是其未来计划开拓的重要利润点。

在讨论是否应该上马广东省危险废物处理示范中心项目时，股东和公司的多数高层并不看好这个项目，因为天津、浙江、沈阳都建设了危废处理基地，但运营并不理想。广东省危险废物处理示范中心项目的设计规模是年处理能力5万吨，最初是政府为国内最大的合资项目中海壳牌石油化工有限公司（以下简称"中海壳牌"）所做的配套服务，但是中海壳牌所提供的危废一年不过2800吨，大家很担心像天津的危废处理中心一样陷入饥饿状态的事重演。

张维仰尝试说服每一个人，他坚持认为这是东江环保完善业务链条的难得契机。这些说服并不十分有效，但最终东江环保还是拿下了这个项目。

他外表谦和、为人低调，但这也难掩他的雄心勃勃。从工业废液起家，再到工业污泥、废渣、废有机溶剂，再衍生到固体废物、电子废物、医疗垃圾，一步一步构建起来东江环保的危废处理完整产业链。在《国家危险废物名录》中列入的46大类危险废物，东江环保具备44类的经营资质。

2015年时东江环保已是国内危废处理领域龙头企业，年危废处理能力超过100万吨，每年处理电子废物约15万吨，年输出资源化产品7万吨。含重金属废物的资源化利用和最终处理是东江环保产业重点业务。工业废物处置的服务收入及工业废物资源化产品销售收入占据了公司总营业收入的半壁江山。

除了工业危废处理业务外，东江环保在深圳、南昌、合肥等地运营管理5个垃圾填埋气发电项目，年发电量约1亿度。此外，公司也在积极推进餐厨垃圾、市政污泥的资源化利用项目和相关技术。

与此同时，自2012年到2015年，四年的"胡润中国富豪榜"上均出现了张维仰的身影，2015年他以53亿元身家位列第705位。

灵魂黑夜

2015年10月26日，原本是东江环保审批当年第三季度报告的日子，但上市公司却在当天与张维仰失去了联系。当日晚间，买卖各方被告知原定于27日的电话会议取消，原因是公司相关文件需要进一步完善。

东江环保在2015年10月28日晚间的公告称：原定于2015年10月26日召开董事会会议审批本公司2015年第三季度报告，因会议召开前未能与本公司董事长张维仰先生取得联系，以致需递交至深圳证券交易所的有关2015年第三季度报告无法签署及公告，故本公司于2015年10月27日开始停牌。

在公告中，东江环保解释了董事长失联的原因：经本公司多方联系，后接到张维仰先生家属的通知，张维仰目前正在接受有关部门调查。

10月29日上午，东江环保紧急召开投资者沟通会。经过半数以上董事共同推举，时任东江环保董事、总裁陈曙生在张维仰不能履行董事长职务期间代为履行董事长职责。

关于张维仰接受调查的原因，当时市场传言有两个可能：一是东江环保过往与当时风波不断的中信证券关系密切；二是环保行业存在贪腐现象，国家或以某些公司为例"杀鸡儆猴"。

对此，东江环保高管回应称："虽然是中信投行项目，但到目前为止没有任何信息证明有关联。"董事长秘书王恬则表示，目前公司和公司高管均未收到任何调查或配合调查的通知。

张维仰再次出现在公众视野已经是半年后。2016年4月25日晚间，东江环保发布一则重大事项进展公告，自2015年10月底一直处于"失联"状态的张维仰已取保候审，开始在公司正常履行其工作职责。

值得注意的是，在张维仰"失联"的大半年中，东江环保展开了多项资产并购以及项目整合，同时其业绩未受到任何影响：东江环保2015年度实现营业收入24.02亿元，较2014年同期增长17.36%；实现归属于上市公司股东的净利润约为3.32亿元，较上年同期增长约32.16%。

2017年6月29日，原广东省环保厅厅长李清涉嫌受贿，在深圳市中级人民法院出庭受审。一同受审的还有他的两名亲属，他们涉嫌利用影响力受贿罪。检方指控称：张维仰涉嫌向李清贿送内部员工股 300 万股，折合人民币 1000 万元。2008 年，张维仰通过李清的亲属告诉李清：东江环保欲转至主板上市，张维仰为其准备了 300 万股，先由张维仰代持，承诺待李清退休后再过户。李清在庭上供述，2012 年，张维仰又一次当面告诉他，有 300 万股股票，给他"退休后玩玩"。关于股权事项，李清没有当场表态。

李清在法庭上辩护称，自己"并不想要股票，只是不想得罪张维仰，所以不好当场回绝"。他说，股权至今没有过户，他也没有从东江环保拿过任何股东分红。除这笔尚未兑现的股权之外，检方还指控张维仰贿送李清一幅牡丹画，价值 15 万元。

2018 年 9 月，广东省高级人民法院对李清受贿一案作出终审判决，维持一审对李清的定罪量刑，以受贿罪判处李清有期徒刑十五年，并处罚金人民币 200 万元。李清受贿数额中有人民币 1000 万元属犯罪未遂，且归案后如实供述自己罪行，依法可从轻处罚。

引入国企

2016 年 4 月，张维仰办理取保候审。此后一个月，他将自己持有的东江环保股权出让给广东省广晟资产经营有限公司（以下简称"广晟资产"）。广晟资产是广东省属国企，东江环保亦由此变为国资控股。

而且正当东江环保的拥簇者期待着张维仰能够"王者归来"时，这位苦心经营十七载的公司创始人在回归两个月后却一举辞去了包括董事长、董事、法定代表人等在内的全部职务。东江环保有关人士对外界表示，"张维仰董事长辞任是引入国资股东整体计划的一个环节，今后他会以创始人股东及顾问的身份继续支持公司的发展，发挥作用。"

此后，张维仰又分批将东江环保 6.98% 股份（2016 年 7 月）和 6.88% 股份（2017 年 1 月）转让给广晟资产，将 5.65% 股份（2018 年 8 月）转让给汇鸿集团。两年多的时间内，张维仰持股比例由 27.92% 减至 8%。2018 年 10 月，张维仰向广晟资产转让其持有的 4435.5 万股 A 股股份，至此，作为股东的张维仰股权只剩 3.03%，将不再是公司 5% 以上股东。不过截至目前他依然是东江环保的第一大自然人股东。

东江环保最近五年重大股权变动汇集

日期	事件
2016-06-15	张维仰以每股22.12元，总计6068万股，转让广晟资产
2017-01-12	广晟金控在2016年11月8日—2017年1月10日间，增持467万股，均价17.3元
2017-01-18	张维仰以每股22.12元，总计6103万股，转让给广晟资产
2017-02-18	广晟金控在2017年1月12日—2017年2月16日，增持887万股
2018-08-28	张维仰以每股14.5元，总计5009万股，转让给江苏国企汇鸿集团
2018-10-10	张维仰以每股14.5元，总计4435万股，转让给广东广晟
2020-06-12	2019年5月18日—2020年6月12日，广晟增持东江环保1833万股，均价9~10元

东江环保由张维仰一手创建，经过十多年精心经营才有了如今的规模。失联事件后，市场担心，一旦东江环保没有了张维仰掌舵，就像缺失了灵魂，公司未来的发展战略将会面临很大挑战。当时，东江环保高管表示，公司经营正常，因为张维仰只是负责制定公司战略发展方向及政策，而日常经营管理主要是由公司董事、总裁及其他高管负责。

那是五年前，民营环保上市公司引入国企尚未流行，东江环保之前知名事件只有2015年4月危机中的桑德引入启迪环境。国企、央企大规模举牌民企，要在2018年PPP风潮之后。阴差阳错，与PPP没什么太大关联的东江环保却更早戴上"红领巾"。

和市政污水处理的特许经营不同，危废领域实行许可证制度，许可证第一年是试运营，正式发许可证适用年限是1~3年，再续发的年限是5年，再加上前述的由工业企业付费和垄断属性下降等因素，所以这个领域并不太适用PPP模式。

不过，作为细分龙头，东江环保也做过一个PPP项目。2016年5月12日，东江环保公告称，公司联合兴业皮革科技股份有限公司（以下简称"兴业科技"）中标福建省泉州市工业废物综合处置中心PPP项目，特许经营期限为30年（含建设期和试运行期）。根据公告，该项目定位于集研究开发、综合回收利用、无害化处理处置于一体的环保高科技型处置中心。项目包括工业废物无害化和资源化综合利用两部分，规划总规模为9.47万吨/年，包括焚烧2万吨/年、物化

1万吨/年、填埋2万吨/年（填埋场库容为74.88万立方米）及其他资源化利用项目。

但这样一个罕见的危废PPP项目顶多算是PPP大潮中的一朵小水花，和股权出售可以说是毫无关联。

2016年6月，在东江环保股东大会上，张维仰本人谈及过出售股权的原因。他说，国企身份也很重要，最近深圳市委书记到东江环保营运的深圳下坪填埋场视察，对东江环保的民营企业身份也很惊讶。而在各地的项目谈判中，国企实际上占据了很大的优势。东江环保要见市长很难，国企就很容易。所以这次决定引入国企也是下定决心，对东江环保是一件好事。他当时称，一切都在谈，他的要求是东江环保的方向不能变，东江环保的经营管理团队不能变，至于具体的价钱，具体的比例，他都不在乎。公司的业务方向还会集中在工业危废行业。

2017年，东江环保的新春晚会上，张维仰做了一个不到五分钟的简短发言。他说："东江环保作为民营企业发展的十几年，只是为环保事业打好了一个基础。环保事业的发展，还有很长的路。广晟资产的加入能带领东江驶入快速发展的轨道。"随后，他请全体员工支持新的领导班子。

关于东江环保引入国企有各种说法，但说到底，企业家才是真正作战的人。他们对于如何打，能打多久，有最直接的反应。对于张维仰而言，也许是桑德出售给启迪控股启发了他，也许只是一个创业者的直觉，让他交出了企业的控制权。

但在事后看，跟他同时代、不同领域的环保企业家们，那一个个汹涌而出的人物，终究也都黯然退场。所以，自2015年10月以及之后发生的事情，于他、于东江环保，竟也似"塞翁失马，焉知非福"。

"黄埔军校"

环境产业里，体量大、年头长，被称作"黄埔军校"的公司，颇有几个。在南方，东江环保算一个。作为一个较早上市的环保公司，东江环保的确培养了大批人才。即便张维仰在股权激励方面持开放心态，比如在A股IPO前推出类似互联网公司的全员持股计划，人才流失也总是难免的，尤其是在一个发展还算迅速的行业。

有的事情，也许是外人看不清楚的，比如东江环保员工持股这件事曾受非议。

2008年金融危机中深圳高新投资欲抛售所持的1539.16万股，为避免股价剧烈波动，由张维仰妻子周文英女士创建的深圳市文英贸易有限公司（以下简称"文英贸易"）以4.61港元/股的价格接盘，而文英贸易在此交易中是作为东江环保100名内部员工的持股平台来操作的。

员工持股的款项来自未发的员工奖金，不足之数由张维仰掏钱补齐，而且在2009年东江环保股价几近腰斩之时，张维仰自掏腰包承担持股员工的损失。这些做法一方面尽显张维仰"大哥风范"，一方面却被媒体质疑员工持股也许并非自愿。

抛开这些是是非非，懂得与他人分享、公平分配利益、做人诚恳的企业家，确实会产生很强的凝聚力。最神奇的是，那些离开东江环保的人还以"东江人"自居，对张维仰和东江环保依然有很深的感情。一个二十年前就已离开东江环保的人，提到张维仰，评价他是"出色的企业家"，还认为他"可惜发展太快，被人眼红"。

这些人甚至注册了一个公众号"东江环境"，"东江环境公众号是东江环保二十年，培养的数以千计东江工程师，展示个人才华，展示公司发展的平台"。里面的内容包括东江环保现在取得的成绩，离开的人取得的成绩，东江环保内部活动，以及各种私人性质的交流活动。

"东江人、星河人、海文人、中机人、瀚蓝人、臻鼎人、新财富人、雅居乐人、TCL人……都是朝气蓬勃、脚踏实地的东江人。"乍一看这句话，摸不着头脑，这么多公司的人，怎么就成了东江人？原来是说这些公司都有东江环保出来的人，这些人和现在还在东江环保的人一样，都是"东江人"。

这个公众号的运营者来自深圳市盛源环境科技有限公司（以下简称"盛源环境"），这家公司由东江环保原研发中心主任创立。而"臻鼎""星河"，指的是广东臻鼎环境科技有限公司（以下简称"臻鼎环境"）和深圳星河环境股份有限公司（以下简称"星河环境"）。臻鼎环境由原东江环保副总裁周耀明投资控股，星河环境由原东江环保总裁陈曙生创立。

2001年，东江环保引入江西省稀土研究所高级工程师陈曙生——陈曙生曾长期从事稀土湿法冶金工艺研究。在陈曙生看来，环保是个综合学科，每一单元可能都是传统工艺中并不复杂的应用。他后来成为张维仰创业路上的亲密伙伴，担任总裁职务，一度被称为东江环保联合创始人。在张维仰失联的半年，他曾代行董事长职责。

2017年，东江环保公告，陈曙生的总裁职务任期已届满，将不再继续担任总裁及其他高管职务。随后，陈曙生创立了星河环境，股东包括曾任东江环保副总裁和财务总监的曹庭武。星河环境现在已走在IPO的路上。

2017年6月24日，在E20环境平台、广晟资产主办，东江环保协办的"2017固废热点系列论坛——首届危废论坛"上，时任东江环保副董事长、副总裁的李永鹏（右三）与专家和企业届人士共同商讨危废处理领域的挑战与机遇

尾声，抑或是未完待续

2016年4月，张维仰取保候审；2017年6月，广东省环保厅原厅长李清案审判时司法材料显示，张维仰已"另案处理"，实际上，张维仰此时已移民至新加坡。

2016年6月的东江环保股东大会上，熟悉张维仰的人见到他都颇伤感。他比以前瘦了，但精神很好，很开朗，也没有避讳，"好事也不能一个人都占了，坏事也总会有的""有因必有果，我很平静""这次也算好事，学会洗冷水澡，很舒服""不好的是烟又抽多了""身体总体来说好多了""我不觉得自己很冤屈"。大家觉得他是很专注事业的人，带点理想主义色彩。二十几年专注于环保事业，公司发展的虽然不是一帆风顺，但也是一步一个脚印，逐步成为危废行业的龙头企业。在他出事前，由于两高司法解释出台，危废领域迎来春天，东江环保正处在

鹏途大展的时候，可突遇变故，失联半年。

想得到身份、地位、财富，但凭自己当前的情况得不到，所以去创业；靠创业逐步改变身份、提高地位、积累财富；最终实现阶层跨越。这个过程构成了许多环保创业者早期的经历"三部曲"，这在张维仰身上体现得尤为明显。

一个真正的企业家，对钱的理解跟普通人确实有不一样的地方。张维仰曾不事张扬地做慈善，记者要去采访，他要求"如果一定要报道，请不要提东江环保的名字。"但从创业伊始，他就有强烈的建立功绩的欲望，这也是当时投资人对他的评价，选择他，原因在此。

逝水流年，几十年弹指一挥间。当年深圳的各种工厂如雨后春笋般建起来，却没有相应的环保设施来处理工业废液。张维仰等早年入局者们的创业史，不只是绚丽的富豪成长史、个人沉浮史，更关键的是我们在其中能看到个人选择对环保行业、社会经济发展产生的影响，也能看到时代趋势对普通个体造就的机遇与挑战，还能看到，环保行业，乃至整个国家，遍地是问题，也遍地是意义。

一代人做一代人的事情，每个时代都有不同的机遇。萌芽时期的环境产业曾给早期的从业者、创业者们带来快意与勇气，他们用自己的努力回馈了时代，这是时间与结局都不能改变的事实。

参考文献：

[1] 齐人乔峰. 张维仰：从环卫工人到环保业领军人物 [J]. 劳动保障世界，2009（8）：30–31.

[2] 涂竞玉. 张维仰——"看见垃圾就看到了宝贝" [N]. 深圳商报，2015-10-19.

[3] 搜狐财经. 张维仰：风险投资为创业企业策马扬鞭 [EB/OL].（2003-04-08）[2021-11-14].https://business.sohu.com/01/93/article208249301.shtml.

[4] 十年磨剑 东江环保再起航 [J]. 融资中国，2012（5）.

[5] 马维辉. 张维仰踩了哪根红线？ [N/OL]. 华夏时报，2015-10-30[2021-11-14].https://www.chinatimes.net.cn/article/51270.html.

[6] 吴瞬. "失联"大半年 东江环保董事长张维仰已取保候审 [N/OL]. 每日经济新闻，2016-04-25[2021-11-14].http://www.nbd.com.cn/articles/2016-04-25/1000678.html.

[7] 王婧. 涉嫌受贿逾两千万 原广东省环保厅厅长受审 [N/OL]. 财新网，2017–06–30[2021–11–14]. https://china.caixin.com/2017–06–29/101107603.html.

[8] 知常容. 东江环保股东大会见闻及研究报告 [EB/OL].（2016–08–19）[2021–11–14]. https://mp.weixin.qq.com/s/Kav50sr44ImEcaBN1SRVUg.

[9] 索有为. 广东省环保厅原厅长李清终审被判处有期徒刑十五年 [EB/OL].（2018–09–14）[2021–11–14].https://baijiahao.baidu.com/s?id=1611582536487152849&wfr=spider&for=pc.

归来仍是少年
——"不死鸟"韩小清的征服与妥协

作者：李晓佳

不死鸟，是一种神话中的鸟类。据希腊传说记载，每当"不死鸟"知道自己要接近死亡的时候，它都会用树枝来筑巢，然后点燃树枝，让自己在火焰中燃烧。当它快燃尽的时候，会有一只新生的"不死鸟"从火焰中飞出。

能在危机时刻，一次次绝地重生，被谓之"传奇"。

环境产业历史长河中，最早的一批企业家基本都有 30 多年的产业奋斗史了。30 多年来，不断有新鲜血液融入，也不断有人退出。"眼看他起高楼，眼看他楼塌了"的故事也时有出现。

韩小清即是我国最早一批环保企业家之一，他带领的晓清环保赶上了我国环保市场最初的热潮期，曾成功跻身行业领跑地位，后由于种种原因开始衰落。

神奇的是，在韩小清的带领下，晓清环保多次绝地重生，几经调整后，又重回浪潮之中。如今，虽然风采不再依旧，也时常被争议，但"晓清"二字却一直风靡于行业。

韩小清被业内形象地称为"不死鸟"，他似乎也很认可这样的比喻。

下海：孤傲的抉择

1978 年，中国开启了改革开放的历史征程。到了 1985 年，我国已经进入全面改革阶段，同年 2 月 18 日，中共中央、国务院批转《长江、珠江三角洲和闽南厦漳泉三角地区座谈会纪要》，决定将长江三角洲、珠江三角洲和闽南厦漳泉三角地区开辟为沿海经济开放区。长江三角洲等地区率先迎来了改革浪潮。

1985年到1988年，中国的改革大潮以不可阻挡的势头，猛烈地冲刷着人们旧有的观念，"铁饭碗"已不再被所有人视为择业的最佳选择，新生的民办企业犹如雨后春笋般破土而出。

最先接受这种新观念的，正是一大批像韩小清这样的青年知识分子。

1984年《国务院关于环境保护工作的决定》指出，"保护和改善生活环境和生态环境，防治污染和自然环境破坏，是我国社会主义现代化建设的一项基本国策"。也正是在这一年，我国成立了国务院环境保护委员会。对有关保护环境、防治污染的一系列重大问题，包括环境保护的资金渠道都做出了比较明确的规定，环境保护开始纳入了国民经济和社会发展规划，成为经济和社会生活的重要组成部分。而那时候国内环保产业尚处起步阶段，大多地方政府和企业还在探索更合理的路线方案。

1985年，刚刚从北京建筑工程学院给水排水专业毕业的无锡小伙韩小清，敏锐地捕捉到了环保产业前景大好的信号。被分配到北京城乡建筑设计院后，为了进一步充实自己的专业知识，韩小清在城乡建筑设计院工作期间，考取了清华大学研究生。

对"大干一把"早已蠢蠢欲动的韩小清，在读研期间和江苏某厂的工作人员共同在北京一宾馆浴室做了接触氧化法处理洗浴废水回用的实验，结果一炮打响。但是对于当时的发展现状韩小清一点也不满足。韩小清性子里的孤傲，在那个时候就已经有所展现。在他看来，我国当时的环保问题已经很严重，却有很多领导对环保根本不懂，这让他很苦恼。

韩小清心中始终有一个梦想——创建一家环保企业，寻回失去的碧水、蓝天。他焦急地等待着一个机会，一个能让他的满腔热忱得以挥洒，他丰硕的科研成果和扎实的经验技术得以应用的机会。幸运的是，很快，韩小清感觉机会来了。

1988年4月，在导师王占生的支持下，韩小清果敢地中断了在清华大学的研究生学业；同时放弃了设计院的铁饭碗。他像一位悲壮的战士一样，放下所有，开启新的战场。

韩小清与两个伙伴租借了两间房，以9000元资金在北京和平里樱花园小区悄然开办了自己的环保企业——晓清环境保护技术开发公司（现"晓清环保科技股份有限公司"，以下简称"晓清环保"），这家企业是中国最早的环保公司之一。

这一年韩小清年仅 25 岁，正当少年壮志的大好年华。

风光：一门心思向前

20 世纪 80 年代末、90 年代初，是我国环保产业萌芽发展的阶段。没有现成的经验可循，也没有成功的案例可鉴。刚刚成立晓清环保的韩小清只能靠自己去闯荡。

创业初期，晓清环保更多地是依赖于韩小清早前的科研成果和经验技术积累，主要是对一些成功的科研成果进行推广和应用。如：将中水道与游泳池循环水处理技术应用于北京的一些高级宾馆与大专院校。

技术成为了晓清环保的最强基因。韩小清在公司成立之初就提出，"要想尽办法使公司的科技成果转化为生产力，使它转化为产品"。

"逢山开路，遇水架桥"。在产业发展初期，率先开路的企业，确实困难不小，但也处处是机会。韩小清的大胆和魄力，让他尝到了环保产业初期的红利。

在水资源匮乏的北京，韩小清拿到了让企业活下去的第一桶金。

在当时的北京，生活排放污水处理意识还十分薄弱，污水不经任何处理，就像倒垃圾一样排到江河中，一时间每一个排污管都成了污染源。晓清环保看准了生活用水处理回用这个市场空白，决定把公司的开市生意做在这里。生活用水处理回用，既要清洁污水又要节约水源，他们选用"中水道"水循环技术。

韩小清回忆说，"因为做了中日友好医院的中水处理和凯莱大酒店的水处理工程，有了第一笔资金，我们的企业才没有在摇篮里夭折。"

以科技为先导开拓市场，这是晓清环保的第一法则。依据这一法则，晓清环保抓技术、搞开发，先后成立了多个试验室、设计室、技术开发部，大搞技术创新和开发。聘请清华大学王占生教授等多名专家教授为技术顾问。

"技术晓清"的定位，让晓清环保在市场上披荆斩棘。韩小清将北京的成功工程经验，逐步推广至全国多个缺水城市，并得以大规模应用。

晓清环保的第一个十年是韩小清意气风发的十年。他"各种不服"，不愿意抄别人的技术，因而成立自己的技术研究院，在实验室里研发满足当时环境需要的新技术。那时遍地是项目需求，技术公司稀缺，晓清环保得以迅速扩张开来，并先后在大连、鞍山、成都、福州、深圳、海口等城市设办事处或分公司。

20 世纪 90 年代的韩小清，掘金之路走得顺畅且振奋，在环保市场开拓方面一路高歌猛进。

1992 年底，深圳发布《深圳经济特区中水设施建设管理暂行办法》（深圳市人民政府第 3 号），文件提出，"每日生活用水总量超过 250 立方米，建筑面积超过 2 万平方米的旅馆、饭店、公寓（含公寓式办公用房）及住宅、高层商住楼等"，应按规定配套建设中水处理工程。1992 年下半年，深圳市政府已批准兴建的高层建筑就有 200 栋。据当时媒体在报道中的估算，如果以 200 套、10 立方米/时的中水设备来估算，大约需要投资 1 亿元，市场潜力非常大。

看到这么巨大的市场蛋糕，当时到深圳投标做中水工程的就有 10 多家公司，这些公司大多打着中央有关部门的旗号浩浩荡荡闯入深圳，找市政府、找甲方、找设计院，结果都徒劳而返。

深圳这个市场，需要的是货真价实的东西。真正打开深圳的中水市场，晓清环保用了两年多的时间，投资上百万元用于打造示范工程、举办讲座、考察技术、宣传公关。一个偶然的机会，深圳有关部门的领导到北京考察，发现了晓清环保的工程做得很好，这一契机促使晓清环保一举打开了深圳的大门。

由于每一项水处理工程，都是以高技术、高质量赚得用户的，高技术使晓清环保在市场立住了脚并成为其后来参与竞争的第一优势。

1990 年后，包括深圳在内，晓清环保又迅速开拓海南、福建市场，成为当时全国规模最大的环保公司。

据《北京政协》期刊（《北京观察》的前身）1998 年的报道显示，晓清环保创业第一年就完成了产值 120 万元，1993 年完成产值 2000 万元，1997 年产值达到 1.1 亿元。年产值每年均以 100% 的速度递增，创造了企业的辉煌时刻。

20 世纪 90 年代末，接连做了十年的中水回用和小型地埋式生活污水处理后，韩小清碰到了改革初期工业大发展的契机。正赶上燕京啤酒厂要上污水处理设施，韩小清找到当地环保事务负责人，告诉他自己可以把出水 COD 做到 45 毫克/升。通过自行研制滗水器、反复调试工艺流程，一套改良 SBR 工艺上线，出水 COD 指标稳定在 45 毫克/升。那时国内配套设备缺乏，没人想到 SBR 能够处理啤酒废水。燕京啤酒厂水处理厂项目的成功，一举奠定了晓清环保在工业废水处理领域的地位。

20 世纪 90 年代末，晓清环保扩张迅速。到 1997 年，仅集团公司总部的人员

就达到近 500 人。

时势造英雄，晓清环保像一颗璀璨的明星，冉冉升起了。韩小清作为企业的关键人物，也受到了国内市场的高度关注和重视。1992 年他获得全国优秀民办科技实业家的称号，并以优秀民营企业家的身份，入选北京市政协委员的行列，此后担任了中国环境科学学会常务理事、中国环保产业协会理事、北京市工商联执委，获得北京市朝阳区十大杰出青年称号。

这个时间点，成为了晓清环保和韩小清的最高光时刻，之后的拐点也一触即发。

重创：涅槃和追不回的辉煌

环保产业是政策拉动型的产业，政策要求紧一下，许多环保项目就会出现；要求松一下，原定的工程现场甲方会"集体失踪"。2000 年左右，随着国内经济触底、国营企业改制、环保政策放松等状况的接连出现，晓清环保也面临危机。设备运到约定场地，找不到签收人，应收账款收不回来，环保市场严重收缩。因为"三角债"问题，晓清环保被带入泥潭。

当时，晓清环保给淮河一带的企业做了一批工业废水的项目，刚给客户做完废水处理，客户的厂却倒闭了，项目的所有费用最后不了了之，损失惨重。晓清环保硬生生从盈余发展到了亏损，甚至负债累累！

韩小清总结这段经历时说，"是在大的形势发生变化的时候，考虑太浅，没想到会这么严重。"

看清形势后，所有环保企业都过上了节衣缩食的日子，晓清环保也不例外：收缩、调整，运营好现有项目，做好售后服务，等待机会。韩小清带着员工过了一段特别艰难的日子：有一次司机请假，项目现场有事，韩小清自己开车带着几位助手，从北京开到山东东营。到东营已是凌晨三四点，几人在车上囫囵睡了几小时，天亮后处理完事情，下午又开回北京。困难时期，韩小清对工程细节的要求更加严苛，重要问题一定亲自去工地抓，曾在身体不适时倒在现场，也曾在工地上过春节，许许多多从未有过的经历体验一股脑全都来了。

好在出生于 20 世纪 60 年代的韩小清，小时的经历让他磨练出了不怕吃苦的韧性。韩小清小学在村校就读，12 岁到北京体校打乒乓球。吃不饱，就饿着肚子打。从刚到体校的倒数第一，打到北京市少年冠军，一直坚持打到大学毕业，乒乓球就是要不断在输赢中煎熬，直到逐渐看淡。或许是这段运动员生涯，培养了韩小清身上的一股韧劲，让他在困难时期也充满信心。

韩小清的人生态度相当豁达，前面被套牢的不纠结，他认定后面还有机会。韩小清这样的底气来源于他自认过硬的"赚钱本领"。

危局中，韩小清将主要精力放在了技术研发上，主攻高难度工业废水处理。2000—2005年，韩小清成功完成内江制药废水处理项目、新华制药废水处理项目、哈尔滨制药总厂超高难度制药废水项目，资金流逐渐好转。此时，工业企业重新焕发生机，因为有技术储备，各种项目纷至沓来，晓清环保起死回生。

低谷过后，韩小清沉稳了许多，学习习惯加强。从技术层面着手，公司订的二十余种专业期刊和管理杂志，几乎每篇都看，重要文章要让秘书复印存档，年底分类整理成册备查。

2000—2010年，是晓清环保技术上突飞猛进的十年。几十台中试设备，多数时间都在运转状态。韩小清经常亲自到现场看着科研团队工作。此后的十几年中，韩小清更加谨慎，加强领导力，坚持适度规模发展。尽管依然会遇到困难，但均在"可控范围之内"。

挨过低谷，却很难再追回昔日的辉煌。在一次媒体采访中，韩小清谈到，"晓清环保风风雨雨二十多年，有过顶峰时期，也有过低谷，但是它见证了中国环保产业的发展历程，也错失了环保产业迅速崛起的五年黄金期"。

2000年后，我国环保市场逐步获得重视，特许经营带来的重资产模式的红利期逐渐到达，很多环保企业在这一阶段获得突破，比如桑德集团等通过对污水领域BOT模式的探索实现了自身规模的爆发式增长；很多企业也在这一阶段陆续成立，比如如今的环保龙头企业首创环保集团、碧水源等都是在这个时期成立的。

1999年，成立6年的桑德推出市政污水处理"中华碧水计划"，2000年，桑德自筹资金，投资、建设、运营北京市肖家河、通州区卫星城两个市政污水处理厂，计划得到了政府有关部门的正式批准。桑德"中华碧水计划"迈出了第一步，真正实现了由国内民营企业投资兴建市政项目，将我国市政污水厂建设与运行由单纯的政府行为转变为企业运作的市场行为。

在桑德率先布局之后的三年，特许经营项目下的BOT模式在我国全面爆发，很多环保企业开始在市政污水领域尝试BOT。在我国城市污水处理厂建设领域，

一直由政府部门及其下属的市政部门，以及外资企业唱主角的局面完全被打破，数年之后威立雅等外资甚至逐步退出了争夺。

2001年，首创股份正式进入了水务市场，作为北京市一家主要从事城市基础设施投资与管理的上市公司，自参与市场伊始便是高举高打，一系列动作使得首创股份伴随中国水业市场化改革之路迅速发展壮大，并在2004年的首届"中国水业十大影响力企业评选"中一举夺魁，也自此开启了其对中国水业的领跑之路。

北控与中科成的联姻也在这段时期悄然推进，2008年，北控水务与中科成实现重组上市，正式加入环保大军。

中国环保产业迎来了发展的黄金期。但在那个资本驱动的时代，抱持技术情怀的晓清环保掉了队。

2011年，为贯彻落实《国务院关于加快培育和发展战略性新兴产业的决定》（国发〔2010〕32号），积极推进我国环保产业发展，切实提升环保产业的水平和竞争力，环保部印发了《关于环保系统进一步推动环保产业发展的指导意见》（环发〔2011〕36号）。环境服务业被推到了风口浪尖上，产业的变革引起关注。随着政策推动下中国环保产业的蓬勃发展，业主对产品、技术、服务、资金的综合需要逐步提高，单一的EPC模式已经不能满足市场需求，综合环境服务彰显出更大的市场竞争力。

这也让韩小清意识到，企业的生存需要找到合适的发展道路，不能一成不变。这个时候，晓清环保必须放弃单打一的发展模式，要跟随社会的步伐适当做出调整。懂得选择，学会放弃至关重要。

2010年，晓清环保在强化集团原有的EPC经营模式的基础上，也忍不住走向了重资产之路，将BOT经营模式作为集团的另一主营业务加以发展。集团先后在新疆、河北、湖北、江苏等地拿下了一系列BOT项目，为集团的长足发展开创了新模式。

2012年，晓清环保踏上了战略转型的升级之路，由工程技术类企业向环境综合服务商转变，向产业链上游延伸，开始尝试BOT、BT等全新的业务模式，形成从环保工程投融资、工程建设、投资建设到运营管理等各个环节的综合服务。同年，晓清环保在固废处理领域获得突破，在城乡及农村的垃圾转运、收运、处理、收费模式上取得了创新。

看到大批环保企业以破竹之势，借助资本的优势，迅速占领市场高地。韩小清也开始带领晓清环保，谋求对接资本之路。

上市：又一次危机的来临

2013年，中国共产党十八届三中全会闭幕，会议审议通过了《中共中央关于全面深化改革若干重大问题的决定》。全会首次提出"用制度保护生态环境"，生态文明建设成为重要的改革议题之一。而酝酿十余年之久的《城镇排水与污水处理条例》（国务院令第641号）也在2013年正式发布，排水行业终于迎来了自己的法律文本。

政策的倾斜，将环保产业的发展推向高潮，资本蜂拥而至。这一切在2014年全面爆发，截至2014年10月30日，中国证券监督管理委员会（以下简称"中国证监会"）受理首发企业620家，其中已过会30家，30家已过会企业中有3家是节能环保企业。"上市"成为2014年水务市场的一个热点，IPO开闸以及通过借壳"曲线救国"，2014年下半年多家水务企业扎堆上市，产业主体资本化。

2014年6月，光大国际将中国光大水务有限公司（以下简称"光大水务"）投资注入新加坡上市的汉科环境科技集团（以下简称"汉科环境"），光大水务成功借壳在新加坡上市，12月22日正式开始交易；7月，重庆康达环保股份有限公司（以下简称"康达环保"）在香港联交所主板上市；8月，国祯环保正式在深交所创业板上市交易。

在环保企业扎堆上市的同时，资本市场也越来越青睐环保市场，资本主体逐步呈现产业化。

2014年初，被誉为"中国版纳斯达克"的全国中小企业股份转让系统（即"新三板"），迎来了一次史无前例的大扩容，资本盛宴正式开席。新三板是中国证监会统一监管下的全国性证券交易场所，是我国多层次资本市场建设的"里程碑"，大量中小企业能够在新三板挂牌上市。

由于受到转板制和全国扩容等重大利好政策影响，同时准入门槛较低（不设财务和股份分散度指标，也不限于高新技术企业），大量暂时难以在A股登陆的中小型公司，竞相通过新三板的路径完成挂牌，新三板得以快速发展，在挂牌公司数量、交易额、融资额等方面，呈现出跳跃式增长势头。

2014年12月，晓清环保首先选择在纳斯达克主板上市，成为第一家登陆美

股市场的中国环保企业。

2017年6月27日，晓清环保又在北京全国中小企业股份转让系统正式敲钟挂牌，登陆新三板。

敲钟仪式上，韩小清（右二）现场敲钟

然而这两次上市或挂牌都没有解决晓清所需的融资渠道问题。2018年，晓清环保实控人所持股权被全数冻结。起因是增资对赌不达标，股东西藏知合壹号资本投资中心（以下简称"西藏知合"）申请财产保全。2017年11月，晓清环保启动挂牌后的第一次融资事项，11月29日公布《股票发行方案》，称公司拟以每股7~7.5元的价格公开发行股份3233.33万股，募集金额不超过2.43亿元。2017年12月15日，晓清环保股东大会否决了该发行方案。而投了反对票的股东正是西藏知合。

互联网上关于晓清环保"严重拖欠工资"的负面消息也铺天盖地地袭来。据企查查数据显示，2015年、2016年、2017年上半年，晓清环保净利润逐年锐减，分别为5998.44万元、1643.31万元、76.52万元。晓清环保的财务问题也随之显露。有曾在晓清环保工作的人员反映，那段时间，公司对财务把控也很严格，导致很多工作不能良性推进，公司内部办事效率一定程度上降低。

由于和投资人股东之间的争端，晓清环保再次面临危机。在多方斡旋之下，双方达成和解，并希望引入新的战略投资人。而且，无论股东有何意见，大家的共识是晓清环保不能离开"小清"，韩小清一直牢牢地把控着公司的管理权，这不仅仅意味着权力，更意味着一份责任。

熬得住：慢下来，或许又是月明

困难的时候蛰伏起来，舍车保帅，练内功，等经济好起来后又可以生存。这是晓清环保多年来一直存在的秘诀。"熬得住"，是韩小清曾接受E20采访时提及最多的词。

韩小清认为自己的技术是成熟的，关键是商业模式一定要适合中国国情。他同时也认识到，光有技术不一定能将企业做大做强，技术、资本、商业模式要有机结合起来才能熬得住。

熬得住，同时也要认清形势，认清自己从何处来，向何处去。

韩小清认为晓清环保的未来在县域经济。《中共中央国务院关于实施乡村振兴战略的意见》《农村人居环境整治三年行动方案》等政策陆续出台，将农村环境治理摆在了突出位置。韩小清计算："要想达到预期效果，每一个县最少需要投10个亿，全国2400多个县，空间巨大。"

2013年，韩小清参加E20环境平台主办的"2013（第七届）固废战略论坛"，发言中，他强调了晓清环保的发展重心：大城市环保产业发展成熟、竞争激烈，晓清采取了"农村包围城市"的方针，以"小米加步枪"的方式，在局部领域谋取发展。"'郡县治，天下安'，基于县域经济的环保市场对于民营企业来说是一片潜力巨大的蓝海！"

现在，韩小清的重心依然是：为农村县域经济提供全方位的环保服务。现实的情况是民营企业主要是在捡漏。立足一个县，看看手里有什么核心技术，和巨头们错位竞争、差异化发展，就一定能分到一杯羹。

目前，晓清环保在农村环境治理领域已拥有山东金乡生活垃圾转运处理项目、河北高邑生活垃圾一体化项目、贵州沿河土家族自治县供排水一体化项目、

韩小清在"2013（第七届）固废战略论坛"上

湖北武穴市镇处污水处理工程PPP项目、河北乐亭县乐亭镇庙上果蔬专业合作社污水处理工程等数十个项目。韩小清希望为县域经济提供更全面的环保服务,并将其定为晓清环保下一个十年的发展方向。

县域经济之外,韩小清也在不断巩固水、固废、新能源三大主营业务板块,扎扎实实地推进项目,在废水深度处理、工业园区废水治理、垃圾资源化、秸秆沼气等领域发挥技术专长,取得了突破性进展。

创业30余年,韩小清经历过初来乍到的惊喜和急切扩张的狂热后,在起起伏伏中逐渐"佛系"起来。

这一次,韩小清给晓清环保定下基调:"宁可慢,不要快"。由于提早切入,有足够的准备时间,他希望走得慢一些、稳一些,找出解决县域经济难点的办法。技术难点、商业模式、收费体系、盈利模式等,都需要时间和经验来不断总结完善。

"要想真正做好一件事情,必须脚踏实地,步步为营,该是你的就是你的,抢来的总归要还回去。"韩小清常将"多累啊"挂在嘴边,在看到同行为一个利润微薄的项目低价抢标,为了鲜亮业绩而将公司置于险境、高薪挖人破坏行业生态时,他都忍不住要说一句"多累啊"。实际上,韩小清倒不是怕劳累,他怕的是团团转中不知所向的焦虑和迷失,以及自身行为与心中底线的冲撞。

坚守:有质量地"活着"

晓清环保是我国最早一批环保企业中极少数始终坚守"本色"并依然活着的企业,被称为中国环保产业的黄埔军校之一,比如王飘扬就是在这里学艺出师,他曾担任晓清环保的人力资源总监,后成功创立万邦达,甚至韩小清酒后还说文一波也短暂在这里打过工。晓清环保历史悠久,后来的很多优秀的环保企业中都有"晓清人"的身影。

带着这样的光环,又总是冲在技术和市场第一线,韩小清难免也有一些自负。他一直强调,企业遇到外部环境变化,要有真功夫,才能活过来,他嘴里的"真功夫"就是他亲力亲为研发的技术、产品、工艺包。但是,业内的"友商"们对晓清的真功夫各有微词。

管理培训专家章义伍说过,"一个领导者懂业务,或许是下属的悲剧。"如依据《三国演义》中对诸葛亮的描写，其是公认的能人，业务能力超群，因此，他对底下的能人不信任，这其中就包括魏延，最后结果是"蜀中无大将，廖化作先锋"。

作为企业家，韩小清的自负或多或少影响了他对人才的选择和利用。2020年，晓清环保裁员不少，韩小清觉得，公司有他一个人就能活过来了。他曾经讲过一件事：有一个项目调试很久都不达标，他亲临现场，仔细观察每一个处理环节，最后30分钟内解决了问题。

之所以能如此执着于技术，得益于韩小清对初心的坚守。由于自身也不爱好排场，赚钱对于韩小清来说诱惑力不够大。韩小清的穿衣风格以舒适为主，全身穿着基本都是普通服装，可以穿3年不坏。他不抽烟不喝酒不买奢侈品，为数不多的爱好是打球、看书、喝茶。在他的价值体系里，钱够花就行，有一些事情更是给钱也没得商量。他还对行业内的一些乱象嗤之以鼻"一条河水质劣Ⅴ类，要做到Ⅲ类水。谁能做？反正我心里没底，但项目放出去，很多人都会说自己能做到。"

晓清环保像极了励志的楷模，在一次次冲击中，坚强爬起。"不死鸟"的传奇在韩小清身上一次又一次地上演。但眼见他人高楼叠起，饱受风霜的晓清环保已然少了往昔的风采，韩小清心中的缺憾还是存在的，只不过他已经不像当年那么在乎，"有时你越想干的越干不成。"越着急越干不成，欲速则不达。

近几年，产业业态变化很大，从2015年的跨界潮，到2018年左右的国企接盘热，再到现在地方环保集团相继成立，民营环保企业的生存貌似更加艰辛了。韩小清这身傲骨，决定了他在这个阶段抉择的艰难，曾经因为桑德引入国资，韩小清叹息"失望"。如今，他也感叹，"卖身他人心又不甘，给国企打工又岁数太大，别人不敢用、不好意思用。要是早知今日，还不如当初到体制内混个一官半职，老了也能衣食无忧。有人说可以和那些大企业合作，但真识货的又有几个？虽然你有技术与装备，别人不用你，你也没办法。""资本都是黑心的，谁盲目做大谁就被他们上了套"。

怼天怼地怼四方，业内说起韩小清，老北京式的"刀子嘴"是他最典型的特征，尤其在酒桌上或偶尔的朋友圈，那"怼"的叫一个"酣畅淋漓"。

从大学时期开始算起，韩小清干环保已整整四十年，可以说是中国环保产业的开拓者之一。几十年来从事环保行业，他深刻体会到环保行业应该是天底下最难做的生意。虽然多少次绝地重生，但他也时常会有英雄无用武之地的感觉。这

几年，晓清环保也在调整战略适度规模，学会选择懂得放弃，尽量使公司赢利，努力使公司活下来。

"环保产业还有未来吗？！"蛰伏多年，韩小清不免发出这样的疑问，但对于一位投身产业四十载的老将来讲，他心中或许早就有了答案。

有人说韩小清变了，相对于以前，韩小清似乎褪去了争强好胜之心。但韩小清似乎又没有变，对于任何他看不惯的事情，他还是会在第一时间高调给予指责和批评。这么多年来，大家谈到韩小清，也许各有各的说法，但是不改"毒舌"的评价，恐怕这是最大公约数的印象了。

最近，韩小清又在晓清环保的公众号发布文章，公开炮轰某些行业坏现象，话语直白到，只要稍稍了解行业的人，就知道他文中所指的对象。

看他的朋友圈，看他微信公众号的文字，可能人们会感叹"噢，韩小清果真还是那个韩小清"。

韩小清在自己的文章中写道，"三十多年来，我已经足够努力，一年365天几乎天天在工作，但仍有不尽人意之处，不免心酸不已。但有时候想想比那些彻底躺平的弟兄们还要强点，我还活着，手下还有几百弟兄，心中可能还有一丝欣慰。"

"不死鸟"韩小清总结一个伟大的企业：善终，才是最牛的。

附：韩小清在"晓清环保"微信公众号上发布的一篇署名文章

环保企业家的修炼

文 / 韩小清

有人说老韩，你整天说三道四牛哄哄的，这些年你干的也不怎么样，三起三落，管理水平确实不敢恭维，你先批判你自己吧！

本人认为我的问题是人太好，心太善，从小口含金钥匙长大，什么都不当回事儿，自认科班出身，上有父亲的背景，还有泰斗王老师的大力支持，谁能奈何自己。只可惜别人利用你的好心，利用你的善良，利用你的大度，兵败时毫无防备。好在懂技术、懂管理、有人脉，及时调整部署，才能有机会翻身，所以说所有的问题都怪不了别人，只能怪自己，都是自身性格有缺陷，给别有用心的人有可乘之机。

我们有些弟兄呢，做贸易起家，在那个镀金时代，风口来了，猪都能飞起来，以为自己有钱无所不能，上下游扩张，无奈自己自身知识能力的不足，又不及时补足短板，只能靠并购控股延伸产业链，但由于管控不力优质项目迟迟不能交付使用，使公司财务费用大大增加，最后资不抵债，好不容易培养了几家优质挣钱的公司，也被总部抽干最后一滴血，兵败如山倒是必然。所以作为一名优秀的管理者，必须认真学习，善于学习，虚心听取多方意见，寻找各类志同道合、能力超群的优秀人才，千万不能狂妄自大，最后酿成大错。

还有的哥们同样如此，技术出身，战略设计绝对一流，资本运作取得巨大成功，以为有钱能解决一切问题，不愿意到第一线去亲历亲为，许多工程项目从来没去过，现场人员管理能力又跟不上，要想一年完成几十个项目谈何容易，为了保住股价，只能虚增利润最后变成皇帝的新衣，终有一天见光死。所以环保企业家自身修炼提升十分重要。

有的企业上市了，有钱了。例如有的企业上市前是做环境监测的，看到了前几年PPP的大好形势，进军农村污水，由于技术准备不足，出水超标，地方政府正发愁运营费，于是项目一拖再拖，造成亏损。所以说在企业发展的过程中，千万不要拷贝成功，路径依赖，边界条件一旦发生变化，出来的答案完全不同。环保行业真的很复杂，产业链条很长，企业家的战略设计尤为重要。

首先是姿态，今天取得的成功不一定就是永远的成功，持续的学习能力、组织能力、沟通协调能力十分重要，千万不要刚愎自用，出现困难绝对不要逃避，一旦出现问题有时上帝都帮不了你。

企业家是天底下最难干的职业，因为它随时都会遇到天花板。

环保企业家战胜自我，不断修炼、不断进步是成功的关键。

参考文献：

[1] 李艳茹.【人物】"不死鸟"韩小清 [EB/OL].（2018-05-07）[2021-12-12]. https://www.h2o-china.com/news/274417.html.

[2] 全新丽."不死鸟"的新故事 [EB/OL].（2020-06-05）[2021-12-12].https://www.h2o-china.com/news/309554.html.

[3] 贡玮.韩小清：县域环保产业是一片蓝海 [EB/OL].（2013-12-20）[2021-12-12].https://www.solidwaste.com.cn/news/201793.html.

[4] 韩小清. 环保人还有未来吗？[EB/OL].（2021-09-08）[2021-12-12].https://mp.weixin.qq.com/s/V28p_DGJSznQYacF5LbqxA.

[5] 蔡钱英，赵卉寒. 懂得选择学会放弃——专访北京晓清环保集团董事长韩小清[J]. 经济，2011（10）：132-134.

[6] 张颖. 蓝色的梦——访北京晓清环保集团总裁韩小清[J]. 中国中小企业，1999（7）：18-19.

[7] 陈吉生. 蓝天碧水"晓清"梦——记北京晓清环保科技集团总经理韩小清[J]. 科技潮，1995（1）：18-19.

[8] 孙新欣，李莹. 志在清水滴石穿——记北京市政协委员、北京晓清环保集团总裁韩小清. 北京观察，1998（4）：17-19.

"膜"出的成功
——陈良刚与他的超滤膜事业

作者：谷林

据中新社 2021 年 3 月 14 日报道，中国已连续 11 年成为世界第一制造业大国。虽然我们目前仍存在诸多问题，但中国制造这些年取得的成绩让世人瞩目，这其中少不了很多中国制造企业的奋发自强和努力拼搏，尤其是一些民营领先企业，面对外国的对手和国企竞争者，取得了不俗的成绩。他们的领头人，也在各自领域，展现出不同的企业家魅力。如海南立昇净水科技实业有限公司（以下简称"立昇"）董事长陈良刚，他是清华大学热能工程系燃气轮机专业毕业，却做起了超滤膜，经过数年钻研，打造出独特产品，带领立昇成为中国乃至世界超滤膜市场的"领头羊"。

陈良刚

从"闯海人"到"超滤膜冠军"

1987年,中央决定在海南建省并开辟中国最大经济特区的消息,振奋了一批时代的"弄潮儿"。很多心怀梦想的创业者包括后来的房地产大鳄冯仑、潘石屹,以及新晋的中国首富钟睒睒等,从各处奔赴海南,全国掀起"数十万人下海南"的历史大潮。几经沉浮,有人失败离开,有人坚守下来并获得成功。同样的历史浪潮,给了不同人不同的人生。

1988年,在风起云涌的"闯海潮"期间,27岁的清华大学毕业生陈良刚离开了工作几年的武汉,调任海南汽车厂工作。那是一家大型国企,工资待遇和社会地位都不错。但在激情的创业氛围中,陈良刚觉得"不甘心",希望有更广阔的平台施展拳脚。1991年底,他从海南汽车厂辞职,去了一家从事汽车发动机新技术推广的私人公司担任总经理。因为和老板有经营理念上的分歧,陈良刚再次选择了辞职。

那时,海南正处于建省办特区的初期,各项建设蓬勃发展,人潮涌动,到处都是机会,陈良刚"想换个活法,证明一下自己"。在来海南前,他已经结婚,他的妻子理解他的想法,他"任性"的"裸辞"也得到了妻子的支持。于是陈良刚正式"下海",自己创业:在创业早期,他摆过地摊,代理过上海手表厂的磁疗手表,推广过激光防伪商标。

那时的陈良刚,满怀创业的激情,向往美好光明的未来,人生里没有"后悔"二字。

1991年的一次展会上,陈良刚看到一家单位可以通过超滤膜将浑浊的水变成透亮达标的清洁水,主要用来进行制酒过程中的过滤。他对其产生了兴趣,觉得是个机会,于是与那家单位达成合作,一起研制推广超滤技术与产品:对方负责技术研发,陈良刚负责市场营销。

但因为当时的技术尚不成熟,东西制造出来应用效果并不好,客户很不满意,没法交货,一个单子也成不了。负责技术的单位,选择退出。刚"下海"的陈良刚,遭遇到创业过程中的第一次重大挫折。何去何从?

"当时能怎么办?就是不服输,继续想办法。"他去母校清华大学找相关的老师寻求帮助。老师告诉他:超滤技术对应的产业是一个朝阳产业,关键在于能否做到优质、低价和实现真正意义上的产业化。

"只要方向对了，就好多了。"老师的回复，坚定了陈良刚的信心。技术和产品不够好，那就继续实验继续做。也许是因为清华学霸与生俱来的能力与自信，在陈良刚看来，只要看准了方向，一切并没有那么难。

他给自己制定了"成功进入—改良提高—创新发展"的三步方针，从销售转变成技术钻研人员。经过近5年的努力，立昇的超滤设备不仅成功地解决了超滤膜的质量问题，而且实现了规模化生产，被中国多家名优酒厂使用，使酒厂的质量提高的同时大幅降低了生产成本。

这一成功，是个良好的开端。但酒行业的处理规模不大，可重复的可能性很小，盈利空间不大。一家大型酒厂，三年才购一套设备，几十根超滤膜组件。有次，为了一台10万元的设备，陈良刚去了宁夏两次，虽然生意做成了，但几乎没赚什么钱。

一次偶然的机会，陈良刚发现一位酒厂的总工自带水壶——水壶里是立昇超滤膜过滤后的自来水。这让陈良刚不得不思考：是否能把超滤技术推广到自来水领域。那时，水污染问题早已被人重视，而水又是生命之源。如果超滤膜可以应用到这个领域，应该将是一个巨大的市场。

将超滤技术应用于水处理，与应用于酒处理最大的不同是，要求处理成本更低。为了降低超滤膜的制造成本，必须从成膜机理入手，从制膜材料和制作工艺上做根本的改变。照陈良刚的性格，一旦他认定的，方向没问题，剩下的就是坚持去做。

经过约两年几百次的反复试验，立昇成功地以聚氯乙烯材料制造出了成本更低、性能优异的PVC合金毛细管式超滤膜产品，该技术一举奠定立昇和中国膜产业在世界膜行业的领先地位，其成果先后荣获国家重点新产品证书、海南省科学技术奖一等奖和中国膜工业协会科学技术奖一等奖。

PayPal创始人、Facebook第一位外部投资者彼得·蒂尔（Peter Thiel）在其《从0到1》一书中，特别分析了在竞争中获胜企业的特点：供给消费者的产品其他企业无法供给。每个成功的企业恰恰是因为它做了其他企业不能做的事情。立昇正是这样的企业，陈良刚对中国水网直言："立昇不做别人做过的东西"。

"人无我有"，性价比不错的立昇产品最终获得了市场的认可。立昇得以快速

发展，不但成为我国家用净水市场的领先者，其超滤产品在我国市政供水设施和外国工业企业中得以广泛应用，创造了多个第一：是全球第一家实现PVC材质超滤膜产业化生产的企业，超滤膜产销量世界第一。

2009中国水网组织的知名水务企业家台湾考察活动

在市政供水方面，立昇研发的以"PVC合金超滤膜"为核心的"第三代城市饮用水净化工艺"已成为自来水厂升级改造的成熟方案。在当前世界最大膜分离自来水厂之一（台湾高雄水厂）中，立昇超滤膜是其唯一采用的超滤膜产品。在中国超滤膜厂商中，立昇是在国外建成和运行大型膜法净水工程总产水量最大的企业，也是全球第一个挑战并实现大型市政供水处理工程中超滤膜组件稳定运行11年以上的供应厂商。

作为全球超滤膜行业领军企业，迄今为止，立昇的产品已经在全球超过600多家工业企业得到应用，其中包括可口可乐、麦当劳、丰田、飞利浦、英特尔、LG等世界500强企业。2010年，立昇通过与十家国际品牌激烈的竞争，一举成为上海世界博览会直饮水设备唯一指定供应商。该工程持续半年给7000万游客供应直饮水。成为世界上最大规模的直饮水工程，立昇的超滤技术也被美国《福布斯》（Forbes）杂志评为第41届世界博览会展示的引领未来十大科技之一。

陈良刚（前排左六）和夫人陈漫（前排左四），与澳大利亚国会议员 Michael Johnsen 等人在澳洲合资公司上亨特郡项目前合影

成功自有成功的原因

从摆地摊开始，到超滤膜产品享誉世界，在外人看来，陈良刚可以说是非常成功。那是什么让陈良刚如此成功？他是靠运气，还是靠自己的能力？

而这，也是商界一个"哈姆雷特式的提问"。对此，小米公司创始人雷军说："成功，85%靠运气，顺势而为。"亚马逊创始人杰夫·贝索斯也认为："成功靠的一半是运气，一半是时机，剩下的则是智慧"。

在这里，所谓的运气，我们可以理解为时代的加成。就如"全面下海南"的年代，一切都是新的，一切都刚开始。有人敏锐地抓住了时代需求的机遇，然后凭借自身所具有的"特质"，一路走向成功。这种特质，曾被很多人认为是坚持、执着、热情，等等。总而言之就是，一个人的成功，除了特定时代的原因之外，其个人，一定有着过人之处，包括过人的品质和过人的思想。

从来没有什么野心，就是想把眼前的事情做好

对于陈良刚的成功，立昇总经理助理屠玉峰有很深的感受，他总结了两个词：专注、较真。他记忆深刻的是，和老板一起参加一些展会时，老板经常会亲自把展会上相关的企业都"走"一遍。"一个老板，能做到这样，或许就是他比我们更成功的原因吧。"在屠玉峰眼里，老板是一个很少谈困难的人，他喜欢解决问题、

钻研技术，一直坚持干一件事。

熟悉陈良刚的人，包括E20董事长傅涛等，都觉得他身上有一种可见的激情，甚至30年不减。陈良刚认为"激情30年不减，其实就是本性。"他觉得主要是自己不甘心，总想做出点事情。从来就没有什么野心，就是想把眼前的事情做好。"比如读书时，老师信任并且鼓励我那就把书读好、考试考好；工作了，努力把领导交办的工作做好，让领导放心；父母辛苦把我养大，能做事就多做点，该赚钱就想法多赚些，对爹妈孝顺，让他们满意，对得起他们；后来创业，客户信任，就尽力帮客户解决问题。"

为了提高超滤膜的性能、降低成本，30多年来，他一直坚持在研发和生产的一线。在屠玉峰等很多员工的眼里，陈良刚就是立昇的"首席科学家"。现在60多岁了，平时最少有一半时间还在车间干。他自己也为此感到自豪："像我这么大年纪，还这样做的企业家怕是不多了。"他认为，技术的进步、产品质量的进步是无止境的。

丰田汽车之所以领先，有一个"实地实物"概念被广为流传，其背后的重要原则就是：要获得一个现场的全面印象，完整地看到所有程序，并尽可能地投入到每个细节中。为此，经理们需要离开自己的办公会，离开电脑，亲自走到工作的第一线去。后来，很多制造业的公司也采用了这个理念，并投入实践，称之为"走到现场中"，管理者和销售者走到工作最相关的地方，到产品生产、出售甚至被使用的地方，以能够更好地理解自己的工作。立昇能够保持领先，这或许是根本的一点。

要有责任感，不想辜负别人的信任

陈良刚觉得："这些年立昇卖出的东西，我陈良刚是要负责任的。"他甚至认为，卖出去的产品，如果用户用不好也是企业的问题。他解释，为客户解决问题，就是不仅让客户觉得产品好，更要让客户用起来真的好。

这些年在家用市场，立昇的产品获得很多客户的认可，陈良刚认为这得益于一开始就从客户的角度来思考问题——为客户解决问题，就要问自己：产品质量有没有问题？价格有没有问题？购买通道有没有问题？维修服务有没有问题？

家用市场是个完全市场化、竞争很激烈的市场，这些年能活下来，而且做到领先地位，陈良刚认为，立昇靠的就是质量好并且真得帮客户解决了问题。他不喜欢做很多广告，"广告会有一定效果，但如果企业的实力没有跟上，会起反作用。

我更相信稳步发展。沃尔玛在同行中的广告费用是最少的，却做到了全球500强的老大。"

有打广告的钱，陈良刚觉得，还不如自己直接面对消费者，给消费者做好承诺。他给作者算了一笔账：比如请明星，一个明星的代言费最起码得花一两千万。自己做，这笔钱就省下来了。两千万让利给消费者，或者投入技术和产品，岂不是更好？

在他的理念里，只有做出好的产品，才能对得起顾客的信任。有了好产品，就有了好的口碑。而好口碑是一个企业活下去的根本，口碑好的产品才能保持长久的生命力。对于靠核心技术生存的企业，广告没多大必要。"关键是要让用过的客户觉得你的东西好。"

"真正为客户解决问题，口碑好才是真的好。"他自己将其归之为"责任感"——无论做人还是做事，"就是不想辜负别人对自己的信任"。"别人把钱交到你手里，你一定要负起责任。"现在带着立昇奔跑，他知道自己身上的压力，"员工都支持你，大家一起跟你干，你要对得起大家的信任，尽力把企业做好。"所以，这30年来，他"做企业一直小心谨慎，就怕一旦做不好，会辜负很多信任和支持的人"，而这，也是他"最接受不了的事情"。

在过去相当长的时间内，陈良刚对经销商的要求都是现款现货。很多人认为这是因为陈良刚性格过于强势，对自己的产品过于自信，但结合上述言论，我们也不妨可以将其看作是他基于责任感的谨慎——"做企业的人，没钱还想拿货，那做什么老板，不如干脆去打工为好！"

有多大碗吃多少饭，有多少钱就干多大的买卖

或许因为对于"钱"的重视，以及立昇做民众市场具有的强大的现金流实力。这么多年来，陈良刚很少向银行借款，也没有带领企业上市的想法。

在2013年左右，正值中国水业市场的资本时代，很多企业奔赴资本市场IPO。E20董事长傅涛，以及其他的业内好友都曾劝过陈良刚，以立昇当时领先的行业地位，上市应该可以有很好的资本对价。经过深思熟虑，陈良刚还是选择了不上市。

他认为"上市只是企业经营的手段"，很多企业上市是为了解决资金问题。他觉得世界不缺钱，银行钱多得很。只要企业经营得好，钱并不是问题。比如华为公司，就不上市。陈良刚认为资本会左右企业的发展，而他更需要自己选择的自由。

陈良刚的父亲曾经说过：有多大碗吃多少饭，看菜吃饭，你就不会难。这是老人的智慧，陈良刚深深地记住了这句话。这么多年，立昇都是用自有资金一步步滚动发展过来的。前些年建设膜产业基地的时候，因为购置1000亩地，从银行贷了一些钱，但相比立昇的总资产，借款比例非常小。

陈良刚觉得父亲的话是一种人生理念：谁都想做更大的生意，但根据自己的实际情况，脚踏实地，扎扎实实，是做人做事的本分。现在很多老板是自己有一百块钱就想做一万块钱的生意，陈良刚直言自己并不认同。事实上，最近几年，国内水务市场很多民营领军企业折戟，一个重要原因就是使用过高的杠杆、盲目冒进。对此，陈良刚坦言"做不来，自己胆小，有多少钱就干多大的买卖"。

对于上市可以吸引人才的说法，陈良刚并不认同："有几个上市公司吸引到了真正的人才？一般就是几个高层拿到了股份，中低层有多少拿到了股份？"他认为，对于一家企业来说，靠上市并不能真正地吸引人才、留住员工，主要是企业要运营好，有好的发展前景，给员工的薪酬让员工觉得自己的付出值得。而从立昇自身来说，团队整体很稳定，高管也都是十多年的老员工。

做不同领域的工匠，在每一个领域做到最好

在不少人看来，立昇做到这样，陈良刚已经很成功了。但在陈良刚看来，立昇发展不算快，规模也不算大。60多岁了还在企业管理一线，他不觉得自己"做得多么好"。他坦言，这不是自己谦虚，而是"读书人的情结在身上很难抹干净"。他技术出生，钻研技术比较多，他也知道，作为老板，必须要面对商业规则和市场。不过对于立昇的未来，他颇有自信"可以做得更好"。

很多创业者，回想一路走来，总有些许感慨，陈良刚不是。他没觉得有什么特别——没有特别的第一桶金，没有特别的困难，也没有感到后悔和遗憾的时刻。感觉一切按部就班，解决好当时的问题，一步一步跟上，就过来了。

作为一个热能工程专业的工科学子，他给自己的人生定位是小技工。成立立昇后，他就是立昇的"首席技工"，瞄着认准的方向钻研下去。在他看来，超滤膜就是他一生的事业。因为醉心于超滤膜，他带领立昇获奖无数，他个人也成为全国五一劳动奖章获得者。2019年，他与小米集团雷军、泰康保险集团陈东升、网易（杭州）网络有限公司丁磊、比亚迪集团王传福、TCL科技集团股份有限公司李东升等其他99位来自全国的企业家一起被评为"第五届全国非公有制经济人士优秀中国特色社会主义事业建设者"。这是他比较看重的一个奖项，自认为是实至名归。

2020年10月，在中国共产党海南省委员会统一战线工作部（以下简称"海南省委统战部"）举办的全省民营企业家先进事迹巡回宣讲活动中，他以《专注超滤技术创新打造中国制水大工匠》为主题满怀激情地讲述了自己近30年来的创新创业故事。他表示，每一个创业者创业初期都有一个美好的梦想，他是时代的幸运儿，在合适的时候做出了合适的选择。在顺应时代的同时，需要够幸运够努力，才能有所成就。人生就是做不同领域的工匠，做就在每一个领域做到最好。

也正是这样的坚守与执着，这么多年来，他一直在超滤膜领域发展，而"错过了"很多的"机会"。

有媒体报道，曾有很多朋友来找陈良刚谈一些其他业务的合作，如房地产、金融等，但他基本都不感兴趣，甚至不愿意和别人谈，显得有些"不近情面"。对此，陈良刚觉得自己被"误会"了："膜市场是我看得明白的事，这么看好的市场都做得不是多么好。那自己看不明白、不看好的事情，如何去做？也没有那么多能力精力去做别的。"

这一生最感恩两个人

回顾人生之路，陈良刚觉得，从读书到结婚再到做企业，相比其他人，自己都很幸运。

陈良刚7岁时，母亲去世，父亲一手把他和姐姐带大。在陈良刚的印象里，父亲一辈子没有发过牢骚、没有后悔，甚至很少休息，总是小心谨慎，勤勤恳恳一辈子。父亲对他的影响，一点一滴，耳濡目染。从父亲的身上，陈良刚学到了很多重要的东西，包括不抱怨、不后悔，永远靠自己的努力去解决问题。他充满深情地说："他人都说伟大的母亲，我想说我的父亲是天下最伟大的父亲。"

如果说父亲是他人生的领路人和精神导师，他的妻子则是他人生的灵魂伴侣和事业中的忠诚伙伴。

1978年陈良刚因耳朵疾病手术，右耳几乎丧失了听力。休学一年后，1979年参加高考，一举成为湖北省麻城县的状元。因为自己的经历，陈良刚本想学医救人。后来是学校的老师给他报了清华大学。在大二时，19岁的陈良刚谈起了恋

爱，那是他的初恋，恋爱对象是同样在北京读书学医的麻城老乡陈漫。没有报成医学院的陈良刚，最终与从医者结了姻缘。

与陈漫在一起的日子，陈良刚从北京到武汉，再从武汉到海南，经历了摆地摊、代理磁疗手表的创业过程，所有的日子，妻子陈漫都是他最忠实的支持者，在几个关键的节点上，也都是因为妻子的支持，陈良刚才最终下了决心。

做超滤膜，妻子也是全力支持。那时陈良刚的一只耳朵已经近于失聪，按照他的说法，"一定程度上就是个残疾人"。妻子在照顾他的生活之余，亦帮着他打理生意——随他一起住厂房，自学财务和管理，成为立昇的"主管"，负责财务、人力资源、行政综合管理，甚至经常陪着陈良刚在实验室里做科研。

在企业做到一定规模时，为了避免公司在管理上的"两种声音"，陈漫选择了退出。

对此，陈良刚禁不住感叹："旁人说'军功章上有你的一半'，也有我的一半。我想说，都是她的。"父亲离世时曾叮嘱陈良刚要好好对待陈漫，陈良刚说："我这一辈子要感恩的人很多，最需要感恩的是两个人，一个是我的父亲，一个就是我的妻子。"在与笔者沟通时，他也不忘提醒："这一段，你能多写就多写一些。"

儿子让他欣慰和自豪

在陈良刚最感恩的两个人之外，他的儿子让他感到了做父亲的欣慰和自豪。

他的儿子叫陈忱。在即将高考前，一天，陈忱准备去学电吉他。父亲陈良刚问他以后想干什么，都要高考了还想着那些。那是陈良刚第一次正式地和儿子谈对于未来的设想。陈忱说：他想接班。

这让陈良刚既意外又欣喜。陈良刚告诉儿子：是你自己要接我的班，不是我要你接班，那你就得达到我对你接班的要求，要打好基础。根据父子俩的规划，陈忱本科学了材料专业，研究生和博士阶段去国外学了环境专业，师从美国知名院士同时也是中国外籍院士 John Crittenden 教授。

在陈忱大学前，陈良刚给他立了两条规矩：一是给舍友连续打三个月开水，二是每花一笔钱都要记账，他会定期查账。对于陈良刚来说，第一条规矩是想教儿子做人，与人为善，再论得失；第二条规矩是希望儿子有经济规划和管理的观念。他不具体管儿子，但希望以自己的方式告诉儿子一些做人做事的方法。

陈忱的班主任告诉陈良刚，他的儿子是学生中很节约的人，不像一个富二代。在留学期间，陈忱的院士导师也对陈良刚夸赞了陈忱：他觉得陈忱是他见到的最勤快的中国留学生，每次离开时，留下来收拾实验室的都是陈忱，这实在与他印象中的有钱人家的孩子不一样。

作为父亲，儿子的表现和老师的夸奖无疑是最让陈良刚自豪而欣慰的。在儿子留学时，他曾对儿子说过："你不用为钱考虑，别人去打工赚学费的时间，你可以多学习多掌握点知识。别人从地上往上爬，你可以从父亲的肩膀上往上走。"他很高兴儿子努力上进，而且没有一些有钱人家二代的问题。

陈忱毕业后，先进入了立昇在美国的公司历练了几年。前年回国后，陈良刚安排他负责家用板块，更多偏向创新和网络。家用板块是立昇最重要的业务板块之一，陈良刚对儿子负责的业务参与不多，偶尔会帮着出一些主意。让陈良刚高兴的是，他和儿子之间虽然会对一些问题有不同看法，但常常会像兄弟一样交流。

在公司与事业之外，陈良刚爱打高尔夫、爱唱歌，也喜欢做饭，还喜欢种地。在公司的小院里，他专门为自己开辟了一小块菜地。他希望在有限的时间里做一些自己喜欢又有意义的事情，不希望自己太忙。

对于未来，陈良刚希望，把立昇继续做好，多给国家缴税，"企业家，把企业做好，就是最大的成功"。

参考文献：

[1] 马柏杉. 陈良刚："闯海"30 年. 天下楚商, 2018(10).

[2] 中关村在线. 立升陈良刚：专注超滤技术创新，打造中国制水大工匠 [EB/OL]. （2020-11-14）[2021-04-04].https://www.163.com/dy/article/FQJVBNH2051189P5.html.

宜兴"环保教父"王洪春的"大情怀"与"小生活"

作者：谷林

再次与王洪春面对面时，他坐在办公室的窗边，上午的阳光落下来，整个人显得更加平和。卸任了鹏鹞环保一切职务的王洪春，开始有更多的精力去追求自己的"小生活"、释放自己的"大情怀"。

初见王洪春，是在2012年某晚8点的宜兴宾馆。那时的王洪春，饭局未尽就如约赶来。或许刚喝的酒还未消尽，给人一种强烈的"江湖气"和"狂傲"的感觉。不过聊起来，才发现他对宜兴环保有很深的感情和独到的见解，与他外表给人的印象有些大相径庭。

王洪春在办公室接受采访

30多年历史浮沉 鹏鹞环保"再度归来"

说起江苏省宜兴市的环保产业,王洪春带领的鹏鹞环保是避不开的名字。一说起鹏鹞环保,18位学生赴上海勤工俭学的故事也被很多人耳熟能详。最初的18位学子,也成为鹏鹞环保的人才基础和后续发展的核心力量。

鹏鹞环保真正产生全国影响是因为其WSZ埋地式生活污水处理设备。这种设备曾在上海一年销售了一个多亿,后来全国推广,十年间销了20亿元左右。这引发了宜兴乃至全国市场的仿制潮,按王洪春的说法,"一些(宜兴)人就出去,办起来自己的工厂。在一定程度上,奠定了高塍环保产业发展的基础。"鹏鹞环保也成为宜兴环保行业的"黄埔军校"。

1984—1987年,鹏鹞环保快速发展,从几十人发展到六七百人。当时从规模上,放眼全国,鹏鹞环保应该算最大的环保公司了。

1996年开始,鹏鹞环保转型做工程EPC,先后研发及推广了包括"CASS法污水处理技术"在内的多项环保、水处理工艺。1997年,率先进入生活污水厂投资运营领域,尝试做了公主岭污水处理项目,随后全面进军水务投资市场,并于2003年在新加坡证券交易所上市,成为中国海外上市的第一家环保企业。

但新加坡股市并没有带给鹏鹞环保预期的资本助力,反而让他错失了国内水务市场高速发展的十年:开始从领先阵营中落后,淡出水务市场的主流舞台。

2012年,由于受经济危机冲击,鹏鹞集团从新加坡退市。2018年1月5日,鹏鹞环保重新在深圳证券交易所A股上市。在PPP热潮中,众多民营领先企业遭遇困境,鹏鹞环保却因为各种主观客观原因,避开了市场风险,一度成为当时净现金流最好的上市水务民企。后续在一个个领先民企被央企国企陆续并购的背景下,鹏鹞环保更是逆势控股收购具有央企背景的中铁城乡环保工程有限公司(以下简称"中铁环保"),备受行业瞩目,被称为"再度归来"!

觉得自己是一个很好的老板 就是为人不够圆滑

做企业几十年,王洪春觉得自己是一个很好的老板,而且是中国人传统意义上很好的老板:对员工很负责任,也很仗义,公司里的核心员工都是在岗十多

二十多年的老员工。曾经有一个员工生了大病，他主动拿出十几万块钱，并组织公司为其募捐；同时他觉得自己对股东也很负责任，做项目很认真，尽力把服务做好，让公司发展得更好。

在自己的行事风格和性格里，王洪春认为有很重要的一点就是：正。无论从个人层面，还是公司层面，他一直崇尚一种"正"文化。公司内部从来没有山头，讲话都放在台面上。内部不官僚，外部不搞不正当经营，不搞灰色交易或者黑色交易；在经营方面，坚持按商业逻辑来做事情，比如不参与低价竞标，也不会在中标后再勾兑一些条件，不会偷工减料……运行时，不管政府有没有监督，都按规范认真做，做好服务，甚至超出客户预期。因为这些，鹏鹞环保在一些竞争方面吃了不少亏，可也因此，鹏鹞环保能走到今天的位置。

他对自己不满意的就是：为人不够圆滑、不世故、不爱做表面功夫，也不会去迎合一些人和事。他知道，如果自己能在很多地方更圆滑一点、世故一点、城府更深一点，或许在很多场合、很多项目上面收获会更大。但他"不会拐弯，在很多环境下，会限制自己和公司的发展"。言谈至此，他有些纠结又似乎更多淡然，也许，这就是人生吧。就如上面的"正"文化，总是具有两面性。

但他的"傲"，他是认的："很多人都说我很傲，我的确是有点傲。"对于自己的"傲"，王洪春觉得是因为过于坚持自己的个性和想法——直接、不会掩饰自己的态度，坚持自己的独立看法等，都会让人觉得自己"傲"。作为一个企业的经营管理者，他觉得给人这种感觉，并不是一件好事情，他也想改变，但更多时候，他觉得"人呢，往往有一个缺点，也反过来会带来一个优点。很多事情都有双面性，就看你怎么去平衡它了"。而且，如果改了，"一个人或许就不是这个人了"。他坚信，一个人没有缺点就像这个人没有优点一样。

虽然他并不在乎外人的看法和评价，坚持"凭着自己的良心去做事情就好"。但他也在和自己逐步"和解"——他介绍，自己这些年一直在"进步"，变得比以前更世故和庸俗了。

开通"环保教父"抖音号 不想几十年的经验积累被浪费

在不满意自己不够圆滑之外，王洪春还痛苦于自己没有什么特别的爱好。他做运动，但都是为了运动而运动，并不爱好运动。他不喜欢交朋友，觉得能跟自己共情做朋友的人很少，大部分都是共利的朋友。退休后，去干什么呢？这是他一直思考的问题。

一个偶然的机会，一位抖音做得很好的朋友告诉他可以开个抖音号：分享下自己这些年经营企业的想法、感悟以及对产业的看法，对公司也是一种宣传。于是，他开了个抖音号，发现看的人还挺多。后来王鹏鹞帮他另外注册了一个号，取名叫"环保教父"。

对于这个名称，起初他不愿意接受，觉得过于直白夸张。后来在年轻人的说服下，他最终接受了：对于宜兴环保产业来说，鹏鹞环保和自己称得上这个名号，那就弄吧。重点是能把自己几十年来的经验做一些梳理和分享，这个非常有意义。而且能帮公司做宣传，一举两得。作为一个对几十年工作难以割舍的人来说，这是个不错的差事。

具体的拍摄工作由公司团队操作。几十期下来，王洪春越发喜欢这份工作，这是他想做的事情。他甚至希望在抖音之外，能有机会参与到更多的类似经验分享和传播工作中去：比如和E20合作，在E20环境商学院CEO特训班和行业沙龙上进行分享。

思考的"焦虑"中国环保市场的问题

相比经营公司，做抖音更像是他的"小生活"——在抖音里，他可以对环保、管理、投资等各种感兴趣的事情说出自己的看法，分享自己的经验。但与此同时，他陷入了更深的焦虑。

焦虑来自于他对更大范围事情的思考——王鹏鹞将其称之为"家国情怀"，比如社会问题、体制问题、中美关系问题、市场化与改革开放问题等，更多地思考国家与民族的命运。几十年做企业的经历，让王洪春看过不少社会的阴暗面和一些矛盾与问题，一直难掩他忧国忧民的家国情怀——他还是会被一些负面的信息触动。他知道祖国发展到现在很不容易，但一些问题的存在也是明明白白。怎么办？在环保行业，他自己可以实际行动拒绝，做出一些坚持和改善；但在环保之外，他能看到问题，却无能为力。虽然王洪春对类似的事情已经看得越来越淡，但高频而集中的触动与思考，还是让他痛苦、甚至焦虑、睡不好觉。

对于工作了几十年的水务行业，面对中国高速的通货膨胀环境，水务长线投

资跑不赢货币实际贬值的速度，应该如何解决？

特别是看到为之奋斗了几十年的环保产业，民营企业被央企国企一个个揽入怀中，王洪春心情复杂。恨民营"兄弟"们不争气，恼央企国企太"凶悍"、怨市场太不公平？

在民企处于发展热潮的时期，也许同类民企之间更多是竞争的关系，但当大家一个个"折戟沉沙"时，昔日的对手会更多出惺惺相惜、休戚与共的感情。"看到民营企业一个个被并购，我感到悲哀。同伴一个个倒下，自己也会离死不远"。在王洪春看来，竞争是市场的必然，越是发达的市场，竞争越是激烈，这就需要做好自己。从市场整体来看，大家一起把市场做大了，企业发展才能有更高的天花板。

王洪春认为，当前中国环保市场的问题主要在于它受限于政策和政府。虽然已经市场化，但当前的市场并不公平。像鹏鹞环保这样的民营企业，在市场竞争中大多处于很被动的地位。

虽然从单个项目上看，环保项目存在发展的天花板，但从整体市场的角度，随着人民群众的环保要求日益提高，环保督查更加严格，环保市场仍将会释放大量的机会。

国家多次强调要发挥民营企业的作用，但现阶段，民营企业的处境并没有好转，反而随着央企、国企的扩张，空间更加逼仄。如果真正市场化了，按市场化规则走，鹏鹞环保这样的企业还是有很强的竞争力。或者如不在环保领域，以鹏鹞环保的管理和创新能力，理论上应该会比做环保做得更好。

王洪春希望鹏鹞环保未来可以与国企从项目层面、技术层面和市场层面实现更多的合作，对中铁环保的收购，就是一种探索。王洪春认为，国企和民营各有各的优势，如果民企被国企收购，可能民企的优势或特长就很难发挥出来，技术、管理等方面的创新肯定会受到影响。他相信，还是"应该做好自己"。

"环保之乡"自有利弊　草原上难以长出太多大树

在对环保市场整体和自己企业的思考之外，扎根于宜兴的王洪春，自然忘不了对宜兴环保产业的关心。对于宜兴环保产业发展，王洪春认为需要历史地、发展地来分析。

宜兴作为中国环保的主要发源地,被誉为"环保之乡",是有着深厚的历史根源的。宜兴环保产业的发展以设备起家。环保设备、技术配套,本来就不适合大公司做,而更适合小企业发展。宜兴的环保企业专注于设备技术,数量多,单个企业规模小,但整体产业链的配套很齐全——从材料开始,包括技术服务,以及后续的加工,任何一个环保设备,都能在宜兴找到专业的人做出来。宜兴环保产业链的完整度,在全国不可能有第二个。其他地方和宜兴环保市场打擂台,能做到宜兴 20%~30% 的效果都很困难。未来几十年里,中国不会有其他地方的环保产业能超过宜兴。

结合自己几十年的创业经历,王洪春认为,宜兴环保产业的发展不是一蹴而就的,也不是政府想打造就能打造的,它是在宜兴独有的历史条件下,自发形成的。几十年的积累,其实已经树立起很高的门槛和独特的优势。

按理说,拥有如此完整的设备产业链,专业配套齐整,行业和区域的资源整合力度应该会更高。可事实并不是这样,反倒是宜兴内部的环保企业存在不少的产品仿制和恶性竞争,在外面也给人留下了低端的印象。在王洪春看来,这主要是与宜兴的文化有关。他认为,宜兴的文化,不像是福建或广东。宜兴人更喜欢自己做老板,合作的氛围不够,大家各做各的,达不到真正的产业协同。

近几年,在很多环保上市公司纷纷出问题的背景下,宜兴的加工配套企业反而迎来了新的机会:很多车间,日夜运转,发展很快。期间,也有一些企业脱颖而出,它们在制造技术方面,具备一定水平和能力。王洪春认为,这些脱颖而出的企业称得上是细分领域顶尖的存在。或许外面的人看不起它们,但它们代表着中国环保产业发展的真正水平。

虽然宜兴环保产业的整体规模不小,也出现了一批在细分领域比较顶尖的企业,包括几十家新三板企业,但迄今为止,宜兴只有鹏鹞环保一家真正的环保上市公司。这让一些宜兴的企业家和关注宜兴环保产业的人也在追问:为什么?宜兴什么时间才能出现更多的环保上市公司?

对此,王洪春认为,在宜兴,如果有一家企业在细分领域领先,可能很快就会被当地其他企业竞相模仿,最后的结果是市场被分食、企业产值上不去,创新也相对比较难。如果这家企业生长在别的城市,坚守自己的优势,进行领域深耕,再加上政府扶持,也许就能长大并成功上市。

"如果把宜兴的环保产业比作草原,上市公司就是大树。一般来说,大树下很

难长草，而在草原生态下，大树也不可能多。"王洪春如此总结。如果说，是产品仿制让宜兴环保企业遍地开花，人人都想开公司，产生了很多企业，最终形成了当前的规模。那么同时，也因为不规范的竞争，让宜兴的环保企业无法做大。与前面所说的一样，任何事情都具有两面性，无疑，辩证地理解与感受事物，已经融入王洪春的内心深处。

饭不能一个人吃 关键是做好自己

作为宜兴环保产业的那棵大树，其实也存在着"一分为二"的辩证法。

"大家都说鹏鹞环保是宜兴环保的'黄埔军校'，一方面是肯定了公司在宜兴环保产业发展过程中的历史地位和作用；另一方面也表明，鹏鹞环保为自己培养了很多竞争对手。"对此，王洪春告诫自己心态一定要放平。与他对其他环保民营企业的同情一样，他有同样的想法：宜兴环保市场这碗饭不是只能鹏鹞环保一家吃的。

王洪春介绍，鹏鹞环保在发展的过程中，发明了很多产品和技术，创立了很多商业模式和业务模式，被宜兴及全国企业广泛模仿，甚至变成"教科书"，这最终会成为行业和历史共同的经验与财富。如果真的培养出一批优秀的竞争者，大家一起做大了这个市场，结果反而是大家都有饭吃，都吃得好、吃得饱。从整体来说，相当于为社会培养了人才和企业，是对社会整体的贡献。

他坦言，对于出去的人，如果出去了能做好，对于自己来说，也是一种光荣，"毕竟是从自己公司出去的"。一些从公司带走技术和产品的人，后来看到他都觉得不好意思，故意躲着他。"其实大可不必。"反倒是王洪春每次都主动和他们打招呼，有些人觉得感动，认为王洪春是一笑泯恩仇，其实王洪春觉得"本就不存在恩仇"。

20多年前，鹏鹞环保的小员工潘国强决定自主创业。最初他租住在鹏鹞环保的公司楼里，除了业务管理费，公司基本不向他收取租金。从崇拜到模仿，潘国强一路发展过来。不时以创新激励自己，并将公司命名为"创新环保"，希望做出自己的特色，跳出同质化竞争的泥潭。他介绍，在发展的道路上，王洪春一直对自己关心和帮助，甚至结婚的婚车都是王洪春提供的。因此，他一直将王洪春看作事业道路上的"师傅"，衷心感谢师傅教他做人做事。

普利斯环保科技有限公司的周安,从鹏鹞环保出去后,自己做环保机械,基本上做到了所在领域最好的。每到过年,周安就送过来烟酒。这让王洪春很高兴:"之前连他的一支烟都没抽过。现在有烟有酒,已经非常好了。"

在他看来,该出去的总会出去,也不能不让人走。即使这位不出去,也会有那位出去。

"既然避免不了,那就心态放平,好好接受。饭不能一个人吃。关键是做好自己。"

公司就如自己的生命 数年前就考虑接班问题

作为一家民营企业的掌舵人,带领企业几十年发展浮沉,王洪春自言见到过很多事,其中少不了艰辛与痛苦,尤其是面对一些市场的不公,他也会觉得沮丧和悲观。不过一路走来,王洪春觉得自己对很多事越来越看得开,对其中一些负面东西的认识也越来越平淡——做企业,肯定会不时遇到各种问题。一个平常人都会经常有烦恼,何况是企业?没有办法,只能一边走一边解决,一边自我调节。

他坦言:"现在就是这样的处境,在环保行业做了几十年了,转行也不是想转就能转的,没有那么容易。就算真的进入一个新的行业,也未必能干得好。"

让儿子接班的两方面原因

做了这么多年,王洪春已经觉得公司如自己的生命,工作就是自己的生活。鹏鹞环保里很多老员工,在公司干了几十年,就跟自家兄弟姐妹一样。"鹏鹞环保有一个相当好的团队",这正是让王洪春很欣慰的地方。他介绍,公司团队里的成员跟着他一起干的平均时间都超过了 20 年。而且大家都很努力,经验丰富,也很忠诚。这些团队成员是保证鹏鹞环保持续发展的基础,也是企业管理的支柱。

其实这也是王鹏鹞顺利接班的一个原因——他小时候就长在厂里,很多人都是看着他长大的。王鹏鹞接班,大家在心理上比较容易接受。王洪春认为,"王鹏鹞接班后,对于很多老人来说,可能会面临更大的压力。毕竟王鹏鹞还比较年轻,没有经验,遇到一些事,会更依靠老人们来辅助甚至决策,这就需要老人们比以前更有担当。当然老人们都希望王鹏鹞接班,他们期待年轻人或许会有更多新东

西出来。"至于另一个原因，是公司的业务很稳定，根基很厚实。公司一年的营运现金流有 10 亿元左右，营运板块的利润约 4 亿元，而且在持续发展。这些都为王鹏鹞接班打下了坚实的基础。

王鹏鹞出生于 1989 年，是哥伦比亚大学综合水处理专业硕士，毕业后在外企历练了一段时间。回国后从招商做起，2021 年正式接任鹏鹞环保董事长。对王洪春来说，让 32 岁的王鹏鹞接班，是一件很需要魄力的事情。

在王洪春的眼里，除去公司团队和营运的基础，"王鹏鹞本身的教育背景很好，素养很高，兼容性很强，判断事物的能力也很不错。而且，他很正，现在接班，肯定没问题。"王洪春觉得，王鹏鹞不像他一样有一股狠劲和霸气，儿子"比较柔软，有很强的亲和力，大家都很喜欢他"。

要给年轻人更多锻炼的机会

其实接班的事情，在王鹏鹞上大学时，王洪春就有过考虑。

据王洪春介绍，王鹏鹞刚毕业的时候本来想读博士，后来他俩都觉得念博士还要好几年，早点参加工作可能学到的东西更多。几年工作中，王洪春觉得儿子无论是自身素质、专业能力，还是方法思路，以及对事物的认知，都具有相当高的水平，提升很快。王洪春觉得反正早晚都是接班，还不如早点接了，这样王鹏鹞还能有更多的锻炼机会。

但在具体的业务操作，尤其是一些细节方面，王洪春坦言，王鹏鹞还需要一些积累和历练。这些本就不是一蹴而就的。有的经验可能需要几年甚至是几十年的积累。如果王鹏鹞不去试，经验及其形成的速度可能会更慢，需要更长的时间。

相比自己经历的苦难，王洪春觉得王鹏鹞这一辈人，还缺少"苦难"的意识。因为成长的时代和环境有所不同，对事物的看法也理应有所不同。王洪春介绍，未来他会花一到两年的时间来辅助王鹏鹞，帮助他做得更好。很早就他计划忙完企业股票增发的事情后，公司大的事情就都让儿子去做。

王洪春觉得，他这一辈人，最终是要退休的。只要年轻人的方向没问题、素质好、肯努力，成为企业和社会的中坚力量后，肯定会比自己做得更好。即使走点弯路、花点冤枉钱，也是必要的过程，而且从内心讲，他认为王鹏鹞肯定不会出现类似的问题。

在"2021（第十九届）水业战略论坛"上，王鹏鹞作为行业年轻上市公司掌门人的代表，精彩的演讲备受与会者赞誉，也被 E20 执行合伙人薛涛誉为现象级环境企业接班人。

对于王鹏鹞，王洪春有自己的预期：首先是希望他比自己做得好，做好现有的业务。并且结合现有的业务，在现有基础上实现一些创新。这是他最希望达到的效果。其次是希望在现有基础之外，公司能在某些方面有所突破，比如进入一些新的领域、利用一些新的思路、启用一些新人等。这是他希望王鹏鹞思考的，也是他自己想看到的变化。

年轻一辈要学会理解父辈

虽然对儿子充满了信心，但两代人之间总有观点分歧的时候。这也是困扰很多企业家父子的问题。

对此，王洪春直言，不少宜兴环保企业的年轻一代已经成长起来，但整体上，宜兴的年轻一代距离接班还有一定的距离。也有一些人成为了公司的总经理，但做好公司，还需要一个过程。包括王鹏鹞，做好公司，也需要一个过程。

环保市场竞争很激烈，而且这个市场的规范性比较差。就如学武功，有些东西，你懂了招式，但不一定就能真达到预期的功力和效果，还需要在过程中去感受和不断提升。对于二代们来说，不能因为学了一些招式，就在没有太多实战经验的情况下去否认前辈，或者否认公司的产品、运行或管理上的一些事情。

在这一点上，王洪春觉得王鹏鹞做得很好："无论我说什么事情，或者做什么，他基本都不会进行顶撞。即使有不同的想法，他也会说、会沟通，尽力理解清楚我的意思。如果他最终同意了我，那也不是尊重和服从，而是从内心里真正理解了。"

王洪春认为，一个企业从无到有，生存到现在，一定有自己独到的地方。年轻人首先做的就是理解这点、接受这点，然后在此基础上进行发挥。如果只是以叛逆的心态和父辈们交流，事情就会比较难办。

王洪春几乎将全部的精力都放在了企业上，投身产业多年，作为掌舵人，他不断预判未来，带领鹏鹞环保奔跑着。多年来，产业内的风风雨雨也消耗了王洪春大部分的精力。曾有段时间，很多行业的人都能明显感觉到王洪春的低落和情绪波动。如今，他将接力棒交到儿子手上，并欣慰地看到这位接班人的朝气和带给企业的新面貌。

王洪春（左一）、本文作者（左二）、王鹏鹞（左三）的合影

这几年，王洪春心态越来越平和，但说到最后，其实谁也不知道，王洪春的所谓"放平"，是无奈下的妥协，还是感悟后的升华。无论如何，能明显感受到的是，他的身上的确似乎少了之前的那种"狂傲"的感觉，变得更加平和、亲切。王鹏鹞的接班，也让我们更加期待鹏鹞环保精彩的未来。

现象级环境企业接班人王鹏鹞接班记

作者：全新丽

王鹏鹞，鹏鹞环保创始人王洪春之子。出生于1989年，2016年毕业于英属哥伦比亚大学（University of British Columbia，UBC），取得该校化学工程专业学士学位和水处理专业硕士学位。

2017年2月进入鹏鹞环保，此前曾任职于世界500强石油化工企业道达尔公司（以下简称"道达尔"）的新加坡子公司。在鹏鹞环保历任公司运营部部长、总裁办主任、人力资源部部长、北京办事处经理、集团副总裁。并于2019年接替王洪春担任总裁，2021年1月接任王洪春之前在公司的董事长等所有重要职务。

2021年4月10日，王鹏鹞在宜兴接受了绿谷工作室专访。

王鹏鹞于鹏鹞环保

大江大河
——中国环境产业史话(第二辑)

看企业

成长经历与接班过程

采访者：请介绍一下你自己的成长经历和接班过程。

小时候我就常来公司。公司对我而言就像家一样，公司很多员工都是看着我长大的。

潜移默化之中，我对企业的经营管理慢慢产生兴趣。我是一个典型的工科男。虽然小时候成绩不好，但进入初中后，我的物理、化学、数学开始进步，高中时候这三科就变成了我的强项，所以大学也就顺理成章进了工程系。我的大学碰巧没有环境专业，我就选择了化工。再者，我本身对工程比较感兴趣，感觉毕业比较容易。也就是说，我本科读的还不是环保专业，后来读硕士的时候选了环保的水处理专业。

我一直对化工比较感兴趣，特别是石化行业，看着很亲切。但是我认为，目前在国内做石化行业的废水处理风险较高，规则也比较复杂，所以公司没有太多涉入石化行业的环保项目。

大学毕业后，我去新加坡一家生产聚苯乙烯塑料的化工厂里工作。那是道达尔并购的一家企业。我当时做现场安全工程师，从零开始工作了一年多，很有意思，天天在厂里跑来跑去，而且特别幸运地遇到了厂里每五年一次的大型 Turnaround（即工厂的大规模停产休整），学到了挺多的现场工程及管理方面的经验。

后来我爸说："你在外国企业混，虽然一年赚得也不少，但是和我还是不能比。你是我儿子，你不能一年只赚个几十万就安安分分。"于是他劝说我回国。

当时我不是很乐意，想在外面多待几年。我和我爸商量：要不我再去念个硕士。于是我就去读了水处理专业的研究生，毕业后才回国、回公司。

就接班而言，整体比较顺利。首先是我对我爸个人及其事业的成就比较崇拜，而且我觉得我的履历及我个人与企业的融合度很高，团队不会对我有什么看法。

二代接班的主要难题其实是有人不服。他们往往会有这种心理：你这个二代啥都不懂，你凭什么管我们？不就是因为你老爸厉害，你叫王鹏鹞，所以让你来接管这企业。我知道，如果不展示出能力，或者至少在某一方面超过他们的话，那我绝对是不可能服众的。

所以我的策略是：我承认，有些方面大家比我强，比如经验。我不跟大家比经验，我们来比新战略、新思维、跨国化，比新技术，比新商业模式。例如现在业内都在讨论碳排放、碳中和这种议题，而我学习、接受新事物、新知识相对更有优势一些。未来我们要怎么走，我会有更好的预判。比如说，虽然水处理等传统技术上我们周院长（鹏鹞环保技术负责人周国亚）比我强很多，但是在对未来技术趋势判断方面，我觉得我至少不比他弱，甚至更超前一些。所以他最起码会在这一方面服我。

我们的员工对企业都很有感情，打心底里希望鹏鹞发展得好。现在我个人认为员工们对我还比较认可。

我上任后变化很大的一点是，团队对于自己的岗位职责有了新的认识。我曾和他们说过：以前王总（即王洪春）是公司最后一道防线，现在我上任了，你们经验比我足，你们就是最后一道防线，你们告诉我能投的项目我不会去质疑，所以你们要承担更多责任。

我当他们是师父。我心里从来不会把自己当成一个老板。当然，在公司外面员工必须尊敬我是老板。但是内心我很感激我的员工们：感激他们把鹏鹞运营得那么好，感激他们对我个人的指导和栽培。他们知无不言，言无不尽，一直支持我。

人工作久了一定会产生惰性，此时就要去激发，制造竞争，吸引人进来，产生鲶鱼效应，要提拔新人。

这就是我爸为什么换我上来。他感觉企业经营已经到了一个新阶段，此时我的加入对于管理团队来说是一种刺激。我有很多新的理念，新的管理方法，这样老的团队和我之间就会有摩擦。对企业而言，内部完全没有摩擦也不好，有不同的想法碰撞，只要是为了企业发展好，这样的碰撞都是好的。

对于我接班的过渡时间，我爸一开始说要考核三年，实际上提早了半年。主要是我爸身体不好，很多事情都要他出面，他会头疼，后来就干脆全推给我让我去锻炼了，反正早晚的事情。

我爸经常头疼，因为他忧国忧民。他不光操心企业的经营管理，他也经常想很多其他方面的事情。作为一个企业家，他不仅仅操心自己的企业，也操心中国未来怎么发展等。他忧心忡忡就睡不着觉，经常会为十年后的事情担心，他是很未雨绸缪的一个人。

到 2021 年，我已经担任两年总裁，他考虑后就干脆说全都交给你吧，你管理上也会更顺畅，有很多事情让你出面也更方便。

我今年 30 多岁，我父亲建立起的核心团队年龄都比我大，但现在公司中层管理人员开会时，我发现我已经有点老了。尤其我上任后，公司提拔了一些中层干部，现在公司管理层有老中青三代人员，没有人才断层，结构比较合理。

我们的高级管理人员的年龄比较大一点，我们有点像日本人的企业，经验还是很看重的。大家都说创新好，但我觉得创新和经验等价，经验是很多钱都买不来的，虽然创新可以引领企业赚到更多钱，但经验可以避免造成很多损失。这两种价值对公司而言是同等重要的。

鹏鹞环保能够逆风飞翔与上市时机之间的关系

采访者：鹏鹞环保于 2018 年 1 月 5 日在深交所创业板上市，2014—2017 年是我国环境领域 PPP 项目高潮期。鹏鹞环保没有受到 PPP 风潮太大影响，这是否与公司的上市时机有关系？

两者有一定关联。但是 2003 年我们就在新加坡上市了。我们在业内很早起步，1998 年就开始进行污水领域的投资，而国内真正意义上的水务投资从 2000 年才开始集中涌现。

我们能那么早就看好这个行业的回报率，得益于我们新加坡上市后，自主改进了一套非常完整的投资测算规则。所以国外资本市场的先进理念、模式，我们当时就引入使用了。后来很多企业做 PPP 项目的时候，却连基本的测算都做得不太精准。

新加坡上市以后，我们培养了一批优秀的财务人员。我们投每一个项目都要经过很严格的测算。而 PPP 开始流行时，我们发现，项目收益率几乎是腰斩的，于是就决定不投。

其实当时也有过动摇。尤其是当时同行都疯狂拿项目，疯狂增长。但当时我们正好卡在从新加坡退市、争取国内上市的路上，此时公司是不可以出现大纰漏的。

当时，公司内有两种声音，第一种声音主张我们也应该做 PPP，因为大家都在做，我们不能错过这个机会。第二种声音主张我们要坚持最初的商业原则：项目必须要赚钱，不做赔本买卖。

由于上市的时候不能有过大的风险动作，我爸坚持稳固经营。

我们上市后，始终强调要把公司当成未上市的情况来继续保持积极进取的状态。因为我们始终觉得经营要穿透到商业的本质，每一个基础项目的质量才是关键，而不是一味用滚动的模式确认工程收益等一大堆追求业绩的手段。投资、建设、运营，我们使用这种商业模式的原因就是要能收到水费。有很多PPP项目的范围已经漫无边际了，当时有一些PPP项目，甚至连道路的维修保养都作为项目主要现金流。

所以，我们没有盲目跟风，上市前企业不能有太大动作是原因之一，根本上还是因为我们坚持自己的商业底线。

鹏鹞环保这么多年发展过程的对与错

采访者：2021年4月1日，是鹏鹞环保成立37周年纪念日，某种意义上可以说是有最长历史的民营环境企业。在此前E20主办的水业战略论坛上，你曾发表演讲，谈及鹏鹞环保做对了什么，那么鹏鹞环保37年的发展历史中，会不会也有一些决策曾给企业带来风险或者足以成为前车之鉴？

这个问题我没有太多发言权，毕竟我才回国四年，真正在这个企业任职只有四年。

但是纵观鹏鹞的发展史，应该说错过了很多好机会。

有几件事情，当时我们本应更好的选择。

当年，我们在上海市场占有率很高，在北京市场也有一定占有率。上海的团队已有四五十人，市场地位非常稳健。但因为分散式处理器市场萎缩，大家都开始转做工程。我爸做出的决定是撤出一线城市，他觉得上海成本高，同时也觉得待在上海太久了。他是家乡情结很重的一个人。于是他带着团队回到宜兴，基本撤出了上海。

以前我们在上海有生产厂、有地、有几百套房子——房子是因为别人欠我们钱，就用房子抵债。这一波完全撤回宜兴，从战略上看，挺可惜的。如果当时能在上海坚持住的话，公司规模可能要比现在大好几倍吧。毕竟如果在上海、北京等一线城市，我们在人才、政策、市场嗅觉等各个方面都会更好。

我爸是农民出身，他很踏实，很刻苦，也很恋家。在上海的时候，他恋家到什么程度呢？即便陪客户到深夜十一二点，他也要在凌晨三点赶回宜兴。

此外，在 1994 年，我们有一次上市的机会，是当时的环保部给我们的。但当时觉得我们的产品卖得很好，又有充裕资金，何必要去上市？我们没有对资本市场做认真研究。如果选择当时上市，相信对我们的推动也会非常大。

我们经常自我总结，在决策上可能出现过一些失误，但总体来说还是正确的。

另外，我们的时运，不算太差。

继续寻找更多合伙人

采访者：某企业家评论行业里两位资深人士曾说，他们俩仿佛还在清朝呢，没进入现代企业范畴，心里永远是"我是老板，你是伙计"，真正有本事的人都不愿意在他们那里待。鹏鹞环保也是家族企业，为什么能笼络人才？

合伙人概念很早就有了，律师事务所、投资银行都有这种模式。

企业发展需要人才。但随着社会进步，大家对自己的要求不一样了。

以前都是"我是雇员，你是老板"的合作关系，但现在慢慢变了。很多有才能的人，他会希望自己成为老板。合伙人这种方式满足了他可以当老板、当经营者的要求。同时，对企业来说，如果我们一味地以高薪吸引人才，人力成本会很高。比如说一个高端项目经理，100 万年薪够不够？不一定够，或许 400 万都不一定够。

合伙人模式有效地解决了我们人力资源上面的一个问题，让我们这个平台吸引到更多有能力的人，同时不断改进各方受益方式，合伙人会有更多自主权。

合伙人分为业务、投资、技术等各种类型的。我举一个水务板块技术合伙人的例子。

机缘巧合，我的一位业务合伙人告诉我有一个净水装备供货单。但我们的装备主要是污水方面的。我表示试试看能否迅速打出净水装备。

我召集技术部门开会，他们告诉我："实现起来比较难，因为我们太久不做净水装备了。"我的感受却是"我们是不是和市场脱节了，怎么可能做不出来？"

我找到一家专做净水装备的小技术公司，说要我们鹏鹞环保这种装配式的净水设备。这家公司负责人知道我们公司的装配式设备，他说："这个太可以了，我们都做过；但我们用料是碳钢，你们的是不锈钢。我们有现成的工艺，可以做得很好。"

我说："你结合我的 PPMI 平台（鹏鹞环保自主研发的 PPMI 装配式污水处理厂成套技术装备及工艺），帮我做一个试试看。"这家小公司总共用了半天时间和我们设计院沟通，把钢材换成不锈钢材料，通过我们的模拟来测算它的结构受力，完全都 OK。别人的工艺得到过论证，我们的结构模式也得到过论证，很快我们直接全新出品了一款用于净水领域的成熟成品。

于是双方签约了。我们负责产品生产及团队销售，他们同时也进行市场推销。卖出这款产品产生的利润按比例共享。

这就是我们的技术合伙人之一。借助鹏鹞平台，迅速推出了一款不锈钢全装配式的净水器产品，并且也通过我们的业务网络，一下就做到 2000 多万元的业务。

PPMI 不仅仅是我们自己用，我更喜欢把它做成产品的平台。未来我想做一个类似乐高比赛那样的 PPMI 比赛。这就是我的思路。我觉得好东西就是要这样，形成好的结构形式，有更多的厂家参与进来，头脑风暴后大家一起形成新共识，这就是建设未来水厂可选择的一条路径。

市场趋势形成后，大家会广泛接受这种模式，这对于做装配式的同行广州鹏凯环境科技股份有限公司（以下简称"鹏凯环境"）、云南合续环境科技股份有限公司（以下简称"合续环境"）、江苏泰源环保科技股份有限公司（以下简称"泰源环保"）等都是共利的好事。我希望有更多同行加入。即便各家产品、设计、工艺上有点区别，那也是好事情，这对于水厂是一种新的结构模式，对于整个产业的推动作用会很大。

看行业

布局鹏鹞第二产业

采访者：第二产业的布局情况是怎么样的？

我们的投资一直采用合伙人制。

除了一直在投资的水务领域，我们还做了很多产业外投资。比如投资疫苗公司，我们运气还不错，当时根据估值投进去 3 亿元，现在马上准备港股上市，预测能到 60 亿元市值，翻了 20 多倍。此外我们还投资了生物柴油、电子浆料等项目。这是在为未来的第二产业布局。我找来很专业的机构，作为投资合伙人，和我们

合作。专业的机构选派专门的基金经理和调研组来配合我们进行决策。当然，最终决定权还是在我们。

在投资方向上，我并没有限定得过窄，而是倾向较为开放的选择。我向他们描述过我期待的第二主业，比如希望做To-C端，而这和环保有很大区别。我认为To-C端市场的天花板更高，可能更适合民营企业存活。现在，我要求他们多投一些To-C端行业壁垒较高的项目，以小股权的方式参与，便于我逐渐找到不同产业的感觉。经过1~2年的投资后，我再挑选重点板块进入。

如今，环保板块带给我非常稳定的现金流。我希望在做好主业的同时，逐步布局未来的第二产业。

环保行业天花板清晰可见。对企业来说，未来发展很有限。国内业内体量最大的公司北控，也就占有个位数的市场份额。环保行业要酝酿出千亿级的公司是非常困难的，而且环保公司资产比重太大，企业要想快速发展具有相当的难度，特别是民企。

我们的环保主业保持着每年15%~20%的增长。我希望在未来几年，布局一些新的产业。公司资产配置上，60%的资金会投在环保板块，30%~40%的资金投到新产业。

我们计划将2021年利润的一半投在其他产业，除了主营环保业务外，再做一些其他资产配置。有时候，进入一个新行业，只有通过一段时间的了解，我们才能确定投资标的作为我们的第二主业还不够成熟。虽然投资收益较为丰厚，但是对于公司发展的推动作用不是太大，我们纯粹只是一个财务投资人。感觉不对就退出，退出以后赚笔钱，就跟北京艾棣维欣生物技术股份公司（以下简称"艾棣维欣"，一家疫苗公司）一样。后来经过仔细评估，我觉得疫苗目前不可能成为我们的第二主业。

小股权在其他产业投资业务，虽然可以赚钱，有的赚得还不少，可以用以补充现金流，但对于公司的整体发展影响不大。我真正想要做的，是通过投资找到第二主业。未来我们的第二主业有可能是在电子行业或者是新型基础设施建设里面。

鹏鹞的环保主业拥有非常成熟的团队，而第二产业则完全不同，我需要重新打造全新团队去做。

处在总裁的位置上，打个比方，就像是画一个绝对的圆，主营业务这一块，公司已经做到很接近圆了，如果我继续把所有精力投入这个方向，那投入产出比并不是很高。但是在新兴产业，特别是在中国刚刚起跑的领域，像芯片产业等，是我想要投入更多精力和资源去做的。

对于民企来说，环境产业天花板太低

采访者：怎样看待环境产业？

很多业内的人包括我老爸都说，环保市场在不停变大，我也同意，因为如果以人们对美好生活的向往作为标准的话，那我们甚至要超越国外发达国家的环保要求。为了追求这个目标，环保能做的事情非常多，未来市场确实很大。

但是在环保市场，我个人认为很难孕育出超级公司。环保就像现在的热点概念"碳中和"一样，虽然会产生很多的商业机会，但它要经历价值很难在短期内评定。对于企业来说，相当长的时期。

我理解的"超级产业"是可以在可预期的时间段创造大价值，大力推动社会、经济进出的产业，而环境产业更多时候是配套产业，产生的短线价值很难体现。

芯片、半导体、汽车是超级产业，创造了很多社会价值。环保更多是在可持续发展层面进行投入，碳排放也一样。大家现在都在说"3060"（我国将力争于2030年前二氧化碳排放达到峰值、2060年前实现碳中和，简称"3060"目标），但实际上都是需要社会投入，建设更多环保设施，建设碳捕捉设施。还要大家更自律。

现在把碳定性为污染物了，要把它"抓住"，或者是把它"去掉"。对于我们环保人来说，意味着更多的业务机会，但是我觉得对比超级产业的话，环保行业不会出超级大公司。

环保行业超级大公司，你看世界500强里才两家（威立雅和苏伊士，2021年合并），全球市场占比0.4%。

有时，我跟老爸说，你选错行了，他也挺同意的。我说，"你这个行业天花板真低，一眼就看见了。"

对"混改"的看法

采访者：2020年产业洗牌洗得很猛……五年以前，行业洗牌是大企业吞并小

企业，现在的洗牌是龙头企业的洗牌。你对最近几年的"混改"有什么看法？

央企、国企会和我们谈合作、并购等，但是他们有自己的收益率要求，不能以过高价格并购。央企、国企很敏感的，给我的价格如果跟给同行的价格相比有明显差异，人家就怀疑你是不是有利益输送。和央企、国企合作、做买卖，需要两厢情愿才行。如果他们愿意花这个价格买，但我不愿意在这个价格卖，那当然成不了。而且，我们在环保行业这么多年，整个团队、每个员工对行业、对公司是非常有感情的。

我爸以前说过，在这个世界上，第一重要的是他妈，是他妈生他养他。第二重要的是公司。第三重要的是儿子。这是他的排序。

公司对于他是非常重要的，他倾注了毕生精力。不仅仅是他，我们的团队中蒋总（蒋永军）、吴总（吴艳红）、周总（周超）等成员都花了大量的时间精力在公司，这是他们毕生的事业。我们把这个企业继续做下去，这是一种情感、一种责任。

我们从来没考虑过卖，有一些央企、国企谈过战略性投资等方案，我说如果实在想要合作的话，就项目端合作吧，这样把我的资产变得更轻一点，我可以回收更多现金做其他事情。

"鹏鹞"还可以走更远

采访者：不管外部环境如何，鹏鹞环保作为民企代表依然挺立，有什么内在原因？

很多中国企业家会有一些家族情怀，我爸把企业当成自己的一个儿子一样，这也是他给公司起名为"鹏鹞"的原因。

我对这个企业也是非常有感情的，更何况环保不是不能做了，环保其实能做的事情还有很多。我们的企业不是走到了终点，而是开启了新的篇章。第一我在主业上要稳扎稳打，第二我想孵化更多的产业。未来公司也不一定要叫鹏鹞环保，可能叫鹏鹞股份、鹏鹞科技或者其他什么。因为我觉得"鹏鹞"代表的只是一群人和一种精神，做环保可以做得好，其他产业我们也想去做。

比如3M（指明尼苏达矿业制造公司，俗称"3M"），之前是做农用机械的，现在它是材料学的老大。国内的三安光电股份有限公司（以下简称"三安光电"）

以前是做发光二极管的，现在做半导体。企业转型，有很多成功案例。

而且我们的尝试转型是非常顺利的。我们主业现金流很稳定，增长很稳定，现在我们的转型不是被迫转型，是主动转型。我们的转型过程不拧巴、不痛苦。有钱可以投一些小的产业，找找感觉，再投三家、四家，这样的转型无痛。

收购中铁环保的原因及融合情况

采访者：2018年末，鹏鹞环保收购中铁环保51%股权并增资。中铁环保总部在无锡，原名中铁十局集团第十工程有限公司，隶属于中铁十局集团有限公司，而中铁十局是中国中铁股份有限公司（央企）的骨干单位之一。此次并购，鹏鹞环保收购了中铁环保除李亚兵、中铁十局集团有限公司外13方股东的51%的股权。此次收购的原因是什么？收购实现预期目的了吗？

当时的收购是出于完善产业链的目的。之前我们有工程资质和环保资质，但是那时中国有个很奇怪的现象，就是一级资质只能有一张，我们选择了环保，工程资质就不得不放弃。

后来我们的业务模式在变，承接了大量市政工程，因此我们需要资质去做这个事情。没办法的时候只能和别人合作，一部分收益是要给别人的。

我们上市以后，现金流很好，正好有了收购中铁环保的机会。双方很早就已认识，我们于是干脆并购，完善我们的资质。

我们也希望可以给它助力，让它对外承接一些工程，帮其他环保企业做配套，或者让它们自己去承接一些项目。

中铁环保其实挺厉害的，三年对赌他们已经完成。我也在糅合两个团队，把它们变成我的工程部，都用鹏鹞这套逻辑进行管理。

做工程，中铁环保的业绩非常优秀，不管是大型水厂、大型市政工程，还是管道工程都是如此，像长江一次性沉管工程，而且在工法上有很多创新。

现在我给他们的一个要求就是，和我们工程部合并以后，不仅要对内做工程服务，更重要的是向外提供服务包。

现在市场上的工程都在变，以前工程就是干体力活，所以赚不了多少钱。我现在要求他们得干干脑子的活，就是说工程要为效果负责，一定要和效果连接起来，那样才能用上鹏鹞全产业链的优势。

做工程更多的是要让用户为效果买单。比如说城市管道需要提升，我不会告诉你我要来做你的管道工程，而是告诉你，你的污水收集率会从当前提高到多少，提升几个点，用效果去说话。

在 2021 年的 E20 水业战略论坛上听到北控水务执行总裁李力也有同样的说法。实际上他们做的工程不是考核工程做得多好，而是考核断面到底提升了多少，政府就是为了这个效果买单。所以我认为坚持这种模式，未来你的价值就更高，因为你做到了用脑子干活，而不光是用身体干活，这样才能有更好的发展空间。

调整环保领域并购

采访者：在环保领域还有哪些收购动作？

在环保领域内的并购，脚步慢了很多，之前我们在固废领域并购了几家公司，效果不是太好。后来我们研究，其实小体量的环保型并购成功概率不是太高。你并购回来是要负责给它做大的，我们之前并购、合作的企业效果都未达预期。现在我们做得好的固废项目，都是我们自己管理的，像在吉林省长春市、安徽亳州市的项目。

后来我们发现，与其并购一些环保界内的小公司，不如自己培养团队来做，其实不难。另外，很多固废装备的生产和我们水装备的生产还挺接近的，现在有些固废装备我们已经开始自制，特别是有了智造园（指鹏鹞环保科技创新园）之后，做这个事情就更简单了。

现在，环保上我们更依托于自己的团队，我们团队的能力真是挺不错的。我以前也没比较，并购了一些公司后发现，我们公司团队能力很突出。不管是工程能力还是运营管理能力，我们真的是全行业挺优秀的一家公司，不说最优秀，至少在前几名。

环保青商会

采访者：今天下午是宜兴环保人年会，你除了代表企业发言，还作为青商会会长发言。这个团体的定位是怎样的？

青商会基于宜兴而建，由"环保菁英营"改名而来，环保是其主题。"青"指

20~40岁的青年，"商会"指做生意的团体。有两位副会长，还有一位秘书长，日常主要是他们在做工作。我更喜欢把它做成一个环保人的俱乐部，北京有很多这种性质的俱乐部，宜兴没有。

我更多希望把它做成一个精简型的企业共享资源平台，有好的项目几个朋友私聊，看看能不能投，是否可以协调一些关系。平台里的一帮朋友，我希望相互之间有点促进，我也会把一些金融界的朋友邀请进来，因为有一些企业可能有上市的需求，希望可以带进一部分券商或者投行资源。

我不想要一个500人的大群，我只想要一个有50个人左右、彼此关系比较近的组织，这是我的想法。可能实际上有20个人左右就差不多了，有点像私董会的感觉。圈子不大，但是圈子里确实有一些资源可以共享。

机制是有进有出，现在有16家，慢慢再进来一些。过几年看大家聊得来，互相有信任基础了，再把圈子缩小。没必要打造一个很大的圈子。

看自己

关于父亲："环保教父"在抖音

采访者：作为接班人，你和上一代企业家的管理风格有什么不同吗？

我和我父亲之间沟通上没有什么大的矛盾，思想高度一致，风格稍有不同，他更张扬，我更内敛。我们两个对于公司未来的看法、对于环保的看法、对于新产业的看法是高度一致的。

在公司里，他在很多事情上都很支持我，他做的决定我也很支持，很少有矛盾。分歧顶多是一些细节的东西，比如我觉得红的好看，他说蓝的更好。大是大非上我们的战略决策高度一致。

我父亲是导师型管理者，他很擅长教别人怎么做，其实他跟员工是半师徒半同事的关系。

他很会当老板，说的和做的未必完全一致，不能光听他说。他说得可能很激昂，但做的时候非常务实，投资风险极小；他看起来个性张狂，做项目时却非常保守，项目测算、风险控制做得非常好。这是他个性的两个极端。

管理者有元帅型和将军型。我父亲是元帅型，指哪儿打哪儿；而将军型的人

更喜欢亲力亲为，跟下属一起冲。

我爸完全退休，将是很长时间以后的，他忙惯了，闲不下来。2021年我接任了董事长等职务，公司决策等很多事情我爸已经不参与，他也不想参与。

但有些项目做投资决策的时候，我还是会问问他的意见——虽然他会说你去定。我跟他沟通决不会问"投还是不投"，第一句话我会告诉他这个项目要投，为什么要投，1、2、3、4、5……几点清楚说出来。他也会把自己担心的点说出来，但是不会否定我，而是让我做决定。

我父亲现在有一个抖音号叫"环保教父"，很好玩。他说的东西和环保没关系，有一些理论很有意思，也会有点儿夸张，还挺接地气。他希望把他做企业的经验传播给别人。

这两年作为总裁的表现

采访者：对自己作为总裁的表现满意吗？给自己打多少分？

说到成就，我觉得我现在什么成就都没有。做总裁这两年的表现，我给自己最多也就打50分吧。主要看你定的标准是什么。

我们企业有这么好的平台，其实应该做更大的生意，我觉得我还是太慢了。现在市场那么好，机会那么多，特别是一些同行出问题的时候，我们还很好，理论上我应该要爆发，但是现在苦于人才不够用，团队不够用。

我觉得企业还有很多地方可以提升，我自身也有太多地方可以提升，所以现在大力推合伙人模式。

企业的发展主要依靠团队，发展是每一个人的事情，根本不是哪一个总裁或者哪一个人的事情。

当然，公司的决策者会决定公司的方向。但决策者只是指方向，至于能跑多远、跑多快，则是整个团队的事情。我们二三十个核心高管，每个人都要花力气，不然的话成功是不可能的。

就算是我爸，也不可能说过去的成绩全是因为他一个人，这不可能。他就一个人、一张嘴，能干出多少事情？当然，我觉得领导人的重要性也是毋庸置疑的——带领团队，建立企业文化和构造执行力。

关于自己和家庭：我的儿子不一定要做环保

采访者：你的个性是怎样的？将怎样培养小孩以实现鹏鹞环保一直"姓王"的传奇？

王鹏鹞、林洁冰夫妇

我从小很内向，自己一个人玩玩具。运动方面只是喜欢打高尔夫球，我能外向到哪儿去？我想如果我更外向一点，我会更舒服。

如果说才华，我希望拥有"老虎"伍兹或者麦克罗伊那类高尔夫球高手的才华，这应该是我最希望拥有的才华。

我小时候最喜欢的职业是医生或者厨师，现在是煮方便面的高手。

我挺理性，遇到事情更多时候是寻求解决方案。我妻子就很理解我这种脾气，她有时候生气，希望我去劝劝她，而我会一直寻求解决方案，她听后就豁然开朗。

现在我的儿子一岁半，已经比较淘气，会瞎跑了。至于培养计划，我还没想那么远，但我妻子已经在想了。

我儿子叫程远。在名字排辈方面，我们家族新启用了"鹏""程""万""里"四个字。我这代是"鹏"字辈，我儿子这一代是"程"字辈。就管四代人吧，以后他们再想新的字。

我儿子现在的教育主要是我妻子在管，在这方面我主要是以身作则，和我爸一

样。我从小也一样，我妈管我比较多，我爸对我基本上采用放养模式，就是以身作则。

我发现小孩太会模仿大人了。我喜欢打高尔夫球，但我从来没有要求我儿子去打高尔夫球。他看我天天早上练、晚上练，现在才一岁半就会挥杆，很好玩。虽然他打得不好，但是从中就知道小孩的模仿力是多强。而他看着自己爸爸，那种感觉就是看一个偶像。

我想，他长大后不一定要做环保，也不一定要继承这个企业。

快乐、害怕、钦佩

采访者：你认为最完美的快乐是怎样的？希望拥有哪种才华？会对什么事情感到恐惧？钦佩什么人？

对我来说，比较快乐的事，就是在一个比较闲的下午和几个朋友打高尔夫球。最喜欢的旅行地是夏威夷，打球、购物、爬山，什么都行，太方便了。

但实际上真正的快乐，还是公司发展得更快、更好。我当然希望以后业界大佬的名单里能找到我的名字。

我不是一个工作狂，我不会一定要在办公室待到几点。但是心里有事情的话，我会在非睡眠时段不停地去想，就像我在打高尔夫球的时候很讨厌自己有心事，但是我又会不停地去想——所以我打得不好。

如果第二天有演讲，那我脑子里会不停地练习——我到底要说哪一点，要怎么说？公司要开例会，我也会不停地去想自己要说的事。所以，我看起来在休息或者在家里躺着看儿子玩，但是脑子里还是在想工作。

我并不希望大家陪我来加班，没这个必要。

作为老板，我觉得只要拿出百分之三四十的精力处理日常的事情就可以了，更多时候要去想公司下一步该怎么干。

说到害怕的事情，我害怕坐过山车。我不喜欢命运被别人掌控的感觉，这让我害怕。去开赛车、去冲浪、去滑雪，只要是我自己控制的，我都不害怕。但是你要我去坐过山车，我会怕，因为我觉得命在别人手上，坐飞机我也有点怕，因为我不是驾驶员。

2021 年 2 月 19 日过生日，我就吓了一跳，我说怎么都 33 岁了（虚岁）。回国一转眼 4 年了，我觉得在 40 岁前必须要有所成就，因为这是最好的奋斗年华。我一看距离 40 岁只有 7 年了，我的天！我希望赶紧有所突破。

父亲是我最钦佩的人之一。我以前也很钦佩乔布斯，他的每一次演讲我前前后后至少看过十遍，每一个元素都仔细观察，他真的很牛。

关于演讲，我没有模仿谁的风格，但是我有认真练习。我爸说话有他的风格，乔布斯有乔布斯的风格，我有我自己的风格，我喜欢节奏快一点，把要讲的事情表达得更直接、更准确。我会对着镜子练习演讲。

友情、人生选择、座右铭

采访者：怎样看待友情和人生选择？座右铭是什么？

我最看重朋友积极向上的特点，我的朋友都是比较积极向上的。我觉得这点还挺重要。有很多时候，我问朋友你最近在干什么，他说最近在搞什么什么东西，我突然就觉得：我最近太懒了，我不能这么懒。

如果能选择的话，希望什么东西重做？我觉得我的选择都还比较妥当，没有什么事情需要重做。但是，如果我回在大学选课，多选一门写作课该多好。

还有小时候应该好好练字，现在写的字除了签名，其他都不能看，太丑了。我写的东西秘书都看不懂。我父亲写的字，比我写得还要丑。但他不承认啊，还把自己写的字做成一个工艺品摆在我家。

要说我的座右铭，那就"志存高远，脚踏实地"。

这一直是我对人生的看法。做事情还是要一件一件地做好。就像我说我要去做第二产业，要介入更大的市场，最重要的是要迈出哪一步。我要慢慢去培养自己的团队，投一些项目。但是要看得远一点，就是希望自己未来也成为某一个行业的大佬。

下篇：群像篇

环境产业上市公司老板都是哪里人

作者：全新丽

环境产业上市公司的老板都是哪里人？他们是在老家创业的多还是到外地创业的多？在收集来的资料中，共有47个民营环境上市公司，其创始人来自17个省（直辖市），其中72%为60后。

最近几年来，央企和地方环保集团在环境领域势不可挡，也有一些民营上市公司选择了顺势而为，由于本文叙述时间的需要，文中用的他们创立及上市时的公司名字。

中国到底哪里盛产环境产业上市公司老板

从地区分布来看，47家民营上市公司，其创始人来自17个省（直辖市）：湖南（7人）、浙江（6人）、安徽（5人）、江苏（4人）、江西（3人）、河南（3人）、福建（3人）、广东（3人）、河北（2人）、上海（2人）、四川（2人）、黑龙江（2人）、甘肃（1人）、湖北（1人）、吉林（1人）、宁夏（1人）、山西（1人）。

目前，有的省（直辖市）暂时还没有产生环境产业上市公司老板，比如北京市、重庆市，这让人有几分意外。在环境产业的二三十年历程中，其实北京有多家民企上市公司，但其创始人都不是北京人。

从业务领域来看，不管籍贯是哪里，当前民营环境上市公司老板们都更青睐污水处理，其次是固废相关业务、修复业务，环境监测、设备制造、烟气处理、环卫、供水等也有涉及。这与他们创业的年代密不可分，毕竟污水处理是最早开始市场化探索的环境领域。

湖南与浙江、江苏

从上面的数据可以看出，湖南籍、浙江籍、安徽籍、江苏籍老板明显多于其他省份。

湖南老板人数多在意料之中，近几年来一直有"环保湘军"的说法。当然这个说法在不同语境下有不同含义。

比如在湖南省政府眼里，"环保湘军"指的是总部在湖南，为湖南创造产值的环保公司，从这个意义上说，其实就是中冶长天国际工程有限责任公司（以下简称"中冶长天"）、永清环保股份有限公司（以下简称"永清环保"）、航天凯天环保科技股份有限公司（以下简称"航天凯天"）、湖南高华环保股份有限公司（以下简称"高华环保"）等一批湖南环保公司。

2015年，时任湖南省长杜家毫在调研环保产业时勉励环保企业，要立足自身优势，加快技术创新和结构调整，不断提升核心竞争力，着力打造"绿色湘军"。

而在 NGO（Non-Governmental Organizations，非政府组织）眼里，"环保湘军"指的是活跃在湖南的环保"NGO们"和高校志愿者们。

有"湘军"的说法，其实还因为几个湖南公司都是民企里最早也是最大的。在下文中，"环保湘军"指的就是这批在环境产业里赫赫有名的湖南老板和他们创立的环保公司。

湖南湘乡文一波创立了桑德，湖南益阳文剑平创立了碧水源，湖南桃源李卫国创立了北京高能时代环境技术股份有限公司（以下简称"高能环境"）和北京东方雨虹技术股份有限公司（以下简称"东方雨虹"），湖南浏阳刘正军创立了永清环保。这些大家都比较了解，但广西博世科环保科技股份有限公司（以下简称"博世科"）的创始人之一王双飞是湖南攸县人，恐怕知道的人就很少了。

他们创业的过程也并不都是一帆风顺。听闻某湖南老板在最缺钱的时候，曾找过同在京城的湖南老板借钱——俩人都是环保领域的。

浙江、安徽、江苏的环境上市公司也较多，而且都很知名。比如鹏鹞环保，1984年，江苏宜兴十八名青年赴上海勤工俭学，开创了"鹏鹞"，公司原名"高塍建筑环保设备工业公司"。1985年，公司承接了第一个工程项目——上海锦江乐园的污水及自来水项目。鹏鹞环保所在的宜兴也被称作"环保之乡",开启了中国环保产业第一步的辉煌,谈起20世纪90年代初最有名的环保公司,那肯定是在宜兴。但在这里产生的主板上市公司目前只有鹏鹞环保一家,不是宜兴不行了,而是中国环保产业升级了。

老家创业与外地创业

环境产业上市公司的老板们喜欢在老家创业还是在外地创业?这要看他们公司的总部在哪里,也要看他们的生意主要在哪里。

根据分析,47位老板中有30位选择在自己的家乡(主要指原籍省份)创业,17位远走他乡创业。

大部分江苏老板,维尔利环保科技集团股份有限公司(以下简称"维尔利")李月中、鹏鹞环保王洪春、中国天楹股份有限公司(以下简称"中国天楹")严圣军更偏好自己的家乡,只有北京清新环境技术股份有限公司(以下简称"清新环境")张开元到北京创业——因为他一开始就在北京工作。

湖南籍老板颇有湘军气质,喜欢到其他地方开疆拓土,除了永清环保刘正军、力合科技(湖南)股份有限公司(以下简称"力合科技")张广胜,其余五位都选择了到外地创业,其中有三位选择了北京,侨银城市管理股份有限公司(以下简称"侨银股份")刘少云选择了广东,而博世科王双飞选择了广西,因为他是广西大学教授。

到外地创业的17位老板,有10位选择了北京,这也许解释了为什么目前还没有北京籍的环境产业上市公司——外地人太厉害。这10位是:倍杰特集团股份有限公司(以下简称"倍杰特")权秋红(河南)、中持水务股份有限公司(以下简称"中持股份")许国栋(河南)、高能环境李卫国、桑德文一波、碧水源文剑平、北京雪迪龙科技股份有限公司(以下简称"雪迪龙")敖小强(江西)、博天环境赵笠钧(宁夏)、金科环境股份有限公司(以下简称"金科环境")张慧春(山西)、东方园林何巧女(浙江)、清新环境张开元。

相比之下,万德斯刘军(甘肃)到南京,景津装备股份有限公司(以下简称"景津装备")姜桂廷(河北)到山东德州,玉禾田环境发展集团股份有限公司(以下简称"玉禾田")周平(黑龙江)和深水海纳水务集团股份有限公司(以下

简称"深水海纳")李海波（黑龙江）到深圳、博世科王双飞（湖南）到广西、上海太和水科技发展股份有限公司（以下简称"太和水"）何文辉（江西）到上海，他们的创业地点选择就很别致。

深圳其实也是创业热土，20世纪90年代，作为中国改革开放的前沿，深圳对内地青年来说，是一个闪闪发光的梦想之地，一大批寻梦者来到这里，而这些开拓者又创造出一个个公司，推动着中国改革开放的浪潮不断前行。江西金达莱环保股份有限公司（以下简称"金达莱"）廖志民就曾在这里起步，后来又回到家乡江西。还有一个正在为上市努力的深圳市朗坤环境集团股份有限公司（以下简称"朗坤集团"）陈建湘，也是在深圳创业。对了，他也是湖南湘乡人，成功上市后，环境上市公司里的"湘军"将又多一员。

其实不管是北京还是其他地方，这些城市大都是他们毕业后工作的城市，那里无异于是他们的第二故乡。

总体看起来，南方省份的人更容易留在家乡创业，除了江苏人在江苏，还有五位安徽老板——安徽省通源环境节能股份有限公司（以下简称"通源环境"）杨明、国祯环保李炜、安徽华骐环保科技股份有限公司（以下简称"华骐环保"）王健、安徽中电环保股份有限公司（以下简称"中电环保"）王政福、安徽中环环保科技股份有限公司（以下简称"中环环保"）张伯中，选择了在本省创业。来自福建的三达膜环境技术股份有限公司（以下简称"三达膜"）蓝伟光、天壕环境股份有限公司（以下简称"天壕环境"）陈作涛，两人都在福建创立公司。湖北应城的季光明也在本省创立了路德环境科技股份有限公司（以下简称"路德环境"）。上海巴安水务股份有限公司（以下简称"巴安水务"）张春霖、上海复洁环保科技股份有限公司（以下简称"复洁环保"）黄文俊都是上海人，公司也在上海。四川的倪明亮和费功全，在家乡各自创建了中建环能科技股份有限公司（以下简称"环能科技"）和海天水务集团股份公司（以下简称"海天股份"）。浙江的周立武和金红阳，分别在浙江创立了浙江兴源生态环境科技有限公司（以下简称"兴源环境"）和浙江伟星新型建材股份有限公司（以下简称"伟星新材"），还有浙江湖州的单建明、浙江温州的项光明，各自在家乡创建了旺能环境股份有限公司（以下简称"旺能环境"）和浙江伟明环保股份有限公司（以下简称"伟明环保"）。

北方省份选择在本省创业的有两位，河北秦皇岛的李玉国创立了河北先河环保科技股份有限公司（以下简称"先河环保"），吉林长春的刘海涛创立了中邦汇泽园林环境建设有限公司（以下简称"中邦园林"）。

60 后与 70 后

有 11 位环境产业上市公司老板出生在 1963 年，出生在 1964 年的老板有 6 位。也许，这其中有时代的影响。

毫无疑问，出生在 20 世纪 60 年代的老板，是当前环境产业上市公司老板的主流，47 位中有 34 位，占 72%，是绝对的中流砥柱。

年龄最大的是出生于 1942 年的国祯环保李炜，最小的是出生于 1977 年的万德斯刘军、侨银股份刘少云。出生在 20 世纪 70 年代的还有 8 位，占 21%，其中天壕环境陈作涛、倍杰特权秋红、聚光科技（杭州）股份有限公司（以下简称"聚光科技"）王健三位是 1970 年生人；太和水何文辉，1971 年，江苏京源环保股份有限公司（以下简称"京源环保"）李武林，1972 年，通源环境杨明，1973 年，广东联泰环保股份有限公司（以下简称"联泰环保"）黄建勋，1974 年，中邦园林刘海涛，1975 年。

70 后企业家的创业领域与 60 后已有所不同。比如侨银股份，与年轻的创始人相对应的是，这家公司从环卫行业起步，环卫行业由于各项政府购买政策的出台以及科技赋能，已从一个"古老"的行业快速发展成为环境领域一个新兴市场。

被称为"环卫第一股"的侨银股份，于 2020 年末由"侨银环保科技股份有限公司"更名为"侨银城市管理股份有限公司"，开启了"城市大管家"战略。据当时发布会上刘少云的介绍，侨银环保的"城市大管家"是以一个城市的环卫清扫工作为载体，横向拓宽产业链，实现从环卫保洁、垃圾分类、园林绿化、地下管网、市政道路维护、交通设施管理、公园管理、水体维护、政府物业服务到城市停车等公共空间的整体市场化管理服务。

其实仔细看这些上市公司，它们早已不再仅限于当初创立之时的业务领域，不论是水领域、固废领域还是做环卫的、做园林的，诸位老板都很有可能在领域交界处相逢。

老板、企业家、职业经理人

47位创始人，自然都是优秀的企业家，他们不仅能带领自己的公司上市，而且能为产业发展、环境事业的进步贡献力量。

通常认为，不管国企还是民企，企业家都是自己创立企业。而某些伟大的职业经理人，比如杰克·韦尔奇、张瑞敏，他们虽不是公司创始人，却也发挥了企业家精神，敢于突破和创新，最终成为伟大的企业家，激励无数企业界人士。

所以，企业家是创立或者引领一家企业的人，要"打天下"，是公司成败的最终负责人。环境产业里，知名的国有企业家以前有刘晓光、张虹海，现在有金铎、周敏、李力等；民营企业家除了表格中的47位上市公司老板，还有很多没有上市的环境公司的老板。

企业家、职业经理人是企业领导人的两个代表性群体，两者的根本区别不在于是否创立了企业，而在于是否具有企业家精神。

企业家关心公司大大小小、方方面面的事务，比如营销、产品、技术、融资、战略、团队、品牌、法务、人力等，他不一定直接管理，但他一定关心，因为任何一个部分出问题都可能会影响到公司的生存发展和长远未来。而职业经理人往往只负责公司的某一部分，除此之外几乎不用关心什么，还可能为了自己的部分而与其他部分的负责人抢夺资源，即便是CEO级别的职业经理人，如果不具备企业家精神，依然会采取局部、短期策略。

企业家需要兼顾短期和长期，光想短期，企业必定短视，缺乏长期竞争力；光看长期，又容易输在当下。所以企业家永远在路上，永远情怀满满，永远热泪盈眶。同时，企业家需要创新，需要思考从0到1的突破，职业经理人思考的则是如何让1变成1.1，再变成1.2、1.5。

为什么职业经理人是"人"，企业家却是"家"？因为职业经理人只需对自己的所作所为负责，无论级别多高，有好处时是一人盛名一人享，出了什么纰漏则是一人做事一人当。企业家则需对上上下下、里里外外一大家子负责，稍有不慎，就殃及池鱼，各界宾朋、麾下员工，甚至家人都可能拉出来陪绑。企业家创业失败重出江湖，第一件事就是要为以前的债务埋单，只有了断过往恩仇，才具备再次"开香堂、立码头"的资格。所以，想当老大、做老板，就要做好承担"无限责任"的心理准备，这才当得起一个"家"字。

正是这个"家"字，才使得企业家具备了振臂一呼、应者云集的个人魅力；而企业家也需要一批真心实意的追随者，才能运作起一个企业。

企业家向上攀登的过程中充满了挑战。在环境领域，我们看到了几十、上百成功上市的企业家，也要知道，还有许多没能成功上市的企业家，他们一样值得敬佩，因为他们拥有同样的精神内核。与许多其他行业相比，环境领域的企业家是"苦其心志，劳其筋骨，饿其体肤，……增益其所不能"，却生死难料。

而且企业家需要超强的综合素质，这不是学校能够教出来的想获得众人拥戴，企业家需要在个人修为、管理技巧、行业洞察三方面下功夫，三者缺一不可。

E20首席合伙人傅涛曾经在E20商学院CEO特训班培训中讲过三国里主公与太守的故事。他说，在当时能称为主公的有刘备、曹操、袁绍、孙权四人。他把主公这一类人比作当今社会的企业家，太守则是经理人。企业家注定是一个领头人，他要有企业家格局，要成为中国经济的脊梁，要成为中国经济竞争力、国际竞争力的核心力量。

主公确实可以用来比喻企业家。一个企业在什么都没有的情况下，企业家要吸引人才，靠的是愿景和人格魅力，靠的是说服技巧。他不一定比所有员工都更聪明、能干，像诸葛亮一样，但他一定能够赢得人才的尊重和信任，在成就他人的同时成就自己，这才是真正的企业家。

从个人修为和行业洞察这两点来看，企业家精神真是超越了传统教育能够指导的范围。这需要人生经历，需要不断反思，来自知行合一、思辨求索的智慧。不光是只懂技术、懂政策就行了，还有哲学、人文和人生的道理需要日复一日地点滴积累。学校里不一定能教出这样的能力，而没有过名牌大学学历或者知名企业工作经历的人也不一定就不能成为好的企业家。

环境产业的企业家们把年华、创造力、激情都奉献给了企业，企业是他们一生的事业，也是一生的归宿。

题外话

2015年股灾之后，美国金融大鳄吉姆·罗杰斯来到了中国股市，当时他看好几个领域，其中一个便是环保。在股灾前夕，环保龙头股碧水源股价最高到了

25.9 元/股，股灾一个月后跌到了 15 元/股左右。

  2018 年 12 月，罗杰斯又来了，他说卖空了美股，投资中国股票。当媒体问他投资哪一类股票时，吉姆·罗杰斯果断地说："农业股和环保股有机会。"为什么看好环保股，罗杰斯表示，中国的环保未来非常光明——看来金融大鳄还是政策研究者。那时，碧水源的股价已经跌到了 9 元/股左右。截至 2021 年 4 月 8 日下午，碧水源股价是 7.71 元/股，且已经变成了央企子公司。

  罗杰斯之前还说过一句话：中国环保行业可能一般是民企比国企更好。除非特别愚蠢的情况，比如说高举债台，或者管理上面出现问题，通常来说民营企业的未来会非常光明的。

  但他不知道，即使没有在 PPP 风潮中迷失方向，没有债台高筑，中国的民营环保企业也并不容易。上述 47 位老板有相当一部分已经放弃了对自己创立的公司的控制权。

  PPP、信贷宽松、"水十条"的政策利好等带来的环境产业资本狂欢（2014—2017 年）之后，尽管没有哪个文件写着，限制对民营环境企业信贷和发债，但企业在和金融机构的交往中，真切感受到了金融机构的谨慎。

  2021 年 4 月 1 日，在 2021（第十九届）水业战略论坛上，2020 年度水业企业评选结果、水业十大影响力企业名单发布。自 2003 年开始评选以来，榜单上第一次没有了字面意义上的民营企业，倒是还有一家外企苏伊士。

  本文提到的 47 位环境产业上市公司老板会是最后的代表性"环保企业家"吗？80 后、90 后的创业者都在干什么？未来的环境产业上市公司老板是否将在他们中间诞生？这将是环境产业持续关注的问题。

参考文献：

[1] 刘秀凤，刘立平. 春天真的来到！环保产业"湘军"崛起 [N]. 中国环境报，2016-03-03.

[2] 欧昌梅. 二十年，环保业大佬们经历了啥？[EB/OL].（2014-07-21）[2021-04-11]. https://www.163.com/news/article/A1LS0IEB00014AED.html.

[3] E20 听涛视频栏目. 鹏鹞与宜兴 中国环保产业的活化石 .[EB/OL].（2020-12-14）[2021-04-11].https://www.chndaqi.com/video/1355.html.

[4] 冯优.最后的"环保企业家"[EB/OL].（2019-08-20）[2021-04-11].https://mp.weixin.qq.com/s/LySyYIwJcVRB-o4dotvu1Q.

[5] 安志霞，张晓娟.2020水业十大影响力企业等11大榜单出炉[EB/OL].（2021-04-01）[2021-04-12].https://mp.weixin.qq.com/s/KtBUDOmtk6QDO1TlX59jzA.

宜兴的老一辈环保创业家

作者：谷林

作为国内环保产业的发轫之地，宜兴被称为中国的"环保之乡"，是谈起中国环保产业发展历史时绕不过去的地方。

宜兴是江苏省辖县级市，由无锡市代管，是我国有名的"紫砂壶之乡"和"教授之乡"。

据说大概7000年前，宜兴地区原始农业和手工业已发展到一定水平，并创造了富有地方特色的"骆驼墩文化类型"。大约5000年前，宜兴人已经开始制陶。历史上，宜兴人多诗书传家，据统计，古代出过多位状元、宰相，乃至数百位进士。

现当代，宜兴的教育文化史同样群星璀璨。据相关报道，至今宜兴共涌现出26位两院院士、近万名教授，其中包括蒋南翔、周培源、潘菽、史绍熙（他们分别曾任清华大学、北京大学、南京大学和天津大学校长）。在书画界，徐悲鸿、吴大羽、尹瘦石、吴冠中等都诞生于宜兴。

或许正是这样的历史、文化和商业环境，造就了宜兴人"敢为人先、拼搏创新"的精神，也为更多创业家的出现提供了肥沃的土壤。

现在的宜兴下辖5个街道、13个镇，位居全国经济综合竞争力百强县、工业百强县前十位。2021年前三季度，全市生产总值达到1530多亿元。

早在20世纪80年代，宜兴就诞生了中国最早的一批水处理企业。2019年全市环保企业达到5000多家，环保产业产值达到580多亿元，环保从业者超过10万人，成为我国环保产业链企业最齐全的产业聚集地。

这一切，自然离不开宜兴的环保从业者和环保创业家。尤其在环保产业初始发展的20世纪，最早的那一批环保创业家以他们敏锐的市场洞察、坚韧无畏的开拓精神，让宜兴环保在早期引领全国，并且逐渐开枝散叶，为正在崛起的年轻人提供了发展的基础和未来的助力。

他们是如何走上环保这条路的

20世纪80年代，中国刚改革开放不久。随着市场解冻，城市化加速，与之相关的环保问题也开始提上日程。80年代中后期，包括鹏鹞环保、晓清环保在内的第一批市场性环保企业才开始真正出现。

20世纪80年代，王洪春的父亲王盘君调到高塍镇工业公司，从事乡镇企业管理，但他却一心想搞实业。一个偶然的机会，他从认识的一位上海元通漂染厂（以下简称"元通漂染"）工程师那里得知，元通漂染要搞一次印染污水中试，当时国内无人能做。敢闯敢干的王盘君立即和元通漂染谈好，由他来做试验，元通漂染提供住宿和学习的场所。他自己拿出2000元钱，招收了18名高中毕业的学生，带着王洪春一起去上海勤工俭学：白天为元通漂染做中试，并出去打工赚生活费，晚上请上海大学的老师和设计院的工程师来为大家上课。这些人后来成为鹏鹞环保最初的人才班底。

1985年，王盘君他们承接了上海锦江乐园的自来水和生活污水处理设施项目，然后回到了高塍镇，在打谷场上为甲方生产。当时，王洪春的表伯伯姜达君在上海工业设计院做给排水工程师。在姜达君以及上海工程师的指导下，王盘君他们先后开发了用于生活污水处理的一系列产品，其中地埋式污水处理设备风靡一时，为鹏鹞环保以后的发展奠定了基础。1986年，他们在宜兴高塍镇建立起自己的生产厂，厂名借用当时的乡镇企业"高塍镇建筑环保设备工业公司"，成为鹏鹞环保的前身，在后来的几十年里，曾一度引领中国污水处理市场，并成为宜兴环保产业的"黄埔军校"。

黄东辉，他的父亲黄洪坤曾经是宜兴县高

王洪春

滕农机厂的厂长,和王洪春的父亲一样,也是宜兴环保产业的奠基人。那时,姜达君所需的环保设备在全国鲜有供应商,而姜达君也注意到家乡高滕镇的集体企业农机厂有一定的工业基础,于是在与王盘君合作之前,姜达君先与黄洪坤开始了合作,并在1976年开发出我国第一台新型PVC材质的纯水离子交换柱,这在宜兴环保行业具有里程碑意义,一举奠定了高滕农机厂和黄洪坤的"江湖地位"。

1984年,退伍军人汤顺良回到家乡,被分配到了高滕农机厂。凭着勤奋和智慧,他从不懂环保到后来得到很多人的认可,也结识了不少朋友,并被杭州钢铁集团有限公司(以下简称"杭钢")的一位工程师慧眼识珠。一年后,他收到了杭钢的一份玻璃钢水箱的制作业务,最终赚到了人生的"第一桶金"——1000元。对于当时一个月只有20多块钱工资的汤顺良来说,那相当于4年多的收入。他因此备受关注,业务也好了很多。这也让汤顺良从中看到更多商机。虽然家人坚决反对,汤顺良还是毅然从农机厂出来,踏上了去往杭州的创业之路。

到了杭州后,汤顺良不舍得花钱,住2块钱一晚的床铺,每天吃饭只花1.5元——吃3碗5毛钱1碗的杭州特色面。但他坚持了下来,基于当时所在的公司平台,他从销售做起,把浙江省的大城市都跑遍了,收获了很多项目。但是,公司却没有兑现曾给他允诺的奖励,他再次选择了辞职。这次,他决定自己做企业。他回到高滕镇,承包了一家农场企业,1986年,拿到了一个60多万元的业务,一下子赚了40多万元。

与汤顺良从销售起步一样,陈效新曾经是一位"明星销售",在宜兴环保行业里知者甚众。

1983年,高中毕业的陈效新成功考入宜兴纯水设备制造厂学习技术,并顺利从工人做到技术员再做到车间主任。因为技术工人收入不高,陈效新转做销售。对技术门清的他出手不到一个月就拿下了一个单子,后来更成为当时高滕镇上公认的明星销售。

1994年,陈效新被调到宜兴市水处理环保设备实业公司担任总经理,实现了从销售员直接当总经理的人生跨越,并再也没有离开。

先是技术员,后来转做销售,宜兴环保圈另一位创业家邵仲平在初期也走了和陈效新一样的路。

1978年,高中毕业后,邵仲平被推荐进了宜兴耐火纤维厂。他刚开始做技术员,后来转做销售。为了扩大上海市场,邵仲平去了上海,骑着自行车四处推销，走遍了上海滩的大街小巷。由于工作能力突出，他被推荐为第三批后备干部，但他最终选择留下来经营好乡镇企业。1984 年，他成为副厂长。那时候的邵仲平，年轻、有活力，几乎不知疲倦。不久，他便升任为厂长。1987 年，他进入江苏油田宜兴市陶粒实业公司陶粒厂。1998 年 12 月 5 日，他与大塍镇政府签署文件，拉着行李走出了原厂大门，正式开启创业之路，1999 年成立菲力环保工程有限公司。

相比陈效新和邵仲平专业技术出身，转到销售，然后成为总经理和厂长，从特教转型、自学技术然后成为环保工厂厂长的蒋伟群就显得有些"幸运"。

蒋伟群当年做特殊教育。那时候，班级经常被各种考察团参观，蒋伟群不喜欢那样的感觉，便于 1992 年辞职去了丁蜀镇一家环保工厂。因为没有任何环保技术基础，年轻小伙子开始自学环保技术。因勤奋好学、诚实肯干，1995 年老厂长退休时，25 岁的蒋伟群被推荐做了厂长。

以上各位，不管之前如何，起码在创业前都已经进了环保圈，另一位创业家则以更"霸气"的方式直接跨进了环保行业。

他就是被宜兴环保圈称为"技术狂人"的丁南华。

因为父亲的关系，丁南华成为宜兴一家汽车公司的一个小汽车站的站长。凭借交通枢纽人流集散的便利，他结识了很多好朋友。也是在那时，他认识了一些技术工程师，听说了污水处理、废水处理等新鲜的概念。23 岁脑子活泛的丁南华，发现了里面的商机。

1988 年国家发布《中华人民共和国私营企业暂行条例》后，丁南华注册了一个汽车站商店，收获了最初的资本和名气。随后，他借名注册了据说是宜兴第一个私人企业——宜兴市高塍环保设备有限公司，在不到 6 个月的时间里，因为熟人推荐，拿下了 20 万元的合同，在宜兴名声大震，但也被公司领导知道。因为这是宜兴第一个私营企业，企业的问题甚至被拿到县长办公会议上去讨论。领导给他两条路：要不把营业执照交了，要不从汽车公司辞职。他的父亲也因此与他差点断绝父子关系。

1990 年，丁南华决定将这个公司关停，将其无条件送给村里，重新注册了一个村办企业名字——宜兴市高塍环保设备制造厂，性质为乡镇企业，大队书记做厂长，丁南华做经营厂长，开始真正踏入环保圈。

在丁南华的村办民营企业经营两年之后，1992 年，潘德扣在宜兴成立的一个

净化器厂，也归集体所有。实际上，早在 5 年前，潘德扣就已经开办企业，挣到了创业的第一桶金。

1978 年，潘德扣参加徐舍镇乡镇企业的招工，尽管有很好的成绩，但由于遭到排挤，这个初入社会的青年落选了。哭过之后，他第二年再次参加招工。为了让他进厂，三位姐姐倾其所有，花了 1200 元钱，他才终于进厂学起了技术。

后来，他也从技术转向销售。但在正式进入销售岗位前，厂里放了半年假，期间没有工资。作为家里最大的男孩子，他用自己的积蓄买下一台拖拉机进山里拉石头，一车 3 吨，一天 12 车，共 36 吨。他自己装车，一顿吃三大碗饭。那段日子，他吃了常人没有的苦，也得到了常人没有的收获：一天挣 150 块钱，相当于一般人四五个月的工资。

1987 年，潘德扣在宜丰镇创立了宜丰合成化工厂，并找到山东铝业公司（现"中国铝业山东分公司"）的总工程师做技术改革，研究出活性絮凝剂配方。第一年的销售就达到了 100 万元。

同样是在这一年，周铁镇里年已 53 岁的周兆华，因为村里拆迁改造，拿到了一些补偿款，但没有了土地。怎么办？"做了一辈子农民，到头来，没有了土地了。但这或许是一个机会。"

没有了土地的周兆华做起了销售，跑业务，拉上同一个生产队的几个人，大家一起跑。忙不过来，便再找几个人帮忙，后来越做越大，就办起了工厂。

成立之初，工厂挂靠江苏一环集团环保工程有限公司名下。经过一定时期的发展，周兆华觉得需要有自己的公司和品牌。2002 年，他最终决定带领团队单干，成立了江苏兆盛环保集团有限公司（以下简称"兆盛环保"）。为了打响品牌，2003 年，兆盛环保建起新办公楼，并计划邀请全国一大批专家和客户单位做交流联谊，但"非典"的发生让这个计划被迫"流产"。那段日子，是最困难的日子，但周兆华和儿子周震球坚持不放弃，努力做好各种事情和壮大的准备。后来，凭借格栅产品，兆盛环保终于在行业内有了一定的知名度和地位。

周兆华创业是因为村里拆迁，置之死地而后生，江苏星晨环保集团有限公司（以下简称"星晨环保"）丁叶民的创业则是村里找上了他。1995 年，丁叶民在高塍镇亳村（现在亳村等五个村合并为塍西村）租了一个村里企业的车间开始初步创业。1998 年，村里企业改制，打算让他接手，村里免除了部分建设用砖的费用，并由村领导帮助他做了部分集资，剩余大约 32 万元的费用则需要由丁叶民自己解决。当时丁叶民手里只有四五万元积蓄，但他不想失去这一良机，四处拆借，在巨大的压力下，最终接下了村里的企业。

随后不久，金川集团股份有限公司（以下简称"金川集团"）向他抛出橄榄枝，希望在他们公司的生产线萃取后段上一套除油产品。而那时，丁叶民也并没有适合的技术和产品。为了拿下这个机会，丁叶民当机立断，"有条件要上，没条件，创造条件也要上"。

他立即招收大学生进行相应实验，前后投入约 50 万元，最终，成功研制开发了湿法冶炼业萃取除油专用装置，并成功申报国家专利，被评为高新技术产品。产品在金川集团投入使用后，取得了良好的效果，获得很多媒体的报道，一炮走红。2002 年，他们的萃取除油专用装置正式投放市场，企业开始加速发展。

他们是如何经营自己的环保事业的

在创业初期，这些宜兴的创业者抓住机会，以自己的勤奋、努力和敏锐的商业天赋，开启了人生新篇章。在后来的日子里，他们不断学习、积极合作，带领自己的企业各自走上了一个新台阶。

WSZ 埋地式生活污水处理设备为鹏鹞环保打开了市场，打出了名气，赢得了行业领先地位。而在企业制度创新上，鹏鹞环保同样引领了风潮：1988 年，鹏鹞环保进行了股份制改革——由公司员工集资向政府买下企业。这个行为在当时的社会上形成了强烈的反响。

随着宜兴及行业的竞争加剧，环保设备利润越来越低，2000 年开始，鹏鹞环保转型做 EPC 工程，并尝试做了中国最早的市政污水 BOT 项目之一——公主岭项目，被国家发改委专门发内参予以探讨及推广。

2003 年，王洪春推动鹏鹞环保在新加坡上市，成为国内最早接通资本市场的环保企业之一，也是最早在国外上市的环保企业。

在鹏鹞环保快速发展、引领行业的时候，其他环保创业企业也正在披荆斩棘、一路跟进。

1989 年，一次偶然的机会，汤顺良拿下了浙江春雷的纯水项目，这个项目让他赚了 100 多万元。他花 27 万元左右，买了一辆红色的桑塔纳，以此展现自己的实力，打造品牌。后因此引起一位上海合作方的注意，最终拿下了对方的净水器

项目。后来，他又买了 30 多亩地，建了更大的厂房和车间。1992 年，他正式成立了江苏江华水处理有限公司（以下简称"江华集团"）。如今，江华集团的业务涉及石油化工、重工业、冶金矿业、电力、制药、新能源等各行业，业务遍及全国各大城市，并承接了 20 多个海外环保治理项目。

江苏菲力环保工程有限公司（以下简称"菲力环保"）的发展，也有类似的"品牌效应"。

2000 年，高碑店污水厂计划改造，北京排水集团一行人员来宜兴考察。凭借之前的关系积淀和产品优势，邵仲平接下了高碑店污水厂改造项目，为其提供曝气系统。这是一个数百万元的大单，也成为菲力环保发展早期的"助力器"，凭借这个项目的名气和经验，菲力环保后续接了不少项目，刚玉曝气头也成为公司的重要产品。截至 2014 年底，菲力环保已经为超过 400 家污水处理厂提供了设备和服务，成为全国最具规模的刚玉曝气器生产制造基地，年产量 20 万套。

2005 年，丁叶民花 80 万元买下了旧厂，推倒车间进行了厂区重建。2011 年，他又买了一个更大的厂区作为新厂。当时，三个厂区共占地 160 亩，丁叶民带领公司进入新的阶段，并在"水十条"颁布前，找到了一个新的机会——区域黑臭水体治理。

与前面几位相比，潘德扣的发展则稍显"曲折"。

1992 年，宜兴净化器厂成立后，潘德扣对其进行了两次改制，但很多资产还是没有明确的产权，公司也是集体所有。不过，在这个过程中，公司并没有停止絮凝剂业务。1997 年，他得知芬兰的凯米拉化工集团有限公司（以下简称"凯米拉"）想在中国找合作伙伴，但未找到合适的公司。后来他利用环保部组织的出国考察的机会，突破语言障碍，独自跑到凯米拉总部，最终用诚心打动了对方，与其负责人建立了联系。

经过两轮考察后，凯米拉决定与潘德扣合作，但要求公司必须为私有公司，而且产权必须明晰。这可让潘德扣犯了难。不过他再次发挥了执着的精神，每天奔走，"就在书记办公室办公"。最终公司成功改为私有企业，他也与凯米拉正式牵手。凯米拉与潘德扣分别各持 60% 和 40% 股份。外方绝对控股，这让潘德扣压力很大。后来，他卖掉自己的股权，拿着 3500 万元退出，同时因为竞业条款，两年内不能再进入同行业。

在这期间，不"安分"的潘德扣与人合作 BOT 项目，因为经验不足，6 个月后，他只能罢手，之前的 3500 万元也差点打了水漂。

不甘心的他，只能比以前更加谨慎，并以此积蓄着重新崛起的力量。2003 年后，他卷土重来，先是花 80 万元买下了曾为之落泪的宜丰化工厂，发誓要"成为像凯米拉那样的企业"，然后连续收购了几个工厂，并走出宜兴，扩张到了广州、海南等地。吸取与凯米拉合作的教训，他对旗下的公司都绝对控股。如今的海南宜净环保股份有限公司（以下简称"宜净环保"）已成为一家集研发设计、设备制造、药剂生产、工程总承包、水务项目投资及运营管理于一体的集团化企业。

而当上总经理的陈效新，也带领江苏博大环保股份有限公司（以下简称"博大环保"）进行发展转型和机制创新。

1996 年，公司的主要产品由原来的传统环保产品转向国际领先的环境微生物处理技术。

1999 年，公司更名为江苏博大环保股份有限公司，专门针对国内亟待解决的高难度、难处理的工业废水瓶颈问题，进行研究开发和应用。

2000 年，公司完成股改。

2003 年，博大环保研发的"倍加清"特种微生物首次在上海宝钢含油废水中得到成功应用，解决了钢铁废水处理的国际性难题，在国内钢铁行业得到广泛推广应用，被国家发改委列为"高技术产业化示范工程项目"，获无偿资助 800 万元，后来又延伸到石油、石化等行业。短短几年时间，博大环保占到石油生物处理业务的 90%。

同样瞄准工业废水市场的还有蒋伟群。

成为厂长之后，因为种种原因，他最终退出了工厂，并且背上了 50 多万元的债务。后来他想办法还清了债务，并于 2001 年筹措资金，创立了宜兴市蓝星环保设备有限公司。

公司成立之初只有两间实验室和一间办公室，地盘小，接单也难。在公司成立 6 个月后，他跟别人借地方终于接下了第一单。

2008 年，因为公司搬迁，蒋伟群承受了巨大的资金压力：整个搬迁需要近 2000 万元的资金，而当时公司的年销售额才 1000 万元左右。那时他"心里各种压抑"，但最终挺了过来，完成了搬迁，并将公司改名为"江苏蓝星环保科技有限公司"，一头扎进了技术里，专注于精细化工废水治理。

一头扎进技术的还有丁南华。1996 年，丁南华发现越来越多的企业产品出现

同质化的恶性竞争。当时一本书里的话点醒了他："企业要持续盈利，一定要有自己的独特产品，要做到人无我有，人有我优，人优我先。"

1999年，通过与很多大环保公司接触，丁南华发现了刮吸泥机的市场商机。他花费八九年时间潜心研究刮泥机新技术，研发出自有独有并颠覆当时行业传统的"正方形扫角刮泥机"，并在2008年的一次大会上，震惊了行业公认领先的法国得利满股份有限公司（以下简称"得利满"），一举成名，很多人甚至直接叫他"刮泥机"。

专注于一个细分领域，把产品做精，打造优势，这是丁南华悟出的道理，也是黄东辉信奉的理念。他创办了江苏裕隆环保有限公司（以下简称"裕隆环保"），拥有自己的硕士、博士研究队伍，承担了一些国家项目，以活性生物填料、微孔曝气系统等多项专利产品为基础，希望做市政污水深度脱氮和工业高含盐废水治理领域的"宝石"。

当然，实现梦想并非易事。面对当时正处在升级转型时期的宜兴环保产业，包括裕隆环保和黄东辉，也希望能找到更多合作的机会。他担心，如果在未来几年里贻误"战机"，没有很好的突破，也许只有死路一条。

江苏溢洋水工业有限集团（以下简称"溢洋集团"）的创始人凌跃成很早前也认识到了这个问题。

凌跃成高中毕业后，开始接触水处理领域，并一头扎进研发中。后来因为在北京燕山石化项目中进行设备研发创新，他被推荐到荷兰学习了4年的水处理相关专业。

期间他一边学习，一边创业。回国后，他没有选择留在燕山石化，而是坚持自主研发，在1987年创立了溢洋集团，先后成功开发了多项国家级专利产品。

在做环保的同时，他又发现了另外的商机——他开始研究高新复合材料，成立了宜兴市溢洋墨根材料有限公司。经过8年研究，研发出了可以为各类电力机车受电的弓滑板。企业发展高歌猛进，2015年时，市场份额已经占到了近80%。

凌跃成希望将自己的企业做成百年老店，"一个百年老店一定要有两到三个产业做支撑，不管发生什么问题，总归有保证生存下来的东西""鸡蛋不能放在一个筐里"。

凌清成是凌跃成的亲弟弟，1982年，他高中毕业后被选去农机厂工作，在那里接触了给排水领域。6年后，因为爱钻研电器、电子设备，他离开了农机厂，做起了个体户，进行电器维修。1990年，正好哥哥的公司缺人，他就过去帮哥哥一起创业。他从业务员干起，做到供销科长，再到副董事长，成为哥哥的得力干将。

1998年，想做些别的事情的凌清成，决定"另立门户"，注册了自己的公司，购买了中国宜兴环保科技工业园（以下简称"宜兴环科园"）山门村的一片地，专注于微孔曝气器和格栅产品。

凌建军，是带领宜兴环保企业挂牌新三板的第一人。他当年曾追随凌跃成一起打拼。1998年，26岁的他也决定另起炉灶，自己做老板，成立凌志环保股份有限公司（以下简称"凌志环保"）。与宜兴的环保企业主要做设备不同，他带领凌志环保另辟蹊径，专注钻研环保工艺。2013年年底，国务院将中小企业股份转让试点扩大至全国，"新三板"市场开始备受关注。2014年，凌志环保在宜兴环保企业中率先挂牌新三板。2018年，凌志环保入选新三板创新层，并成功募资1.10亿元。

当下的他们，与他们拥有的无限未来

回想走过的路，凌建军说："坚持，单纯一点坚持下去。"当年决定创业、从凌跃成的高塍废水净化厂出来时，他承受了很大的心理压力：一边是兄弟情谊，一边是理想抱负。在当时的环境下，有很多人指责他、不看好他。而想真正闯出自己的一片天，也并非易事。凌建军坚持着走了过来，但回想那段时日，他依然心有感慨。

在丁南华看来，"宜兴环保人的幸福人生都是相同的；很多宜兴环保人的辉煌，在于人生真正的积淀和厚重"。

凌清成说："企业家要有百折不挠的精神。"从他的言语间，我们看出了一个50岁创业家满满的斗志和继续拼搏的决心。

邵仲平认为，作为企业家，首先要有工作激情。"有激情才能热爱，才有动力""要有进取心，有目标，上进"，还要持续学习。

除此之外，有开放的心态，善于与人合作，也成为宜兴创业家们的共识。

正是这些说起来貌似平常的东西真正融入了宜兴创业家们的血液，才让他们勇于开拓、锐意创新、积极进取，成为各自领域的领先者。

在海南开辟了新阵地的潘德扣，带着宜净环保于2016年8月15日挂牌新三板。如今的宜净环保，早已是国内同领域的领军企业。

其他创业家则在宜兴环科园的倡导和帮助下，在2015年之后的几年里，先后带领着自己的企业在新三板挂牌，迎来发展新阶段。

如蒋伟群的江苏蓝星环保科技有限公司，后来改名"江苏蓝必盛化工环保股份有限公司"（以下简称"蓝必盛"），2018年业绩公告显示，归属于挂牌公司股东的净利润约为435万元，同比利润暴增766.49%。2021年5月，蓝必盛从新三板退市，计划未来以IPO为目标。据说当前的业绩已经超过两亿元。

凌志环保，截至2020年6月30日，归属于挂牌公司股东的净利润为3067万元，同比增长45.49%。这些年，凌志环保进行了诸多创新，并进入农村环境市场，成为农村污水处理领域的领先企业。

2018年，兆盛环保最终并入中环装备。2019年，其营收超过9亿元。

菲力环保于2015年引进外资成为中韩合资企业，致力于打造中韩环保高端装备制造基地。其官网显示，已经引进了十几家优质的韩国高新技术环保企业。现环保设施管理运营规模为：污水处理240万吨/日，污泥处置3500吨/日。

邵仲平的儿子邵焜琨，已经成长为一个小有名气的年轻企业家，他不仅是国合千庭控股有限公司（以下简称"国合千庭"）总经理和很多家企业的股东、高管，而且是宜兴市最年轻的政协委员、民主党派成员之一，湖北大学资源与环境学院的兼职教授，创业导师。

宜兴环保圈的"黄埔军校"鹏鹞环保，也在此时迎来了自己的新历程。

2018年，从新加坡退市后的鹏鹞环保回归国内资本市场，成功地在深圳证券交易所挂牌上市。在很多知名企业遭遇PPP挫折之后，鹏鹞环保成为当时现金流最好的上市水务民企，并逆市收购中铁城乡环保工程有限公司51%股权。

而在企业传承上，2019年4月，王洪春辞任鹏鹞环保总经理，由其子王鹏鹞接任。2019年公司营业收入同比增长150.20%，扣除非经常性损益后归于母公司的净利润较上年同期增长80.22%。2020年1—9月营收同比增长26.54%；归属于上市公司股东的净利润同比增长44.28%，其中第三季度归属于上市公司股东的净利润同期增长74.70%，不仅过渡平稳，而且业绩增长显著。在央企、民企合作的大背景下，鹏鹞环保也成为硕果少存的民营性质的水业领军企业。

2021年1月，王洪春辞职，并将不再担任公司任何职务。32岁的王鹏鹞被选举为董事长等职务,正式接掌鹏鹞环保。

从最初的发轫,到引领,到波折,再到领先,可以说,鹏鹞环保的发展是宜兴环保产业发展的缩影,也见证了中国环保产业发展的历程。而这其中,宜兴环保企业家群体所具有的那种创业精神,也注定会成为我国环保产业的宝贵财富。

对于宜兴环保产业的未来,借用王洪春在中国水网组织的一次主题论坛上的发言:"宜兴环保产业是最有活力、最有生机的产业,而且宜兴环保产业有最聪明、最刻苦的从业者。永不言败,追求卓越,这不仅是鹏鹞环保的企业精神,应该也是宜兴企业家的群体精神。相信宜兴环保的明天会更加美好。"

宜兴环保新一代正在崛起

作者：谷林

宜兴一代环保企业家们，推动了宜兴环保产业的蓬勃发展，也推动了我国环保事业的不断前进。其实在 2015 年，菲力环保邵焜琨（现任国合基地总经理）等行业年轻接班人就已经开始逐步走上前台，受人瞩目。数年过去，现在的宜兴，一大批年轻人开始走上前台，有的已经成为企业的掌舵者，如前述章节写到的王鹏鹞；也有一些进入公司历练数年，只等合适的时机，正式接掌公司。年轻一代崛起，蔚然可观；年轻一代接班，已成趋势。

相比老一辈，年轻一代表现出了明显的开放意识，以及对于创新的追求。东北大学管理学院教授张晓飞近十年一直关注着宜兴环保产业的发展，这几年也接触了不少宜兴的环二代。对于所接触的二代，他的评价是：有思想，很开放，创新意识强。接触过这些环二代的其他人，也多被他们的优秀品质吸引。二代成群崛起，也成为很多人眼里宜兴环保未来发展的希望。

青商会：聚集宜兴新一代环境产业从事者　发掘第二增长点

已经正式接班和正在接班的新一代，相比老一辈人，有着明显的不同，而最大的不同，是他们更多地重视合作的价值，甚至在各自独立发展之外，成立了一个共同的组织——宜兴环保青商会，推举鹏鹞环保董事长王鹏鹞为会长，江苏沛尔膜业股份有限公司（以下简称"沛尔膜业"）总经理周侃宇、江苏金环科技有限公司（以下简称"江苏金环"）总经理尚鸣为副会长，江苏裕隆环保有限公司（以下简称"裕隆环保"）总经理黄翀为秘书长。

王鹏鹞介绍，不同的成长经历，让新一代更注重协同发展，以及企业间的互相配合。随着越来越多的年轻人走上前台,未来企业之间恶性竞争或者互相拆台的现象可能会越来越少,大家更多的是追求合作共赢,互惠互利。青商会的成立,也正是基于这样的共识。

按照王鹏鹞、周侃宇等人的说法,他们定位青商会为类似私董会那样的圈层组织,希望它能成为宜兴新一代汇聚资源的平台、一起做生意的场所,既可以结交"共利"的朋友,也能找到"共情"的伙伴。大家通过信息分享、业务交流等,最终促进企业与自身的发展。

王鹏鹞介绍,大家不一定组建一个实体,但可以共同投资一个项目。比如一起打造一个公共采购服务平台,把大家的一些采购需求汇总起来,一起出资聘请一家第三方团队来运作这件事情。这个平台以此为基础,一来可以为内部成员带来订单,同时帮助参与的企业提高对上游的议价能力;二来可以以此为基础,未来走出去做其他行业的事情。如能有很好的机会变现,应该也会有不错的收益。

在王鹏鹞和大家的规划中,青商会肩负的不仅仅是新一代交流与合作的平台责任,还承担着为大家探索第二财富增长点的使命。环保是大家正在做的事情,但并不是未来唯一的事情。在王鹏鹞看来,环保行业要酝酿出千亿级的公司是非常困难的,环保公司资产比重太大,环保企业特别是民企,想要快速发展相当难。他希望在环保产业稳定发展的基础上,再布局一些新的产业、寻找一些新的机会。按照设想,未来青商会里环保企业占一半,另外一半将引进一些其他行业以及投资行业、金融行业的精英进来。

目前青商会共有16位环保行业会员,他们很多已经是宜兴环保的新兴力量(具体可见下表),其中王鹏鹞、周侃宇、尚鸣、潘文秀、黄翀等人,目前已经在宜兴环保圈得到诸多关注和肯定。王鹏鹞甚至已经冲出宜兴,被誉为中国环保产业备受瞩目的现象级环境企业接班人。

这16位青商会会员都毕业于国内外知名大学,将近一半的人有海外留学经历,相比父辈学历更高、视野更开阔。有6位毕业于环境、给排水专业或化工、机械等与业务相关的专业,其他人则多学习经济、管理或商业类专业,比父辈具有更好的专业背景。有14位出生于1985—1993年,最小的1997年出生。其中,戚可卓和芮安邦在父辈公司工作一段时间之后,先后创办了自己的公司,自立门户。

一定程度上，青商会可以看作是宜兴环二代接班的样本，这里特别选择四位代表，以展示他们作为与宜兴老一辈创业家不同的新兴力量。

王鹏鹞：现象级环境企业接班人　将以感恩的心态把公司做到更好

作为王洪春的儿子，王鹏鹞2021年就正式接任鹏鹞环保董事长，成为中国环保上市公司中最年轻的掌门人。

相比其父王洪春的"狂傲"，王鹏鹞给人更多的感觉是亲切、随和。一位曾经采访过王鹏鹞的80后主持人说，她以前以为上市公司的老总，都是那种商务精英范儿十足、不苟言笑的深沉形象。但在她主持的间隙，与王鹏鹞聊天时，他们竟在不觉间聊到了如何泡方便面。事后回想，这样的王鹏鹞真是颠覆了她对于上市公司老板的"刻板印象"，而这样的王鹏鹞，如同龄朋友的亲切随和，也给她留下了难忘的回忆。

接手公司的王鹏鹞不负众望，成长迅速，不但在宜兴环保圈获得广泛认同，并被环二代推举为青商会会长，而且在全国环保行业内以其自如又内敛的风度赢得了交口称赞。

在产品上，他主导公司升级智能制造，鹏鹞环保的智能车间也在一定程度上成为新时期宜兴设备制造的名片，很多企业慕名前来参观学习、交流及合作。

在管理上，他探索改变"我是雇员、你是老板"这样的企业与员工的合作关系，寻求建立一种新型的合伙人机制，以吸引更多有能力的人，实现大家在业务、投资、技术等方面的合作。

他自言上任后变化很大的一点是，团队对于自己的岗位职责有了新的认识——他希望每个岗位上的员工承担更多的责任，成为自己岗位上的最后一道岗，而他所做的就是信任和支持大家。他要求员工在外面必须尊敬自己是老板，但在心里，他从来不把自己当成一个老板。他很感激公司的员工，感激他们把鹏鹞运营得那么好，感激他们对自己的指导和支持。

因为公司历史相对悠久，父亲建立起的团队年龄都比他大。他觉得经验是多少钱都买不来的，虽然创新或许可以引领企业赚到更多钱，但经验可以避免造成很多损失。在敬重老人的同时，他上任后，公司也提拔了一些中层干部，现在公司管理构成老中青三代人员，没有人才断层，结构也比较合理。

在公司经营上，他希望公司以未上市时心态继续保持积极进取的状态，不盲目跟风，坚持自己的商业底线。除了水务领域外，鹏鹞环保还做了很多产业外投资。比如疫苗公司，在疫苗公司估值仅有 3 亿元时投资进去，预测港股上市后市值能达到 60 亿，可翻 20 倍。此外鹏鹞环保还投资了生物柴油、电子浆料等项目，为未来的第二产业进行布局。

按照王鹏鹞的想法，环保其实能做的事情还有很多。成立了快 40 年的鹏鹞环保，不是到了终点，而是有了新的开篇。环保板块作为主业可以带给公司非常稳定的现金流，在做好主业的同时，逐步布局公司的第二产业，比如可以选择一些 To C 端行业壁垒较高的项目，以小股权的方式参与，逐渐找到不同产业的感觉，经过 1~2 年的投资后，再挑选重点板块进入。他认为 To C 端市场的天花板更高，可能更适合民营企业存活。

他认为，鹏鹞环保包括他自己都有很多需要提升的地方，所以目前鹏鹞环保大力推行合伙人制度。公司的决策者决定公司的方向，但企业的发展主要依靠团队，是每一个人的事情。

王鹏鹞坦言，公司从一个家族企业做到上市，有很多人的功劳，养育了自己，给自己打下了很好的基础。接班是传承，也是一种责任，自己将以感恩的心态把公司做到更好。

周侃宇：做环保是很有意义的事情　希望二代们展现自己的独特价值

如果说王鹏鹞给人的第一印象是亲和，那么周侃宇给人的第一印象则是热情——热情地待人接物，热情地参与很多事情。

周侃宇外号"周小膜"，现任江苏沛尔膜业股份有限公司总经理。因为其父周强在行业里被称为"周膜"，周侃宇也称自己为"周小膜"。周侃宇 2012 年毕业于澳州麦考瑞大学商业营销（Commerce of Marketing）专业。2014 年，他加入一家太阳能行业的外企，工作一年后回国进入沛尔膜业。

回想起自己子承父业之路，他觉得"并没有什么特别的感觉，也没有特地要子承父业"。根据他的回忆，2008 年，自己还在读大学的时候，每年跟着公司在澳洲参与当地的环保水处理展会（OZWATER）的宣传和销售工作。晚宴中，他看到一桌子人里，就他一个中国人，而且其他人都是如他父亲那个年纪及身份的外国人，顿时生出一种自豪感和责任感。他感到自己作为中国人和年轻人，能够处理污水，为世界的环境保护事业做出一份贡献，是一件很有意义的事情。也是在那时，他在心里接受了接班做环保的事情。

周侃宇介绍，目前沛尔膜业在国际上有多个很稳定的"铁杆"客户，逢年过

节都会打电话互相问候。客户五年前买了沛尔膜业的产品,到现在即将更换的节点,中间一次也没有出现过问题。这让周侃宇很是骄傲:"我们有一些产品不是跟国内的产品竞争,是跟国际上的产品竞争。比如说和日本久保田、东丽竞争。竞争中,感觉我们中国人的产品不比他们差,而且有些指标参数比他们还优秀,做完了以后蛮有成就感。"

这样的成就感,推动着周侃宇不断创新。之前沛尔膜业与清华大学共同开发了具有知识产权的第三代膜生物反应器中——MBR高抗污染平板膜元件,国际领先。周侃宇带领团队深挖产品的价值,从"精致""能效""绿色"三方面,把产品做到极致,远销美国、澳大利亚、韩国等国家。

在周侃宇的心中,一直有一个梦想,就是继承父亲的梦想——中国膜、沛尔造,沛尔膜、中国造。所以,在一定程度上,他认为自己不仅是接父亲的班,也是接宜兴环保的班。他不仅代表自己,而且代表一个群体。

因此,他希望做好产品,然后树立品牌。好产品,就是能帮客户解决实际问题,又能帮客户节省成本。产品创新并不是依靠天马行空地想象,而是在理解客户需求的基础上实现功能。从这个角度看,产品可以是一种有形的物体,也可以是一种可感知的服务。

对于企业来说,不同的发展阶段,产品和营销的重点是不同的。在发展初期,肯定是先做产品,以销售为目的,打开市场。当发展到一定阶段,就要注重营销,树立品牌,用品牌的力量去助力销售,也反推产品品质不断提升。

周侃宇想为沛尔膜树立一个鲜明的品牌形象,他希望别人一说起平板膜,就想到沛尔造。

在此,他与父亲的观点有一些分歧:父亲更注重传统销售和实用方法,他则倾向于产品创新和品牌塑造。但对于周侃宇来说,这种分歧本质上是一致的:都是希望企业能有更好的发展。

虽然父子二人在一些事情存在分歧,但父亲往往还是会支持他的决定。有时候父亲不明说,却用行动默默地表达着对他的爱。比如他想拓宽下车间门前的道路,父亲不是很赞同,但还是找人帮他把事情给办了。

说起现在的事业,周侃宇特别表示:必须感谢父亲。在他看来,任何企业的发展,都是建立在最初的基础上的。是父辈们用自己的勤奋、艰苦的付出,为下一代打下了发展的基础。

他觉得父亲对他最大的影响是传递了一种创业的精神——不怕吃苦的拼搏精神。

周侃宇父亲创业的那个年代还没有高铁，也很少人能坐得起飞机，很多时候去北京办事，就是坐绿皮火车，一坐最少就是一天一夜。有时抢不到位置，没办法，只能夹着包就上。周侃宇介绍，有一次，父亲为等一个客户，在雪地里待了一晚上。而这样的故事，在创业过程中，尤其是初始那些年里，比比皆是。

周侃宇认为，正是这样的精神，让父亲走过了艰难的岁月，取得了一些成就，也为现在的自己打下了基础。作为继承者，这样的精神值得自己一辈子去学习、研究和发扬。

在公司经营方面，环二代们都在致力于让公司的经营更规范化、制度化，周侃宇也一样。他为公司制定了完备的工作流程和管理制度，包括车间规范和作业标准。在他的规范下，车间的设备、流水线，以及一些货架的摆放等，都得到了很大的改观和完善。员工的考核机制也更加明确，促进了大家工作的积极性和能动性。

他现在手底下主要管着五个部长。他把工作布置给这五位同事，由他们负责具体板块的工作。他自己则重点关注公司整体和事情过程以及结果之间的联系。

对于很多年轻接班人关注的宜兴环保人才问题，周侃宇也很关注。在外部招聘之外，他更重视内部培训和培养新人，主要做了三件事：一是做好内部培训，通过内部培训机制，让员工有能力、有机会获得更多提升。二是勇于提拔年轻人，给年轻人创造更多的机会，调动大家的积极性，充分挖掘大家的潜力。比如沛尔膜有一位大学毕业三年的学生，现在已经是公司技术部长，可以独当一面。三是尽量让作业标准化、程序化，简化作业流程，降低作业难度。

"当然，这些做法只能起到一些作用。从根本上，还是要做好产品，提升宜兴环保产业的品牌影响力，才能吸引更多优秀的外部人才进来。"周侃宇希望这一天能快一点到来，"肯定不会像北上广那么容易招聘，大家只有继续努力。"

在所见到的宜兴环二代里，周侃宇是最热情、最忙的一位。他一边忙着自家的生意，一边兼任宜兴环保青商会的宣传委员。他喜欢做事以及与人接触的感觉，也希望尽力把自己负责的事情做到最好。

对于宜兴的环二代，他希望不要再像一代那样，为了"抢一个项目打得头破血流"，要"从我做起，一起创造一个良好的经商环境，不要你坑我、我坑你，要

正派经营"。一定要"做好产品、卖好产品、让客户用好产品！"

周侃宇认为，这个时代不会阻止一个人闪耀，也掩盖不了任何人的光辉。老一辈是创时代的环保人，他们的很多创举，体现了过人的魄力、勇气和智慧。二代们也会在一代精神的传承和指引下，按自己的方式继续前行！

戴丽君：用业绩证明自己　顺利接班创立自己的品牌

无锡买山环保装备有限公司（以下简称"买山环保"）总经理戴丽君就是这样的前行者。

戴丽君 2009 年毕业于中国传媒大学，四年间拿到了光信息科学与技术与编导两个本科学位。因不喜欢体制内的氛围，她先后辞掉地方电视台和中粮集团的工作，进入位列全球四大市场研究公司的德国 GFK 集团咨询公司，为家电行业提供咨询服务。五年时间她从普通员工做到了客户总监，负责整个亚太区的销售，个人业绩占到公司一半还多。勇于挑战的她，不甘于职场天花板，再跳槽到海尔集团，担任品牌总监，一干又是四年。这两家大公司的历练，让她学会了如何去洞察并满足客户的需求，客户服务的观念深入她的心底。

2019 年，在父亲的劝说下，戴丽君回到了常州市兴平环保设备有限公司（以下简称"兴平环保"）上班。公司 2010 年由其父成立，主要从事环保机械设备、闸门、启闭机等设备的制造、加工等业务。

她知道，"如一开始就从管理层做起，没有人会信服，人家或许对位置服从，但说的话执行力会很差"。她和父母商量，先从自己能做的事情做起。她认为，销售部门是公司的中坚部门，销售部门的同事对自己认可和支持，后面父亲放权、授权以及她的接班，就会是"一个比较顺利的过程"。

那时候，她采取的销售方式是"扫街"——按照目标，挨家挨户敲门去拜访。最多的时候，一天拜访 8 家客户，晚上回去时嗓子都哑了，说不出话。因为电话接多了，她不时会感觉到耳鸣。辛苦的付出最终会有回报，年底时，她总共获得了 2200 万元的业务成绩，而且 90% 的款都收到了。当年年底她出去玩的时候，老业务员还在忙着回款。这件事震惊了包括父亲和销售部门的众多员工——她不但业务成绩不错，而且回款这么好。很多人这时才发现，原来工作可以这样做，原来戴丽君这样的状态才是正常的工作状态。

后来，她进入采购部门，和每个供应商深入沟通，看他们会做什么、如何做、效果如何，然后在同等质量的基础上，选择价格比较低的供应商进行合作。半年下来，她让公司整体采购成本下降了17%。按照一年采购2000万元算，此举一下子就为公司节省了340万元。采购部也被折服了。

进入公司后不久，戴丽君就注册了一个新品牌——买山环保。"买山"一词源自《世说新语》，其中记载"支道林因人就深公买山，深公答曰：'未闻巢由买山而隐。'"后来"买山"便指有才德之人归隐山林，引申为对闲适、自然生活的向往。戴丽君希望公司可以在生态文明时代响应国家号召，跟进发展潮流，和同仁一起，为祖国的青山绿水尽一份力。

一开始公司采取兴平环保和买山环保双品牌运作方式。戴丽君通过自己的业务慢慢导入新品牌，当父亲看到她居然可以比自己十几二十年带出来的老业务员做得更好，且突破了公司业务的桎梏时，他才放下心来，将自己负责的业务也交由她来管理。

负责公司管理后，戴丽君重点做了以下几件事情。

一是抓销售回款以及改善客户关系。她希望客户与供应商保持平等合作、共利共赢的关系——她保证自己尽心尽力地为客户提供最优质的产品和服务，也希望客户保证及时回款。他们自己公司的供应商，戴丽君也保证及时回款。

有时候，在项目服务过程中出了问题，客户会把问题转嫁到供应商身上。老一辈人和老员工都对此不以为意，但戴丽君觉得不应该这样。她觉得出现这样的结果，主要还是双方的沟通没做到位，没有真正互相尊重。再遇到类似问题，她都积极地去和客户沟通——是自己的问题，自己努力做到最好；不是自己的问题，也尽量帮客户先把问题解决了，然后再讲清楚问题的原因。

因为这种事情，公司花了一些不该承担的钱，但戴丽君觉得值。她认为这样做其实也是在筛选客户——那些真正懂得互利共赢的客户，最终会听进去他们的解释，甚至会将不该他们付出的钱补回来；那些不尊重合作者的客户，也不是买山环保真正的客户，后面公司将减少或不再与他们合作。很多销售人员对戴丽君的这点坚持很是称道：干销售这么多年，大家第一次得到了这样的尊重。

二是做好产品和服务。戴丽君认为，产品是价值的承载体，是价格的实现物，做好产品是设备企业发展的基础。

对于父辈来说，做了几十年产品，售后返修率非常低，甚至有些产品在几年保质期内没有任何问题。所以他们觉得做好生产，不用再做什么事情，并不影响产品质量的稳定性。

但戴丽君认为，要精益求精能供应产品、与时俱进。她严格要求，追求100%的产品准确率和高质量，同时希望公司不仅能供应产品，更能供应与这个产品应用相关的解决方案，确保产品应用后的效果，做客户的水处理解决方案服务商。

三是强化研发。这也是她2021年工作的重心。

研发主要包括两大块。第一块是和高校合作，获得更专业的技术支持，重点做高密度池和高效沉淀池，开发水利闸门、内进流格栅、叠螺机和污泥干化等五大创新产品。

第二块是响应国家碳达峰、碳中和的号召，改进工艺，减少焊接，避免在生产过程中产生废气二次污染。按戴丽君的计划，尽可能取消所有焊接，全部采取激光切割、不锈钢拼接的方式。这样做不但可以减少污染，而且以前需要一个高级焊工完成的工作，工艺改进后，只需要一个普通工人按照规定进行组装即可。一些不确定效果、不好评判的影响因素被排除，产品质量和档次也有了更好的保证，上了一个台阶。在产品上，比如止水闸门，橡皮磨损后，整个门要拆下，污水厂要停水。经过工艺改进和材料替换，几十年也不会坏，污水厂不用全线停水，保证了污水厂的运营效率。

四是规范管理。在之前的基础上，戴丽君完善并设定了岗位职责、工作流程和考核机制。依据全流程，结合公司全年的产量，分配每月任务。只要公司分配了月任务，车间主任就可以据此分配每天的任务。大家根据每天的任务表，看是否需要加班。只要按质按量达到目标，员工就可以获得相应的收入或奖励。

同时她鼓励员工多提意见，如果意见被采纳，将会获得奖励。如果在公司的操作流程或产品创新方面有重大贡献，另有单独奖励。

戴丽君希望可以用制度的力量调动大家的积极性。这也是她在海尔工作时最大的收获：不是人管人，而是用制度管理人。她希望大家因此有更多的主动性和积极性，形成思维习惯：如何做好，还能省工。前段时间，不少人主动提出，想要让产品变成"艺术品"。这是她想要的结果——说明大家更加主动地关注产品和质量了。

与此同时，她对公司的业务架构进行了调整，将一些非主营业务进行剥离：她安排一些主要亲戚单独成立公司，作为买山环保的供应商。这既方便买山环保整体供应商体系的完善，也推动了这些亲戚公司逐渐成为独立的市场主体，共同参与环保市场的竞争与开拓。

回想这两年在公司的经历，戴丽君觉得"别人看到的，只是一个结果，但这实际上是一个厚积薄发的过程"。她觉得自己对公司最大的贡献是创新，从管理制度、业务模式到产品研发。在负责研发的这段日子，她基本上每天最后一个下班，以厂为家。据她介绍，2021年5月月初，激光切割机买回来后，从早上开机到晚上9点，她没好好休息过。当然，在心里，她也调高了对2021年业绩的预期。

黄翀：锚定独特赛道　父亲教会自己两件事

2016年，笔者有幸采访了黄翀的父亲黄东辉。当时，宜兴企业间的非良性竞争让彼此间的合作变得十分困难。那时的黄东辉，正带领裕隆环保经历着转型的阵痛，对裕隆环保和宜兴环保产业的未来，流露出了更多的无奈和悲观。也是在那一年年底，黄翀进入裕隆环保。

黄翀2013年毕业于南京大学行政管理专业，2014年毕业于英国曼彻斯特大学人力资源管理专业，后入职苏伊士。2016年年底进入裕隆环保后，她在人力资源、采购、销售等部门轮岗，熟悉公司业务，2019年正式担任公司总经理，主要负责公司的日常经营。

进入裕隆环保后的黄翀，感受到了裕隆环保与国际龙头企业和专业化公司的差距。她从自己的专业和经验出发，对公司的框架进行了梳理，比如哪些部门或岗位需要砍掉，哪些需要加强，哪些需要调整和优化等。民营企业常见的多头管理、人才短缺问题，成为她调整和规范的重点。

着手整改前，黄翀特别进行了说明：业绩不会自己找上门来，所有的事情都要靠人去完成。整改的目的，就是通过调整组织架构和激励机制，配合主题培训，让大家更清楚自己的职责，更高效地沟通协作，最大限度地激发工作动力，提升工作效率，使公司实现更良性的发展。

同时，黄翀也意识到，相比大城市，小县城宜兴对人才的吸引力有限。但是宜兴地处长三角经济圈中心，周边高校众多，如果能依托高校、科研院所的科研实力，把他们的创新成果放在裕隆环保转化，就能有效地化解民营企业人才短缺的问题。2021年，黄翀积极筹备成立南京分公司，计划尽快将技术中心向大城市转移。

黄翀表示，如今做水处理技术装备的企业层出不穷，产品技术同质化严重，企业想要长久地生存发展并脱颖而出，必须要有明确的企业定位和核心的技术优势。

黄翀认为，环保治理就如环境医院，如今的裕隆环保将自己定位为"专科医

生"，帮助有治理需求的客户找到痛点，开出"药方"，提供个性化技术解决方案。而这，也是黄翀自认为入职以来对企业最大的贡献。

2005年起，裕隆环保先后与南京大学、北京工业大学、中科院等科研院所建立了良好的沟通协作机制，分别和彭永臻、任洪强两位院士及其团队深入合作，建立了畅通的合作交流通道和专业的"产学研"模式：基于产品应用的需要，专家为裕隆环保提供技术方向指导和实验支持，裕隆配合进行工程实验，并反馈给专家进行技术改良。通过多年的合作，裕隆环保的核心技术优势愈发明显。

目前，裕隆环保主要有两个业务方向：一是市政以及工业水的提标扩容。裕隆环保现已成功地将不同工艺以及对应的载体应用到不同的提标改造项目当中，在市政污水、工业废水、化工废水等领域都有成功案例。其中，青岛城阳项目2010年完工，得到了彭永臻院士的技术支持，2012年被评为国家示范工程，一级A排放标准下吨水运行成本仅为0.3元。二是农村污水治理。针对部分城镇小区及农村污水处理工艺比较落后的现状，裕隆环保将传统的生物处理工艺与MBBR（移动床生物膜反应器）工艺有机组合，研发出了新一代污水处理装置——EGA智能槽，目前在全国各地都有项目参与。

在黄翀的认知里，创新是企业发展的不竭动力。尤其在宜兴，环保企业之间的竞争十分激烈，唯有创新，才能使企业更好地生存与发展。在专注自身创新发展的同时，她希望环二代之间能形成不同于一代创业家的合作。

浙江商人、广东商人、山西商人之间都很抱团，黄翀也希望宜兴企业家能转变观念，在专注自身创新发展的同时，多向他们学习，更开放地去迎接时代潮流，实现1+1＞2。大家不一定非要做一叶孤舟，也可以一起组成一艘大船，这样或可以驶向更远的地方。

从这个角度看，环保青商会就是这样一艘大船——一个环二代间合作与交流的平台。环保青商会成立时，黄翀当选为秘书长。在黄翀与环保青商会的规划里，未来的环保青商会将不局限于环保企业，IT、金融、投资等其他行业的企业家都可以加入进来，以实现不同行业之间的互相交流、提升、合作。

对于困扰很多一代和二代的沟通问题，黄翀介绍，自己和父亲之间的交流比较充分。她每周都会和父亲固定沟通两三次，以实现"公司战略目标与实际运行一致，形成动态平衡"的目的。

按照黄翀的说法，她和父亲的沟通不限于此。从小到大，黄翀不是在学校就是在公司里,从小就对父亲的创业过程耳濡目染。

在父亲的身上,黄翀觉得自己主要学到了两样东西。

一是打破砂锅问到底的钻研精神。因为环保是比较专业的东西,每次公司进行产品研发等方面的交流时,黄东辉都会认真和大家沟通,不论是谁提出建议,他都会认真听,会去想为什么对方会从这个点思考。对于不懂的内容,他不会顾及公司老板的形象,而是喜欢打破砂锅问到底,和大家"头脑风暴",真正弄清楚原理,弄明白其中的技术难点等,或者找专家沟通、做实验,或者与第三方合作、进行检测等。目前裕隆环保有70多项专利,其中有20多项发明专利。这些成绩的取得,黄翀觉得与父亲这种思考方式和钻研精神息息相关。

二是注重合作共赢的包容姿态。黄东辉经常带着黄翀一起出差,他待人接物的方式,黄翀都看在眼中,记在心里。让黄翀印象很深的是一次她和一家客户谈合作。那时,黄翀刚开始单独负责业务,放不开手脚,在价格上把得比较紧,因此和客户发生了一些不愉快。后来黄东辉出面解决了事情。他告诉黄翀,价格很重要,但不要太过于计较价格,合作的目的是让客户使用产品,享受良好的服务,以此来赢得新客户的认可和老客户的口碑,这是一个长期的过程。所以有时候,不能光看眼前赚不赚钱,而要从长远的眼光来看待问题,争取实现和客户的合作共赢。这件事,让黄翀对客户合作有了更深层次的认识,也让她对客户口碑有了更多关注。

如今,在公司上下的共同努力下,裕隆环保已经成功转型为一家技术解决方案公司,主要关注污水厂原位提标扩容、河道治理、村镇污水领域,并从事污水厂托管运营,年营收比5年前增长了近3倍。黄翀表示,面对新的发展机遇,裕隆环保将在保证现有业务能力的基础上,坚定自己的步伐和方向,打造具有责任感的环保科技企业,让环保行业专科医生的品牌形象获得更多客户的认可,为环保事业的发展贡献力量。

芮安邦:与父亲对赌　自己做一棵树

当其他环二代都在接班之时,江苏安邦环保科技有限公司(以下简称"安邦科技")总经理芮安邦因为与父亲对赌——接受了父亲的投资,另起炉灶,创立自己的公司,而成为很多环二代艳羡的对象。

芮安邦2014年毕业于日本早稻田大学商学专业。他本来想读研究生,后来觉得或许实践更能促进自己成长,便在毕业后回国进入了家族公司。

芮安邦的家族在宜兴可算小有名气。他的爷爷芮金超曾是宜兴大塍水处理设备厂的首任厂长,后来与北京市政工程设计研究总院有限公司(以下简称"北京市政院")一起联合研发了微孔曝气器,后来传到芮安邦的父辈。

一开始,芮安邦的父亲希望他能接班。工作期间,芮安邦有很多想法,感觉各个方面,尤其是在管理模式和运营思维方面,和父辈有很大的不同,甚至有"不可逾越的鸿沟"。他介绍说,自己也曾向父辈们提出过问题,都如石头扔在水里,只是溅起一点水花,并不会有多大影响。所以他和父亲聊过几次后,父子间形成了一个对赌协议:

父亲出一笔钱,他去创业,亲自体会父辈常说的创业艰辛,也按自己的想法做一下尝试。他给自己约定的时间是5年。5年后,他把父亲的投资还给父亲,然后公司由自己赚的钱来运作。

在芮安邦看来,家族企业就如一棵大树,大家都说大树底下好乘凉,但是大树底下的树苗是永远长不大的,因为阳光都被吸收掉了,就算长大也超不过大树的高度。所以他希望选择自己做一棵树。

同时他也很感谢父亲,"他是比较开明的人。聊过几次就同意了,我也比较意外"。在他的回忆里,从初中开始,父亲一直都很支持他。父亲的一些同辈甚至不明白父亲为什么那么支持他。

对于父亲,芮安邦认为他"挺有魄力,最重要是能看得开"。在芮安邦看来,父亲的压力很大,但是即使自己接班,跟着父亲历练四五年,其实也帮不上太多忙,从效果看,相当于自己没在公司。与其这样,还不如直接按个人的想法做一些事情。

在创业行业的选择上,年轻的芮安邦还是非常理智的。他分析认为,宜兴的环保产业有比较成熟的氛围,也有深厚的历史根基。如果拿父亲的资金去做其他自己不了解的行业,对群体不熟悉、对产品不熟悉、对产业不熟悉,风险太大,所以他选择了继续扎根在环保产业。这样宜兴的资源、家里的资源也可以更好地整合,父辈也能适时给自己提供一些建议,相对更保险一些。

在创业产品的选择上,芮安邦也有自己清晰的规划。为保证公司的生存基础,他做了一些传统产品,以保证有一个相对稳定的收入。在此之外,他设想培育一个核心产品。

芮安邦之所以有创业的动力和勇气,可能源于他有一个好的榜样。宜兴环保圈另一位知名的环二代企业家邵焜琨是芮安邦的表哥。邵焜琨的国合环境高端装备制造基地（以下简称"国合基地"）主要做技术引进和孵化。芮安邦介绍，打小起表哥就是自己的偶像和精神导师，报考早稻田大学就是受表哥的影响。在开办公司的过程中，表哥也帮了他很多。芮安邦认为，家族企业需要传承，但传承不是完全去接手父亲的公司。就如他的表哥邵焜琨从菲力环保到创办国合装备，已经实现了发展的跨越。

因为芮安邦在日本上的大学，他的公司获得了几位日本朋友的投资，之前筹划的工厂早已进入土建阶段，只是因为遇上疫情，工厂建设有些延缓。随着国内防疫情况的好转，根据芮安邦的计划，工厂建设正在加速。

虽然和父亲在公司运营和管理等方面有不同的观点，但芮安邦坦言，父亲对他的影响很大。

高中时他在外地上学，经历过失落和排挤，都是父亲给了他支持和信任。后来报考早稻田大学，在他犹疑不定的时候，也是父亲鼓励他。当他感觉自己不一定能成的时候，父亲会告诉他去试一下，告诉他不做到最后就不能有一个定论。没有被定性为失败的时候不能放弃，不放弃还有希望，放弃了就真的输了。这个思想对他很有启发，也指导着他一路学习成长，包括现在的选择，他希望自己努力一下，证明自己。

他觉得自己身上有一种不服输的"闯劲"和敢做主的"猛劲"。

也许因为父辈经历的事情比较多，所以很多时候他们显得过于谨慎，做什么事情总要思虑周全，可现在的社会，发展机会稍纵即逝，需要更快速地决断，然后付诸行动。芮安邦觉得自己是个行动派，而且做了不会后悔。

之前广东有几个项目招标，芮安邦的父亲让他负责其中两个，独自担纲参加投标。那个项目有很多大企业参加，负责招标的人知道以前都是他父亲出面，看到他便问："你爸呢？叫你爸爸来。"芮安邦知道，自己遇到了挑战，明显业主不信任自己，也可能对方觉得父亲让一个小年轻负责项目，是不够重视项目。这种微妙的心理不是小事情，有时候可能决定事情的成败。市场竞争激烈，机会就在毫厘之间，迟疑一下就会失之交臂。他明白这时候自己要负起责来，体现自己的权威和公司的重视。他告诉同事，不用打电话向父亲请示了，他来负责。对方肯定也不希望自己只是个传话的中间人，所以他对业主申明：这事自己完全负责，可以做主。最终项目中标并顺利完成。

这件事让芮安邦体会到了父亲的不容易，也感受到了自己决策以及为所做之事负责的价值。

上一辈的环保创业家创业时，基本都是一人同时兼技术员、销售员、管理人员、财务人员等多重身份。但人的能力和精力毕竟是有限的，芮安邦认为，时代在进步，未来，宜兴的环保产业还是应该让专业的人做专业的事情。安邦科技里，主要都是90后员工，很多人都很有想法，需要给他们更多机会和空间，挖掘他们的更多潜能。在他的设想里，员工可以在公司里试岗，以找到更适合自己的岗位。

芮安邦认为，以前员工爱跳槽单干，主要因为创业门槛低，现在市场日益成熟，社会快速发展，创业门槛越来越高。如果企业有更好的福利待遇和职业空间，那么未必有很多的人愿意跳槽。比如现在流行的合伙人制，就是在此方面的尝试。另外安邦科技设置的薪酬激励体系，让成绩与收入更好地挂钩。对于有能力的员工来说，他们相当于在公司里创业，有产品、有平台、有资源，根本没必要出去单干。对于芮安邦来说，最主要的是"把平台做好，把保障机制、分配机制做好，给大家更多的发展的空间"。

其他人：一起书写新一代崛起的历史

王鹏鹞说，青商会只是宜兴部分环二代的聚集体，加入的是一些更爱社交的人。在青商会之外，宜兴还有一些优秀的年轻人，如国合装备总经理邵焜琨、江苏通用环保集团有限公司（以下简称"通用环保"）总经理张铭尹、泰源环保副总经理潘镜羽等。他们都是宜兴新一代的优秀代表，一起推动着宜兴环保产业的发展，见证着新一代崛起的历史洪流。

潘镜羽：做好父亲的助手，向更多的优秀者学习

潘镜羽是泰源环保创始人潘海龙和董事长陆纯的女儿。

潘镜羽本科学的是金融专业，研究生跨院校跨专业学了美学专业。关于接班问题，潘镜羽毫不避讳。她直言："一开始我就没想着接班，也没做有关接班的准备，而是希望进入大学工作。"

她有一个小自己11岁的弟弟，正在上高中。家里人希望她回公司上班，找找自己的兴趣，未来可以接班。如果实在不愿意，也可以为弟弟的成长和接班奠定一些基础。

因为创业艰辛，父母很忙。父母的辛苦，她看在眼里，疼在心里。现在她硕士毕业了，希望能为父亲分担一些压力。同时作为一个刚走出校门的职场新人，她也希望自己能更多地得到历练，希望自己学的一些东西能有机会运用到公司的发展上。潘镜羽体贴父亲的不易，但在内心里，她"不愿过父辈那样的生活"。

目前潘镜羽主要在泰源环保南京子公司综合部工作——日常工作是与各个部门对接，这样可以向各个部门学习，在此过程中，挖掘自己对哪个部门、哪些事情更感兴趣、更擅长，再有针对性地学习与提升。

潘镜羽很赞同"从基层做起"。她坦言自己不是很懂生产，但是会去一线，了解一线员工的心声，也喜欢去项目现场跑一跑，实地学习。她将自己比喻为"一张白纸"，"需要向很多人学习"，尤其是与社会上的各种人交流，特别是与专业人士交流。虽然还没想好自己是否接班，但她并没有停止前进的步伐。她努力让自己融入企业，深入学习，提升自己，并报名参加了 E20 环境商学院举办的 CEO 特训班。她毛遂自荐成为班级的生活委员，希望在特训班的生活能成为自己融入同学们和行业的新起点。

潘镜羽介绍，接班人要有自己的一技之长。泰源环保有一百多名员工，为什么大家都愿意跟着老潘总干？因为老潘总有技术、有资源、有想法，还有干劲。如果自己要接班，就必须给大家理由，让大家服气。

对于接班，她的观点是：在自己还没有找到细分的方向之前，贸然接班不是明智的选择。

目前父亲正干劲十足，公司也处于转型爬坡的阶段，潘镜羽尚没有接班的打算。未来她的定位还是做好父亲的助手，帮助父亲的同时继续学习提升自己。她需要走出综合部，到公司其他部门深入学习，熟悉它们的工作职能和工作流程。她希望能把父辈老道的经验和年轻人先进的理念结合起来。

在这些年里，她也接触了一些同龄人。在她眼里，这些人敢于挑起重任，敢于传承又敢于创新，善于布局，非常值得她敬佩和学习。未来，通过和大家更多地接触与交流，她希望能学习到更多的东西。

张铭尹：在大城市建立技术公司　希望客户因竞争力选择通用环保

通用环保成立于1993年，是宜兴为数不多可以从事城市污水处理、工程总承包及水务项目的 BOT、BT 投资的企业。

张铭尹先后在中国和英国读经济与工商管理，2013年留学归来，在一家金融

公司做了一些时间，2015年进入通用环保。先后在通用环保行政、采购、商务等部门工作过，2019年，正式成为通用环保总经理。

相比父亲的霸气外露，张铭尹为人真诚、性格温和、行事细致，在一定程度上，可以成为父亲性格很好的补充。父亲做出决策，他一般负责执行落实。公司很多年轻人都愿意跟他做朋友，在公司10多年的老一辈也都对他非常认可和尊重。

刚进公司时，有一次他负责采购一款设备。当他把款都打过去后，却发现对方是一家皮包公司，公司因此损失了十几万，这也让他真正体会到了社会的险恶。

后来他对采购系统进行了完善，建立供应商评审制度，又引入数据管理系统和互联网手段，做了一个供应商打分系统。

通用环保做得最多的是水处理领域的非标设备，整体质量不错，行业比较认可。按照张铭尹的计划，未来将继续加强技术提升和外观优化，同时尽可能地提升产品的标准化。比如公司2019年6月从日本引进了一套除臭设备，2020年正式应行。张铭尹希望在它正式应用之前，可以实现标准化，包括模块化和智能化。除了在上海应用之外，他也希望这能成为一个适应更多污水厂的大众化产品。

人才问题是宜兴很多企业都面临的问题。在招聘之外，张铭尹也强调内部员工的培养和提升。随着业务的增加，他将招投标部从技术部单独提出来组建成商务部，而且将刚来公司两年多的部门负责人提升为公司副总。

张铭尹认为，要突破人才瓶颈，就要走出宜兴。他计划在南京或者杭州这种大城市建立一个技术公司，一是为未来发展进行技术和人才储备，二是也可以帮助消化一些项目需求。

他不希望公司只是通过单纯的关系才接触到业务，他希望客户选择通用环保是因为"公司有一定的优势，在市场里面有竞争力"。

邵焜琨：最早崛起的环二代，带领国合装备启动上市计划

邵焜琨可以称得上是宜兴最早走上前台的环二代，很早就已经显现出与年龄不相符的成熟与睿智、热情和诚恳，而且对宜兴环保产业有深刻独到的理解，倍受一代创业家赞赏，被誉为宜兴环保二代翘楚。2021年再见邵焜琨，他已经成为"全国侨联系统抗击新冠疫情先进个人"、江苏省"四千四万精神"创新创业代表人物、江苏省侨创联盟副理事长、无锡市"十佳海归创新创业之星"、宜兴市"五四青年奖章"获得者……而他于2017年创建的国合装备，也正在他的带领下，积极筹划上市。

邵焜琨本科毕业于东南大学，后获得公派留学的机会，2009年赴日本早稻田大学攻读经济情报学硕士学位，2011年毕业后进入父亲创立的菲力环保工作。

邵焜琨曾经也想过和一些朋友们一样，在别的行业创业以证明自己的价值。但最后，他还是选择了接班，"我们这一代人，担负着父辈的希望。父辈为我们创造了优越富足的条件，我们可以好好享受，但其实我们也有自己的理想，需要证明自己的价值。恰巧，环保也赶上了好时机。"他认为，国家利好是个机会，宜兴环保也必将随之发生变化和大的整合。

在接班的问题上，他也与父亲形成了共识："接班，不是一上来就让下一辈接手管理，而是先从最基础的地方和部门做起，一点点历练，互相融合，最后实现平稳过渡。"

刚进公司时，邵焜琨在与其专业契合的外贸部门，负责市场拓展和国际合作工作，他的父亲则重点负责销售等核心业务。经过几年各自独立又互相交融的磨合后，邵焜琨的能力得到了父亲的信任，敢于创新且为人务实的做事风格也得到了中国宜兴环保科技工业园管委会的认可。

2012年菲力环保携手环科园合资成立江苏中宜环科水体修复公司（以下简称"中宜修复"），父亲就让邵焜琨独立负责了。

在执掌中宜修复的过程中，邵焜琨发现了一个机会——中外环境领域合作存在长期的信息不对称，国际交流频繁但合作成功概率偏低，这是一个商业机会，即依托环保产业集聚区的完整产业链优势，服务于环境领域科技成果转化与产业化，最终投资孵化出一批拥有细分领域国际影响力和竞争力的科创型环保企业。

从2017年成立国合装备到如今，公司已经经历了三个发展阶段。

第一阶段主要做技术孵化，至2019年中，在宜兴成功培育落户14家合资企业（中外合资、合作6家）。

第二阶段是自2019年开始，积极参与混合所有制改革，与国内多家央企、上市公司组建混合所有制公司。结合双方各自的资源优势，通过构建股权链接，共同致力于功能型平台公司的设立，围绕工业单品定制、技术集成开发展开合作。与此同时，国合装备也正在开展区域布局，与地方政府和城投公司建立股权合作关系，共建科创型环保产业园区。

2021年是国合装备发展的第三个阶段，按照邵焜琨的规划，企业的所有精力

要回归到战略资源向业务资源的转化。目前，公司已经启动上市计划。

2022年，他主持国合装备进行结构改革，整理完成了公司执委会和管委会制度，并且在人员上基本完成了"二代过渡"——现在公司里80%的部门负责人都是"85后"或者"90后"的年轻人。

对于两代环保人的不同，邵焜琨也有清晰的认识：每一代人基于不同的历史背景和成长环境，应该有属于自身特色的发展路径。上一代人，是资源的创造者；而这一代，更多的是价值的链接者。年轻人需要感谢父辈打下的"江山"，但不能满足已有成绩，而是应当运用现代企业管理理念，实践自己的商业逻辑。

平时，他经常和老一辈人交流，甚至和一些老一辈"称兄道弟"。他介绍，自己和父亲，是战友也是朋友，父子之间可以平等交流，那种感觉"非常好"。他认为，老一辈的身上，有很多东西值得年轻人去学习。而传承，也是先有吸收，才能更好地传承。老一辈的经验，会让年轻人少走弯路。年轻人接班正在成为趋势，但对于环境产业来说，老一辈创业家还是当前的主流，与他们共融是一件非常必要的事情。

宜兴新一代接班，不仅受制于企业自身发展的因素，城市能级也对其有很大影响。人才问题是宜兴发展的大问题。不仅如此，对于宜兴环保产业的发展来说，内部的人才需求之外，外部的竞争与挑战也正在日益加剧。在他看来，宜兴产业聚焦区的竞争优势是有生命周期的。近些年来，浙江、山东的环保产业聚集得非常快。宜兴环保产业要有危机意识。未来宜兴的发展需要立足本地，放眼全国，在全球整合优质技术资源，在全国链接优质产业资源，形成互惠互利、跨区域产业共建的发展格局。

邵焜琨认为，宜兴环保企业的二代接班，不是一个人接一个人，而是一群人接一群人。宜兴环保产业的发展传承，不光体现在二代企业家身上，也体现在很多公司的80后、90后身上。二代接班应该在一代人艰苦奋斗优良传统的基础上开展务实的创新实践。一代人彼此是有江湖恩怨的，希望新一代人有更多的合作关系。宜兴环保二代的崛起一定要凸显"众人模式"。等到5年以后，宜兴的环二代也都四十几岁了。如果那时宜兴的环保企业与现在没什么变化，大家的努力，对于行业又有多大价值？

在邵焜琨的心里，宜兴环保产业未来的发展一定要形成共同的力量，这不仅意味着紧密的业务合作，更意味着发展方向上的共识。他坚信："创业守业不仅需要梦想和坚持，更需要互信与远见。环保产业供给侧改革是全行业共同的使命，宜兴环保产业正在经历的艰难寻路，也是中国环保产业的一个缩影。"

新一代肩负未来　两代人要有更多的交流

这些优秀的二代快速成长，正逐渐成为各自企业的带头人。他们以不同于一代的风格，或许会为宜兴环保产业的未来带来新的希望。

年轻人代表未来　父辈要学会适时放手

鹏鹞环保前董事长王洪春觉得，自己这一辈人，最终是要退休的。只要年轻人的方向没问题、素质好、肯努力，肯定会比自己更好，成为企业和社会的中坚。

无锡康宇水处理设备有限公司（以下简称"康宇水处理"）创始人蒋介中和兆盛环保副总经理尹曙辉等都认为，相比一代创业家，二代缺少了那种在艰苦环境下市场和营销方面的历练，或许没有一代更吃苦耐劳，但二代视野更开阔，学历更高，精力旺盛，也有更强的创新意识，总体更优秀，代表着宜兴环保未来的希望。

蒋介中介绍，宜兴的环保创一代，从20世纪八九十年代至今，伴随着中国的发展，经历了太多的艰辛。相比于一代，二代们当前的生活和创业条件更好，所以也需要保持更大的动力。孟子曾云："天将降大任于是人也，必先苦其心志，劳其筋骨，饿其体肤，空乏其身，行拂乱其所为，所以动心忍性，曾益其所不能。"也曾云："生于忧患，死于安乐。"古人的智慧，如今也是适用的。

江苏新奇环保有限公司（以下简称"新奇环保"）董事长汤水江曾言："二代接班是个趋势，但也要看父辈们愿不愿意放权、愿不愿意让后辈接班。"蒋介中认为，这需要一代们来改变自己，也需要二代们勇于担起继承的责任。在企业传承的过程中，无论创一代还是环二代，都要有忧患意识、危机意识。尤其对于一代来说，更要重视危机管理，甚至为二代创造危机命题，促使二代尽快成长。在合适的机会下，一代要学会放手。

根据蒋介中的观察，做得好的二代除了继承父辈的创业精神之外，一般还都具备发现问题的能力、解决问题的能力以及很好的执行力。

两代人需加强沟通与交流　共融是很有必要的事情

作为新一代，邵焜琨理解老一辈创业家的不易，"宜兴环保的老一辈创业家比

较辛苦,在那个年代,努力拼搏",这为新一代打下了丰厚的基础,但也与家庭缺乏有效沟通。一些年轻人会觉得"父辈天然不了解我,大家的交流必然存在一些障碍"。其实新一代也应换位思考,从父辈的角度去思考问题,理解他们,父辈肯定有很多值得大家学习借鉴的地方。

蒋介中建议老一辈要理解新一代的不同和需求,新一代要学会理解老一辈的心路历程,最主要的是继承父辈艰苦奋斗的创业精神,在父辈的基础上,新一代最大的使命就是:如何将上一代的终点变成自己新的起点。

在蒋介中看来,宜兴的新一代,都很优秀,同时也存在一些当代年轻人的通病——有些时候过于"急功近利",喜欢资源整合,却常想着别人能给自己带来什么。他认为,合作共赢的基础是先想能给别人带来什么价值,然后才是别人能给你带来什么价值。合作共赢的前提,首先是付出,付出了才会有收获。在他看来,越奉献越容易拥有,越分享才会越成功。对于宜兴环保产业来说,要打破老一辈的传统观念,提倡合作文化。这些年轻人一起,共同奠定宜兴环保的未来。

未来发展要突破个人与地域限制　新一代整体接班尚需时日

在张晓飞看来,宜兴环保产业有很深厚的基础,是中国甚至全世界最大的水处理设备集散地。相比之前的散乱差,这些年来,在环科园和朱旭峰主任等的引领下,以及宜兴环保企业家的努力下,宜兴环保产业有了很大的进步,宜兴的新一代也在崛起,给人很大希望。但在整体上,还是没有突破发展的瓶颈,这主要表现在合作意识、人才问题和品牌问题上。

张晓飞和不少新一代沟通过,他觉得自己接触到的一些新一代,都非常优秀。张晓飞认为,宜兴环保产业基础人才很多,但光靠宜兴本土的人才以及企业家自身并不足以支撑未来的发展,宜兴环保产业的发展需要更多人才加入,尤其是一些高端战略、技术及管理人才。

他认为,即便是几位领先的新一代,也需要一些经验丰富的老人来帮助和指导,以保持企业业务方向和团队发展的稳定性。需要在宜兴之外,与更多的专业人士进行交流,让外面的人才,即使"不为宜兴所有,也能为宜兴所用"。

作为宜兴的"环保教父",王洪春也专门提到,环保市场竞争很激烈,而且市场的规范性比较差。就如学武功,有些东西,懂了招式,不一定就真得能达到预期的功力和效果,还需要在过程中去感受和不断提升。王洪春直言,不少宜兴环保企业的接班人已经成长起来,但整体来看,宜兴的新一代距离真正接班还有一定的距离。从总经理到做好公司，还需要一个过程。

有新一代认为"未来已来"，自己已经做好了准备。众多的年轻人也用自己的行动和结果证明了新一代崛起这个汹涌的趋势。在祝福他们的同时，也希望他们能直面宜兴环保面临的问题，以个人的努力和群体的合力，突破整体发展瓶颈，带领宜兴环保跨入一个新的历程。

踏浪而来，47位上市公司老板如何走上环保创业之路？

作者：谷林

一个人创业成功，必有内因和外因。比如内因上，这个人要有理想、有激情，有善于捕捉机会的洞察力和快速的行动能力，善于沟通，最好是有自己独特的专业优势，或者相关的丰富资源。而外因上，这个人还必须跟上时代的步伐，踩准发展的节拍。对此可以用一句广为流传的话用来概括："一个人的成功，当然要靠自身的努力，但是也要考虑到历史的进程"。

下面我们通过对环保行业47家上市公司的观察，看看这些企业领头人是如何以个人的商业天赋抓住历史给予的发展机遇的。

踩对发展的鼓点　环保创业的时代之路

归纳47位企业家的创业之路（具体情况见后文），可看出环境产业的创业之路，离不开时代的影响。

80后首批创业者

1978年12月十一届三中全会后，个体私营经济逐步解禁，商品和服务稀缺。这个时期也是我国的环境保护发展的初期，环境保护被确立为我国的一项基本国策，一系列环保法律出台，"环保产业"作为一个新的概念，引起了社会各方的关注。

中国第一批环保产业创业者也在这样的背景下应运而生。

他们普遍学历不高，但都具有吃苦耐劳的传统美德、充沛的创业激情和追求幸福生活的强大动力，他们率先抓住市场的需求，以个人超强的行动能力赚取了人生中的第一桶金。

比如浙江伟明环保股份有限公司（以下简称"伟明环保"）项光明、景津装备股份有限公司（以下简称"景津装备"）姜桂廷、兴源环境科技股份有限公司（以下简称"兴源环境"）周立武和鹏鹞环保王洪春，就是这样的典型。

身处改革开放后商业最前线的温州的项光明，看到了冰淇淋市场的商机，放弃了稳定的工作，创办了温州星火轻工机械厂，做冰淇淋设备生意，这也为其后有机会介入温州东庄垃圾发电厂项目奠定了基础。姜桂廷拾过煤渣、捡过破烂，卖过蔬菜、水果和粮油等，通过杀猪宰羊发家。1988年，他与朋友合伙在河北省景县孙镇曹村闲置的院子里做起了滤板加工，拉开了景津集团发展的帷幕。周立武则是少年时卖鱼，后进入建筑行业，实现最初的财富积累。王洪春则随父创业，在中国很多人还不知道污水处理的时候，凭借市场领先优势，以一款地埋式污水处理设备在上海积累了财富，在全国打响知名度，鹏鹞环保也因之成为中国最早一批知名环保企业，被誉为宜兴环保产业的"黄埔军校"。

90年代的下海潮

随着我国进入第一轮重化工业时代，城镇化进程加快，环境污染加剧，国家加大了环境保护的投资力度。1992年，党中央、国务院批准了"中国环境与发展十大对策"，环保部召开了第一次全国环境保护产业工作会议。环保产业发展进入了快速扩张阶段。产业范畴由以末端治理的设备制造为主，扩展到覆盖环保产品、环境服务、清洁技术产品、资源循环利用四大领域。

在此背景下，一大批受到时代感召，在政府机构、科研院所的知识分子纷纷主动创业。

在环保领域，桑德集团文一波、国祯环保（现"中节能国祯"）李炜、中持股份许国栋、金达莱廖志民、高能环境李卫国、巴安水务张春霖、先河环保李玉国、中环环保张伯中、金科环境张慧春、中电环保王政福等均成为这一批创业家的代表。

文一波，湖南湘乡人，1989年清华大学环境工程硕士毕业。1992年，他辞去原化工部的工作正式下海，1993年创立桑德集团。

文一波在"2018(第十六届)水业战略论坛"上发言

　　文一波的校友,同样曾就读于清华大学环境工程系的许国栋,也在同一年辞职创业。他从清华本科毕业后,又考上了北京建工学院的研究生,毕业后留校任教。"学校鼓励大家去做点事情,我的回答就是胆子更大一点,步子更大一点"。1994年后,他先后创建金源环保和中持公司。

　　与他们同年下海的还有廖志民。廖志民硕士毕业于清华大学,是文一波和许国栋的校友,而且学的也是环境工程。硕士毕业之后,廖志民先后在华东交通大学和南昌市环境保护设计研究所工作了5年,1992年南下深圳,承包了深圳金达公司的环境工程部,1993年创办深圳金达莱。

　　相比前面三位,中环环保张伯中下海稍微晚一点。1995年,从海外留学归来的他,靠着留学五年间攒下的2万多美元,与留学生合股,租用商场柜台开办电脑城,做IBM、TOSHIBA等几个一线品牌的安徽总代理。几年中,他把所在商场打造成了合肥地区第一个电脑专业市场,转而投资实业。2003年,其旗下中辰集团与泰安市政府达成协议成立泰安清源水务公司,投资8000万元开始了污水处理业务。随后,寿县、舒城、全椒等水务公司相继成立。

　　1985年大学毕业的敖小强进入北京分析仪器厂,历任研发部门经理、市场销售部门经理、分公司经理等,之后辞职,1998年创建雪迪龙。

　　在这期间,金科环境张慧春也离开了北京市水利规划设计研究院,1994年任中国香港龙裕发展有限公司项目经理,1995年起历任德和威(DHV)北京代表处副代表、首席代表。从德和威离开后,2004年,他创办了金科环境。

张慧春在"2018(第十六届)水业战略论坛"上发言

相比于20世纪80年代的第一批创业者,90年代的这一批创业者学识丰富、眼界开阔,具有足够的专业技能,创业意识更加主动,而且不同于80年代创业者那种以个体或家庭为主的创业方式,他们更多地团结了外部的资源,很多人都是与同学或朋友合作,采取了相对规范的公司运作方式。他们在体制内积累的资源,很多也都成为其创业过程中的助力因素。

比如国祯环保(现"中节能国祯")创始人李炜,20世纪90年代初历任安徽阜阳电业局局长、合肥供电局局长、安徽省电力局副局长。1992年,他自筹50万元下海创办国祯电器。1994年,国祯能源股份有限公司组建成功。1995年,国祯阜阳热电厂开工建设,李炜进入环保产业。

李玉国曾为河北省质监局下设的计量测试研究所副所长,1996年下海成立先河环保,最初专注于环境监测,现在先河环保成为以环境监测、大数据服务、综合治理为一体的集团化公司。

巴安水务张春霖,1984年毕业后入职上海华东电力设计院,负责引进发电厂设备。1995年下海创业时,他从代理国外的技术和设备起步,1999年创立巴安水处理公司。

而后来成为中国民营环保企业家旗帜的文一波,在创业初期,一边以市场化的方式——2000年"两会"期间,在《经济日报》上刊登名为《一个中国公民的环保建议——城市污水的全面解决方案》的整版文字广告;一边利用自己曾经体制内身份的便利,写信给时任北京市代市长刘淇,希望政府能为民营水务企业释

放一些市场窗口。

碧水源文剑平的创业虽然不在这个时期,但因为其曾身在体制内,除去时代的因素,他与"92派"的创业者有着诸多的相似性。

文剑平创业前,曾有过比较丰富的公务员和事业单位工作经历,先后担任过中国科学院生态环境中心助理研究员,国家科委社会发展司生态环境处副处长,国家科委下属中国国际科学中心副主任、总工程师兼任中国废水资源化研究中心常务副主任等职务。1998年辞去公职赴澳攻读新南威尔士大学水资源管理博士,2001年读博后归国后与同学创立碧水源。

文剑平在"2014(第八届)环境技术产业论坛"上发言

在那个市场勃兴的时期,这一批企业家作为中国改革开放背景下诞生的重要群体,不但促进了当时的市场改革,也在一定程度上引领了后来中国知识分子经商的潮流。

这次以知识分子为主体的创业潮,一直持续到1996年,即第一次亚洲金融危机之前。

抓住国企改革和科技创新的机遇

1997年7月2日,亚洲金融风暴席卷泰国,并随后波及马来西亚、新加坡、日本和韩国、中国等地,不少国家经济因此遭受重创。中国内地虽然挺住了风暴袭击,但受全球经济疲软的影响,再加上之前重复建设严重,产能过剩突出,企业冗员过多,我国企业特别是国有企业陷入了比较困难的境地。

为了解决困难,党的十五大和十五届一中全会提出了国企三年脱困的目标,坚决实施鼓励兼并、规范破产、减员增效、下岗分流和再就业工程。

在此期间，我国的环保工作积极推进：2001年中国环保产业发展的第一个五年规划——《环保产业发展"十五"规划》发布。2002—2005年，建设部（现"住建部"）先后印发《关于加快市政公用行业市场化进程的意见》（建城〔2002〕272号）、《市政公用事业特许经营管理办法》（建设部令第126号）、《关于加强市政公用事业监管的意见》（建城〔2005〕154号）。三大规范性文件的出台，拉开了市政公用行业市场化改革的大幕。与此同时，城市供水价格改革启动，城市生活垃圾处理收费制度开始实施。而随后的国民经济和环境保护"十一五"规划，也对环境保护提出了更明确和严格的要求，环保产业迎来巨大变革和崭新的机遇。

在47位企业家中，不少人的创业正是在这个时期赶上了国企（集体企业）改制和环保产业市场化的大潮。

在这个时期，雪迪龙、清新环境、聚光科技、永清环保、天楹环保（上市公司现简称为"中国天楹"）等公司纷纷成立，一些其他行业的公司也趁机进入环保行业。

如1999年创立海天投资的费功全，正好赶上了中国各地出售水务资产的风潮，2003年，通过收购资阳市供排水公司，正式进入环保水务行业；而曾经的卖鱼少年周立武，也正在房地产行业做得风生水起，因为政府牵线，2004年，接手了陷入困境的兴源过滤机公司；同样以建筑行业发家的联泰集团，于2006年成立了联泰水务，后经历收购和增资引股，2011年，联泰水务改名为联泰环保；2004年，刘海涛进入脱胎于国企的中庆建设集团，先后任其物资部经理、副总经理，期间投资入股，2008年，中庆建设集团成立中邦园林，2009年起，刘海涛出任中邦园林执行董事兼总经理。

与这些"外来者"不同，一些国有的环保行业企业或相关企业，是通过自我改制来聚焦于环保业务的。

伟星新材前身临海建材，系由伟星集团前身浙江伟星集团和塑材科技前身临海市伟星工艺品厂于1999年共同出资组建。伟星集团最早发源于浙江集体企业临海市有机玻璃厂，伟星新材现任董事长金红阳曾任临海市有机玻璃厂车间主任、开发部主任，临海市伟星工艺品厂厂长助理、厂长，临海建材执行董事兼总经理。伟星集团从20世纪90年代就开始进行企业改制，1994年金红阳也成为伟星集团

的几十名股东之一。随着企业的发展壮大，伟星集团旗下已经拥有两家上市公司和几十家控股公司，业务涉及服装辅料、新型建材、房地产、工艺饰品等。伟星新材是伟星集团旗下专业从事高质量、高附加值新型塑料管道的研发、制造和销售的企业，引领细分领域市场发展。

深水海纳创始人李海波，1996年哈尔滨工业大学硕士毕业后，被深圳市水务集团作为高级技术人才引进公司，历任深圳市嘉源饮水科技开发有限公司生产技术部部长、副总经理，以及深圳水务集团管道直饮水办公室主任。2001年，管道直饮水办公室进行改制，深圳水务集团和李海波共同出资设立深圳市分质供水有限公司，2005年公司更名为深水海纳水务有限公司。

在管道直饮水办公室改制的前一年，龙马环卫也进行了改制。龙马环卫前身为福建龙岩市龙马专用车辆制造有限公司（以下简称"龙马有限"），其资产继承自福建龙马集团龙岩拖拉机厂（以下简称"龙岩拖拉机厂"）。现任董事长张桂丰曾先后担任龙岩拖拉机厂技术员、研究所所长、总工、副总经理等职。2000年，由龙马集团工会、龙岩拖拉机厂等四家机构股东和张茂清发起成立龙马有限。2002年，张桂丰先后任龙马有限总经理、董事长，并于2003年通过股权转让，成为龙马有限的控股股东。但因为此次以及后续的股权转让均是以2000年时的原价进行，并且没有经过资产评估与产权交易所公开挂牌的程序，张桂丰接手龙马有限的事情曾备受质疑。直至2010年11月，龙马环卫已进入上市流程，股权转让的事情方才得到福建省人民政府确认。

与国企改制相对应的是大学在校办企业上的探索，以及一些大学老师在技术推广上的创新。

1987年，随着国家科技体制改革的深入，北京中关村地区陆续出现了大专院校、科研院所创办新兴企业的热潮。尤其是第二次创业浪潮，让知识分子云集的高校更难耐创办企业的心情。1993年，中国最高学府北京大学将约600米长的学校南墙推倒，改建为面积约为25000平方米的商业街，成为那个时代的一个注脚。

毕业后在华东冶金学院任教10多年的王健就在这样的背景下，1996年开始先后在华东冶金学院自动化工程公司、安徽工业大学科技实业总公司等公司任职，并担任了总经理、董事长。

2002年，王健与安工大一起，参与出资成立安徽华骐环保科技股份有限公司

（以下简称"华骐环保"）。目前华骐环保已经成为国内生物滤池（BAF®）工艺技术及应用、智能污水处理装备智造、村镇污水及黑臭水体治理、医疗废水及伴生废气处理系统解决方案的领先企业。

另一位以老师身份开始创业的是三达膜环境技术股份有限公司（以下简称"三达膜"）创始人蓝伟光。他在集美大学做了7年教师后，赴新加坡读博士，读博期间开始了对膜技术和膜产品的研究。1996年回国后，他一边在厦门大学忙教学和科研，一边成立公司进行三达膜的市场推广。

还有一位代表是博世科创始人王双飞。1995年，王双飞博士毕业后到广西大学任教，曾任广西大学轻工与食品工程学院副院长、院长、院党委副书记。期间他与其他四位老师一起成立了博世科。在企业上市前期，因屡遭询问，王双飞最终辞去公职，博世科也于2015年2月于深交所创业板上市。

在此之前，关于校办企业和老师创业的事情一直在社会上引发争议，校办企业的管理、权责利等问题，也越来越多地被社会关注。在北大推倒南墙8年之后，也即2001年，北京大学又拆除了当年轰轰烈烈修建的商业街，恢复了学校的南墙。

博世科上市前，王双飞面临的就是类似的质疑。博世科和广西大学为此专门回复解释，按照当时教育部、科技部和广西大学等政策、文件规定，王双飞在博世科的投资和任职情形未违反相关要求。

时间快进到2018年，为促进大众创业、万众创新，促进专业技术人员创新创业，国务院专门发文鼓励大学老师、科研院所等事业单位人员在职创办企业。2020年，教育部、国家知识产权局、科技部联合发文，对高校里利用职务科技成果创办企业的行为做了进一步规范。

资本时代：快速发展的密码

时至2012年，上世纪80年代、90年代创业潮中的好企业已经上了很大规模。而在国企改制浪潮中创立的企业，也多处于快速发展时期。而随着2012年全球量化宽松开启，中国金融行业进入了一个所谓超常规发展阶段。

这个阶段，按照E20董事长傅涛的说法，2004年之后的城市水业就已经进入资本拉动时代，之后的水业战略投资人逐渐以资产转让为标尺，实现产业分级与市场细分。随着城市水务市场竞争日趋激烈，资本正成为竞争关键，并购日益频繁，不仅成为环境企业扩张发展的重要方式，也成为外来者进入环保产业

的快捷手段。

一些成立较早或发展较快的环保企业，如碧水源、中节能铁汉生态环境股份有限公司（现中节能铁汉）、清新环境、维尔利、国祯环保（现中节能国祯）、天楹环保等企业纷纷在此期间上市，以接通资本市场。

天楹环保由江苏海安市人严圣军创立。严圣军1968年出生，曾先后任海安县建材工业公司秘书、县委组织部干部、锯片总公司副总经理和总经理；1997年创立天楹赛特能源公司；2006年，创立江苏天楹环保。天楹环保后来成为以江苏为基础，面向全国的垃圾焚烧运营商，并于2012启动上市计划。因为那时IPO尚未开闸，再加上排队企业众多，为了抓住窗口期，2014年，严圣军选择了借壳上市，打通了资本市场，并于2018年以88亿元成功收购欧洲环保企业Urbaser。2020年，天楹环保入选"中国固废行业年度十大影响力企业"。

2004年就于深交所上市的美欣达印染集团，由浙江湖州人单建明创立。单建明曾为湖州印染厂业务员，1993年创办湖州绒布厂，2004年8月6日，美欣达印染集团于深交所中小板上市。2007年，美欣达组建旺能环保。2017年，单建明以旺能环境为主体置换重组上市公司。

而最能体现此阶段资本特性的当属"外来者"何剑锋和盈峰环境。

何剑锋是美的集团创始人何享健的儿子。大学毕业后，何剑锋最先在美的集团基层锻炼，没多久便离开美的，在顺德创办现代实业公司，做小家电OEM，开始了自己的创业之路。2002年，他将现代实业公司改号"盈峰集团"。2004年，何剑锋将手中和美的相关的公司卖给美的等，从OEM家电制造领域全面退出，套现1.2亿元。2006年，盈峰集团从上风产业以及美的集团手中收购了上市公司浙江上风实业股份有限公司25%的股份，成为上风高科第一大股东，何剑锋也在2007年成为上风高科的董事长。

随后，何剑锋带领盈峰环境借助收购手段，高调进入环保领域，先后收购宇星科技发展（深圳）有限公司、深圳市绿色东方环保有限公司等公司，并于2018年斥资152亿元收购中联环境，被行业誉为"蛇吞象"，此次收购也成为行业最大交易案。收购完成后，盈峰环境拥有了国内最全的环保产业群，市值超200亿元。

作为我国第一代创业家的传承者，何剑锋在环境领域的成功，既是其个人的成功，也表现了我国创二代正在强势走上历史舞台。尤其在环境领域，当老一辈创业者逐渐老去，二代崛起，未来可期。

而促进企业快速发展的资本，在助推市场放大"马太效应"的同时，也有着极其脆弱的软肋。在2015年的PPP热潮掀起市场狂潮之后，随后而至的金融政策收紧，不仅让冒进的裸泳者暴露在了沙滩上，也让众多的环保民企遭遇被合并的命运。

助力创业者成功的其他因素

不难看出，对于创业者来说，只要把准时代发展的脉搏，跟随时代趋势，充分利用自己的资源，基本都站在了发展的领先位置。

在成功的路上，我们必须肯定时代的赋能作用，同时承认其工作经历包括工作单位所给予的经验积累和资源加持。当然，在这些之外，创业者自身的禀赋不可或缺。比如前面提到的勤苦耐劳的精神、敏锐的洞察力、强大的执行力、绝不言弃的梦想等，都是他们成功路上的助力因素。

而除去上述因素，在这些创业家的身上，还有一些其他的东西值得进一步总结。

一是坚持专业、学以致用。这应该是他们创业成功的重要原因。专业给了他们入门的基础，引导着他们对未来的设想。在47位创业家中，差不多一半毕业于环境工程或相关专业。

以独到的磁分离技术备受行业称道的环能科技股份有限公司（以下简称"环能科技"现为"中建环能科技股份有限公司"）（现中建环能），当前的官方网站上，仍把其创始人倪明亮大学毕业时入职成都橡树林能源研究所作为事业的起点；曾创造传奇的何巧女毕业于北京林业大学园林系，毕业后进入杭州园林局，亚运会期间随父进京，打开了新的视野，以销售盆景和鲜花挣到了自己人生中的第一个百万元；清新环境创始人张开元，自上南京工学院（现东南大学）开始，就确定了自己的人生方向——从事电力相关事业，后来十多年先后任华北电力试验研究所电子室副主任、北京市电力工业局团委书记、北京电力科学研究所副所长、北京华北电力实业总公司副总经理，有了足够积累后，2001年他创立清新有限公司，为电厂进行烟气脱硫脱硝除尘服务。

上海太和水生态科技有限公司（以下简称"太和水"）董事长何文辉，从上海

海洋大学水产养殖专业毕业后留校任教，期间研发出"食藻虫引导水下生态修复技术"。有了科研成果，何文辉迫切地希望将技术产业化，应用于实践，而不是仅仅停留在纸面上。几经尝试，他最终选择自己创业，2005年成立太和水公司，用市场化的方法将产学研结合起来，让技术真正落地，促进环境改善。还有博世科创始人王健，外国博士毕业后，以所学创业，上演从学霸成为总裁的故事。

他们的例子也或许说明了：当一个人缺乏创业必须的资金、资源等条件时，拥有专业优势也就有了自己的倚仗。

二是长期坚持。很多人十几年、几十年如一日，不管外部怎样变化、面临什么诱惑或者挫折，始终坚守自己选择的行业和公司，持续深耕和积累。

江苏维尔利董事长李月中博士毕业后加入德国著名环保公司WWAG，2003年，受公司委派回国筹建子公司维尔利。2007年，由于WWAG对中国市场动摇和退缩，企业遭受很大冲击。李月中心有不甘，带领团队全资买下维尔利。2011年，维尔利于深交所创业板上市。

李月中在"2019（第十三届）固废战略论坛"发言

博天环境的带头人赵笠钧，曾是当时最年轻的副处级干部，后转调北京城乡建设集团有限责任公司，作为其代表参与跟美国美华公司合作创立博天环境。十年之后，大股东美华决定撤资，赵笠钧带领团队以1美元/股接手了美方的股份，带领博天环境二次创业。期间收获各种关注，也遭遇了不少磨难，甚至上市也是一波三折，但最终坚持下来，2017年在上交所主板上市，并挺进中国水业年度十大影响力企业榜单。在PPP热潮之中，博天环境也没能避免资金困境，数次寻求对外合作而未成，但最终携手葛洲坝生态和中国能建集团，也算是很好的结果。

赵笠钧在"2018（第十六届）水业战略论坛"上发言

铁汉生态（现中节能铁汉）创始人刘水在北京大学城市与环境学院自然地理专业毕业后顺利成为一名公务员。时隔不久，刘水毅然决定辞职下海创业，投身于内心向往但当时非常冷门的生态修复行业。期间，他开过小货车，做过包工头，也在投资公司工作过，更在贵州绿之梦草坪工程、深圳市闯旗草业有限公司这样的单位呆过。中间创业也失败过，但他一直没有放弃心中的生态修复之梦——2001年，在经过一番深思熟虑后，刘水与人合作创立了深圳市铁汉生态环境股份有限公司，十年后在深交所创业板上市。

倍杰特董事长权秋红，因为不甘于国企电厂的工作，1996年，听闻香港某公司与郑州热电厂合办的郑州半岛明远水处理公司欲招聘一位合资公司的港方代表，她毅然参与，打败了众多竞争者，成为公司的副总经理，踏入了完全陌生的水处理领域。4年后，她在此工作的基础上，创办了郑州大河水处理有限公司。不想后来合伙人郑州大河总经理突然提出"分家"，不仅带走了公司数名骨干，而且抢注了郑州大河公司4年里开发的膜清洗、阻垢药剂等招牌产品及商标，留下了一些债务。面对如此打击，权秋红也曾"借酒消愁"，甚至一度有过轻生的念头。痛定思痛，她最终选择了坚守。2004年权秋红毅然北上，在北京创立倍杰特，十几年间带领其发展成为工业水处理领域的领先者。

之前，也有环保企业家对笔者说过自己创业过程中遭遇过的困难和诱惑。市

政环保市场的甲方是政府，面对很多关系营销、低价竞争，以及地方保护，他曾经想过放弃，但最后都坚持了下来。当房地产大热的时候，也有朋友劝他炒房，或者做一些其他投资，他基本都没有考虑。他觉得一辈子做好一件事就很不容易了，没必要分散精力去做别的。

E20首席合伙人傅涛曾经说过：做环保是一件苦差事，环保企业家是一批勇于坚持的人，相比其他热门行业，环境产业的企业家更有理想、更有情怀。

区域加成与北京的诱惑

对创业者来说，在其个人的个性之外，区域环境对其创业行为的影响也不容忽视。一些商业底蕴深厚、经济发达的区域，往往更容易出现成功的创业者。根据对47家上市公司负责人的统计，在籍贯方面，湖南有6人、安徽有5人、浙江有5人，这三个地方可被称为"前三强"。

在创业的地域分布上，北京成为当之无愧的第一。从统计数据中可以看到，47家上市企业中，在北京创立的企业有12家，占比超过四分之一；在深圳创立的有4家；上海则只有2家；广东有2家，分别在顺德、汕头，广州市为0。其他比较多的省份是江苏6家（南京2家，常州1家，南通1家，海安1家，宜兴1家）、浙江5家（杭州2家，温州1家，临海1家，湖州1家）、安徽4家（合肥3家、马鞍山1家）。籍贯为湖南的大佬众多，但最后在湖南创业的公司只有2家——湖南永清和力合环保，高能环境是在北京创业（东方雨虹是在湖南长沙创立的）。

环保是政策驱动型行业，及时了解产业政策和行业信息，对于环保企业的发展意义重大。北京不但是我国的政策经济中心，也是教育中心，有众多的科研单位和知名高校，包括专家和毕业生，这些都是产业成长的主体力量。

比如前文中提到的宜兴环保企业家，对于他们而言，人才问题是共识。宜兴作为县级市，城市层级过小，对优秀高层次行业人才缺乏持久的吸引力，所以很多企业纷纷在南京建立自己的研发中心，宜兴政府也花大力气为宜兴引入教育力量，以批量培养适用人才。

如前所述，随着时代浪潮的洗礼，很多老一辈的创业家已经带着自己的企业到达了一定的高度，作为中国经济的弄潮儿和产业的开拓者，很多人已经创造并引领了历史。而在后来 PPP 热潮之中，据 E20 研究院执行院长薛涛的分析，更多民企上市公司在水环境和园林绿化领域参与非运营的 PPP 项目，因此受到后期政策和金融环境的震荡。

不少企业最终选择与国企合作，被国企控股。一方面，在一定程度上这是民企"断臂求生"；而在另一方面，这也是市场整合发展的必然。因为从环保产业本身来看，在经历了前述几个阶段的发展之后，城市综合服务和区域一体化服务需求正逐渐成为趋势。在大央企、大国企与 AB 方阵（A 代表产业内投资运营企业，B 代表产业内地方所属公共服务的国有企业）的领先民企整合之后，坚守专业、做好专长的专业技术性公司和服务型公司也许会有更多的机会。

比如从 2020 年开始，在上交所科创板上市的上海复洁环保科技股份有限公司（以下简称"复洁环保"）、万德斯、通源环境、金达莱、金科环境，以及 2021 年 3 月底创业板过会的厦门嘉戎技术股份有限公司（以下简称"嘉戎技术"）等就是这股新势力的代表。还有改名为"侨银城市管理股份有限公司"的原侨银环保，就体现了对城市大管家这样的城市综合服务的追随。

最后想说的是，本书统计的 47 位环保民营上市公司企业家，只是我国环保企业家很小的一部分。以他们为行业代表，可以一斑窥豹，借此也向全行业的环保企业家们致敬，希望环保行业能迎来新的时机。

一个 70 后环保创业者的自白

作者：全新丽

因为在 E20 工作，笔者经常接触到环保创业者，他们有的白手起家，有的天赋异禀，有的时运亨通。他们是时代的幸运儿：因为很多环保创业者已经倒下了，而他们爬了出来。

与前辈们比，他们会谦虚地说："成功？我才刚刚上路哎。"而现在的情形是，作为巨头的前辈们也面临着创业生死劫。

不同时代创业者的处境并不相同，现在的创业者是一种什么状况呢？笔者想在下文里传递一些他们的心声——声音来自不同的人，但让一个人——"我"来说。

因为确实有一些共性的东西：这几位都是 70 后，都是大学毕业后进的国企或者央企，又都在 2000 年左右，从其他城市来到北京，去环保或相关行业民企打工，经历了这些龙头企业从小到大的发展历程，又都在 2015 年后开始创业……

这声音未必都正确，但够坦诚。

我从何处来？

我创业刚三年多，还是从水做起，好歹是熟门熟路。从创业角度说，我是尴尬的 70 后，没有赶上 60 后那个黄金年代，也没有 80 后、90 后的冲劲。

青春年华献给前面几任老板了，但我没有什么好抱怨的。我对第一任老板最感激。我 20 世纪 90 年代末大学毕业，毕业后进了一个地方国企，工资特别低，800 多元，单身时还好说，结婚后就捉襟见肘，于是出来打工。那时候我那老板也不像现在这么有名啊，就是一个民企老板。我学环保的，只能做这个，根本没想那么多。

我为什么感激第一个老板和公司？因为作为一个年轻人，你人生中最切身的事在哪里解决的，你就永远对哪里有感情。老板给了我施展的天地，让我在北京慢慢扎根，买了房，把家属、孩子也带来了，孩子在这里上学，人生进入相对稳定的阶段。

我们那环保公司，在前十几年里，人际关系非常和谐，凝聚力非常强，大家都是一门心思去做这个事。离开后大家也保持了很好的友谊，不时会聚一聚，都怀念那段时光。所以，不光是我怀着这种感情，我们那批人都一样，因为我们个人最重要、最关切的事是在那个时间段解决的，忘不了。

当然了，感激归感激，人和事不是永远一成不变的。

哪怕就是一个家庭，也会有人出去独立门户，或者去远方看一看。如果把企业看做一个人，到了一定程度以后，这个人胖了，兜里揣着的东西多了，会有东西掉下来的。有点历史的环保公司，总归是有人掉队，有人会离开。但是也会有一些人会留下来，一些老底子保留下来。

从我个人心态来讲，当一个人解决了基本的温饱问题后，就会做比较。人往高处走，都希望看看另外的环境会不会还有更好的，人是不知足的——你不满足，下面的人也不满足，"你们这些公司老人都站住这个位置，我们没机会"。所以我的离开是必然的。

离开后又经历了几任老板，还去央企工作过。

十年前你去央企还能当个高管，现在这个机会少了，因为央企已经足够成熟，框架已经清晰。另外，文化基因也不一样，很难适应。大家只能去创业，我周边一批人都在创业，各种情况都有，好多的行业老朋友，最近几年都陆陆续续创业了，还都在痛苦的摸索过程中。只要能拼，都还想拼一把。

为什么创业？

不光是为了钱，这么说不是因为我虚伪。

在环境产业创业的企业家都不是纯粹为了钱，纯粹为钱的人不会在这个领域干了。现在企业发展一定阶段，在做融资的时候就要签无限连带责任，弄不好就被"限高"了。那些很早就退出的人，确实是为了钱，他们见好就收，挣了三五个亿就赶快走了。这样的人很多。

但是，最后你看，三五个亿他也不一定能守住，他投资、炒股，几下就没了，结果跟那些现在被限制高消费的大佬比其实也没什么两样。

所以说，早早退出，貌似挣了钱，但光守是守不住的。其实钱多钱少合适就好，别太紧迫就行。物质上的东西多少是个够？实际上只要差不多可以正常循环，够家庭开支，能让小孩正常上学就可以了，不要追求奢侈的生活方式。钱太多了，对谁都未必是好事。我们一年花这些钱，维持正常生活水平就行了，多了有什么用？

但是，作为一个人，你最好还是有个事去干，持续地干。而且这事能让你投入你的热情，成为你生命的支撑。

创业肯定有很多痛苦，而且我们的目标是想做一个很漂亮的企业，其中可能有运气的成分，也可能有你个人的命运在里头。

这个世界上，有很多的奋斗，可能是99.99%的奋斗，都结束得悄无声息，结束得虎头蛇尾，结束得一败涂地；或者从未停止，也未曾辉煌。这就是创业者必须接受的游戏规则和宿命，个人的奋斗诚然重要，但历史的走向和"上帝之吻"也重要。而你能做的事情只是：不停地"渡劫"，努力地活着。这样，你的成就可能大一些。创业最痛苦的地方就在于，有时候，差一分一毫，就过不去。

环保创业故事，跟别的行业不一样，从不只是从天使或A、B、C、D轮到IPO。环保创业故事，有庙堂之高，也有江湖之远。有激情澎湃，也有恶龙缠斗，有人泥腿子上岸，有人鱼跃龙门，也有上了岸的前功尽弃，被打回原形。

好在人生是一场很长的牌局，不是只玩两三把就完事，用现在流行的话说就是长期主义。每个人都喜欢说自己是长期主义，如何鉴定真伪呢？就看说的这个人是否内心充盈。赚快钱是不太可能长期主义的。毕竟很多事情，短期一算，都是赔钱货。绝大多数没有第一桶金和大后方的人做不到长期主义，这是常情。即使有了第一桶金，也未必能做到。长期主义来自内心的充盈，内心的充盈来自修行和笃定。

那些赚到钱就停下来的人，我其实也能理解。失败率升高，回报率降低，让一部分环保创业者开始追求安稳，拿到钱先想办法挪到自己口袋里再说。

如果创业者真这么想，那某企业的气数就到这里了。或许他们还能一直赚到钱，但环保行业里说起来谁谁谁被人真正尊敬的时候，这些人不会提到。

只要创业，你是否想做一个伟大的环保企业，一个真正的品牌，一个有独特价值的组织？一系列问题会向你扑面而来。

认清民企身份，走自己的路

"环保创业红利已经没有了""他们是命好""那个时代，才有机会""这是幸存者偏差"。这是一些人对我老板他们那代创业者的看法，有一定道理，也不全对。"浪奔，浪流，万里涛涛江水永不休"，每个时代的人要抓住自己的机会，眼红别人没用。

这几年，央企、国企涌进来，对已经成名、做大的环保公司造成很大冲击，对环保民企来说，现在确实是个低谷。但是我认为低谷反而是一种机会，原有的商业模式对我们这批人肯定不适合了，打法也不适合了。我们要在新的需求和背景下，探出一条路。

适合我们这类企业的就是细分领域的技术、产品，做的过程中你要有自己的价值。央企最强的就是资本和资源，大项目、PPP 都是它们的。PPP 跟我们这一级别的创业者已经没关系了，别想这事了，前面那批民营的也是如此，博天环境、碧水源、桑德、东方园林等，全倒在了这里。这个不是我们玩的，那是央企才能玩的，你就只能玩你自己擅长的。但央企也不是全能的，它有资本、资源，却在一定程度上缺乏"一线做战"的经验？那你就能用自己的强项去跟它合作。

不过到目前为止我还没跟任何央企合作，我很犹豫。我没深入接触过它们，而且跟它们合作不是我这公司的主打方向。我现在的团队和精力主打"一手活儿"，直接从政府那里做总包，大家已经很忙碌了。

一方面给自己打鸡血，一方面确实感觉到现在大环境不好——地方政府没钱。我们给地方政府干了项目，完成后，给钱给得特别慢，这很要命。

但我相信总能找到活路的。我的一个朋友，比我早了好些年创业，做工业废水的，也挺难，但后来那些大环保公司忙于 BOT、PPP 的时候，就把工业市场的机会让给他了，他确实也干不了别的，就抓住这个空隙发展起来了，最起码业绩做到能满足上市要求了。

都说环保行业是吃政策饭，环保人可能都非常依赖国家政策。但实际上，哪个行业不受政策影响？所以不能光靠政策，还是得在技术上有硬功夫。

民营环保企业是技术服务型行业，得踏踏实实地把自己的技术、产品做好。

想走我原来老板他们那条路肯定走不通了，我们这批人能做到多大，有什么新的模式，要边走边看。关键是要有可持续的现金流。

要说机会，城镇化进程导致人口集中，趋势还有，这点环保需求还在。不过现在城镇化跟以前也不一样了。未来二十年，基本都是都市圈经济，一个省的省会是一个都市圈，全国有几个大的都市圈，基本上是这个格局。地级城市的发展机会都很渺茫，更别提环保了。农村人口可能也一点点变没了，都跑到都市圈里了。

好在中国市场够大，不管在哪个细分领域能出头，你都能活下去。我乐观吧？我是悲观的乐观者。我悲观的地方在于，不会再像以前那样，觉得中国也能出威立雅、苏伊士，干一百多年环保。但我还是想在环保行业里，做出一个有独特价值的组织。

你要相信未来，就不要把责任推卸给过去，那也太容易了，容易的事咱就别做了，咱们做一些困难的事。我相信未来，我相信我现在种下善因，就会得到善果，我不再去纠结今天的这个果是哪里来的。你过去很难，但是那又怎么样，你一辈子就这样吗？

管理问题与人的问题

我这公司，现在团队有了基本积累，组织、文化、理念各方面都在成长。做企业是要有个过程的，现在不到50人，骨架很清晰，团队战斗力也很强，但是还要丰富它。现在70%项目是都是团队拿的，业务方面我一点点淡出。企业现在稳稳当当发展是没有问题了，还能按现有逻辑再走三五年。

我现在琢磨比较多的是团队激励。首先，我觉得在团队的管理方面，需要认识人、了解人。在这方面，认识跟了解跟我同龄或者我年龄前后十年的，更容易一些。

我是70后，那么往前十年的60后，往后十年的80后，我容易跟这一批人形成默契。再往后那就看我的本事了，比如90后的人，我能否把他们培养成核心骨干，要看我的本事，也要看企业发展的情况。

我现在特意观察行业里80后这批创业者，我确实特别看好80后，他们这批人最后会有人成长起来的。但我感觉我们70后也不差，虽然我们自身有局限性，但我们在蹚出新路。我们 70 后和 80 后各有优势，一开始我觉得自己混了这么多年，跟 80 后比肯定有差距，但跟他们接触多了之后，我反而更自信了。我特别愿意接触新人、年轻人，跟年轻人在一起能促进思考。

管理方面来说，我觉得要让团队里每个人跟企业互动起来，是个难点。人都是有潜质的，潜质怎么激发出来，和企业彼此认可，互相都有推动，带来双向的进步，这真的很难，需要设计出一种机制来。华为的机制很好，但是我们拿不过来，因为环保产业的盈利模式问题，结算利润需要等很长时间，直到项目结束，这是行业特性。所以无法照搬其他行业的机制。

团队激励，一说这个都谈股权分配，其实不是那么简单的事，搞不好反而伤害士气。这是另外一个让我费脑筋的事。

有朋友的创业团队不稳，走了几个人，他就很难受。他又引入投资，其实是不得已，因为公司转不动了，只能这样。我觉得这些本质上都是团队问题、不能拧成一股绳，大家无法一起往上冲。我其实也面临这个问题。

我创业目前阶段还行，2021 年上了个台阶，明后年还得上台阶，能不能上去，看我的本事，看我的团队。这是我天天想的问题。我要认识自己，也要认识别人，因为人的善变性是不可把控的。

我现在看着还年轻是吧？再创业几年，我的壮年也就基本过去了，燃烧了自己，绽放了光彩，就要考虑激励、传承问题了。不过我是看着前几任老板做事的，有前车之鉴，所以激励、传承问题考虑得比较早，企业刚稳当，我就在想这些事。

这些事应该是伴随着你事业的每一步而不断思考的。你需要一个完整的梯队，你需要有经验的老同志，也需要少壮派；你需要给不想太拼的老人一个降落伞，也需要给后来者一个向上通道；你需要容得下人，如此种种。

取得点成绩后，你总会膨胀，你总会傲慢，你总会由俭入奢，因为你是个常人。但你得去对抗它，因为你有更重要的事情要去实现。你不能让自我膨胀遮蔽了环保市场的真相，忽视了危险的敌人，你不能让逐渐骄奢的生活，让你疏离了一线。

进击的环境商界女性

作者：全新丽

一位企业家，如果同时是个男人，除非他出席妇女大会，否则在其他任何时候，都无需强调他是一位"男企业家"。但如果恰巧是个女人，那么，"女企业家"四个字通常才是对她完整的介绍。

目前，环境产业的女性领导者占少数。E20 环境产业圈层中，知名企业有 300 多家，而女性领导者仅 43 位。

我们是大自然多姿多彩的鲜花

2007 年 4 月 20 日，行业里召开过一次"中国城镇供水排水协会排水专业委员会女工程师大会"——会有"男工程师大会"吗？有，那样的大会叫"工程师大会"。

说是"女工程师大会"，也有不少商界女性参加，如北京赛恩斯特科技有限公司总经理吴红梅（吴女士是位连续创业者，后来又创立赛诺水务）、百氏源公司总经理李宏等。

那次活动有这么一段讲话，"我们是半边天喷薄的朝霞，我们是大自然多姿多彩的鲜花。世界因为有了我们才美丽，大地因为有了我们才有生机；太阳因为有了我们才灿烂，月亮因为有了我们才温暖。女性之光闪耀坚韧与奋发，时代的洪流记载巾帼勇于奉献的精华。……在晚上的联谊会上，女工程师们欢聚一堂，共叙友情，用欢歌笑语展现对生活的热爱！"

我觉得这段话非常好，但它毫无疑问是将焦点放在了性别特质上。我无法想象在一个以男性为主的工作会议上，会大费周章地强调他们的性别特质——比如多么健美或多么孔武有力。

从其他有关女企业家的新闻稿中,我们也总是会看到对性别特质的重视,这常常体现在女性企业家的外貌上,比如统一着装、统一妆容,莺莺燕燕的美丽场面。

也许,就连女性自身的潜意识中都认为,女性理应肩负着更多"点缀世界"的责任。而环境产业里的男企业家们,从来不需要证明自己的"男子气概",他们只需追求商业成就。

对于大多数女企业家来说,除了需要像男人一样证明自己是个合格的企业家之外,还必须证明:其实自己做女人也很拿手。

还好,男性也在进步,大多数男士不再以不修边幅为个人特色。这些也可以从 E20 历年论坛上看出端倪。他们的服装虽然变化不大,但他们开始意识到在这样正式的场合也要遵从这里的 dress code,也开始关注细节和审美。从这个角度看,男女又都一样。

但我观察到的女性环境商业领袖大部分的确更在意形象,个个都是"百变娇娃",可能也因为她们需要具备比男性同行更强大的角色力,以此在创业者、管理者、妻子、母亲、女儿等等角色之间进行切换。

她在家里是太太、女儿、母亲,在公司是经营者,是员工领导,是环境某个细分领域的技术专家或者是管理专家,她还是别人的同学、朋友。不同的角色需要她采取不同的"表演方式",而女性更倾向于外在形象要符合她当下的角色。

如果只看工作那一面,我们也能看到环境女企业家群体自身在分化成两类:一类是凸显自己的强势和铁腕作风,强调自己作为企业家的一面;一类是极其善于示弱,凸显自己的女性特点。总体上来说,后者比前者更容易达到自己的目的,也更受欢迎。不过,当有人提醒撒切尔夫人所推行的新政策会让人们不喜欢她时,她这样回答:"我不需要人们的喜欢,我需要赢得他们的尊重。"

八千里路云和月

2020 年 12 月 25 日,是瀚蓝环境上市 20 周年纪念日,当晚有个音乐活动,主题是"八千里路云和月",以致敬环保同行者。

瀚蓝环境总裁金铎在白天纪念日活动上做的《心之所向,无问西东》的主题

发言，其实也很贴切这个主题。她提到的长期主义、成长主义、行动主义、人文主义、利他主义，充满了鼓舞人心的力量。这些应该是所有环境企业都应该适用的法则。

为什么长期主义重要呢？金铎说："发展的历程中，总会遇到许多艰难的抉择，碰到伪装成机会的诱惑，短期利益和长远发展的矛盾时而呈现。需要有'功成不必在我'的淡定从容，做正确的选择、做有价值和利于长期竞争力的事情。"

如果不考虑长远价值，确实很容易被眼前的利益驱动。在 2017 年之前高股价的时候，不少估值很高的公司没有卖股票去布局环保行业细分领域的新技术，而是在泡沫时代签带回购协议的定增融资去投 PPP，2018 年以后环保股回归低价格阶段，反而丧失了控制权。

当然这一批 PPP 风潮里跌跌的企业家里也有一位女性企业家，她曾独领风骚，技压群雄。但总体上，男性还是人多势众。

不考虑长期主义，而谋求非常规成长的企业中，必然有这样一种人：他们扎根企业内部或者本身就是老板，手握决策资源，有强烈的成名成功欲，狼性十足，赌性极强。在众人看来，他们是摧枯拉朽的企业领袖，但是如果把时间轴放大到十年、二十年甚至更长来看，他们反而是企业健康发展的"杀手"。从环境产业二三十年的发展来看，环境产业尤其不喜欢急不可耐的人。而那些顾前不顾后的人，很少是女性。

女企业家们通常不会为了前端或者台面，舍弃后端的系统建设和整体价值链打造。因为她们知道，"八千里路云和月"，你得看远一点，一剑封喉、惊天逆转这样的事不太可能发生在环境产业。

重视非经济效益

女性创业与男性创业的动机基本相同，都希望获得经济独立和全局掌控力。但是，女性创业者除了追求经济效益外，还非常重视企业的非经济效益，包括帮助他人、提升服务质量、建立社会声誉、发展个人能力、获取员工信任度等。

环境领域的女性领导也有这方面的特征，她们更重视企业文化建设，重视公益，重视人。

金铎领导下的瀚蓝环境，在文化、社会责任方面一直是行业里的佼佼者。曾听到另外一家上市公司的负责人说:"企业社会责任报告我们都是学习瀚蓝"。金铎率领团队把公司打造成"城市好管家、行业好典范、社区好邻居"的"三好"企业,并提倡"生态即生活"。

中环洁总经理陈黎媛,也是大连新天地环境清洁有限公司(以下简称"新天地")的创始人。新天地被中环洁收购后,她同时成为中环洁总经理。在大连时,她就在推进环卫市场化的同时,关注环卫工人的权益,率先同保险公司合作,为环卫工人定制并交纳保险。

中环洁现在坚持"环境就是民生与未来,致力于成为美好生活的创造者与守护者,为从业者提供劳动的尊严和体面的生活,成为政府放心、百姓满意的合作伙伴。"这也是陈黎媛推动、塑造的文化特征。

此外,女性领导之下的环境企业,员工稳定性更好,这也是一个事实。

情绪稳定、充满自信

这一点与通常认识有所不同。针对女性的偏见认为,女性情感丰富,从而比较情绪化,但根据笔者对环境商界女性的观察,她们不是那么容易暴跳如雷、呼吸急促、急赤白脸,反而能更充分地发挥出女性行为风格中独有的柔韧度。

在日常工作中,她们性格、脾气各不相同,但能坐到决策者位置上的女性,风骨都差不多。

笔者曾目睹一位女企业家不疾不徐、语气平静地指出员工工作中的不足,也曾看到女企业家在与合作伙伴沟通时,有针对性地指出对方提供服务的缺陷。她们面带微笑,心平气和,但每一句话都像利刃一样戳中要害。

这种情绪上的稳定,能让对方更好地注意她在说什么,而不是受其情绪影响猜测"她是不是对我有意见",从而让双方都把注意力放在工作本身。

此外,笔者观察到的环境商界女性领袖都不那么好为人师。

有一些人,如果幸运地走上了比较厉害的道路,就不禁意气风发起来,觉得自己的经验教训简直已经是"葵花宝典",岂可埋没在一家公司里,必须放之四海而皆准,因此凡事都忍不住侃侃而谈,指点一二。

"别人一定是想向我学点什么""我一定能传授给别人点什么",也许如脱口秀所说,男人更容易有这样的心态。但在笔者看来,这未必是由于更自信,有时反

而是因为不自信。这样子的男企业家看起来挺可爱的，但说白了还是对自己的商人身份不自信，特别想要向谁证明自己是一个比自己更好的自己。

女企业家们就自信多了，她们在创业、攀登高位的过程中，已经充分向自己、向社会证明了自我。作为人来说，免于证明自己的自由是很重要的。环境商界女性在艰难攀爬的过程中，比较早地给了自己这样的自由。

那种发自内心尊重自己、尊重他人，并且很有自信的人，有种会发光的气场，这是我们对环境商界女性有好感的原因。这些在各自领域做出一番事业的女性，特别美。这种感觉不仅来自外表，而是精神层面的独立和自由给她们带来的从容和优雅。

环境产业女企业家的方方面面

出生年度公开的26人当中，1位出生于20世纪50年代，14位出生于60年代，8位出生于70年代，2位出生于80年代，1位出生于90年代。

即使看这不完整的数据，结合企业创始年度，也能发现20世纪六七十年代出生的环境商界女性都是在30岁到40岁之间开始创业，或者走上高层领导岗位。而现在正在盛年的80后女性开始承担企业领袖角色的并不多。

是因为当前的创业环境，反而不如十几年前对女性更友好？

又或许因为环境产业是个新兴又长情的产业。

新兴，是说创立超过20周年的企业都不多见，到现在为止，经历过一轮传承的环境企业（不管是传给家族内还是家族外）屈指可数；长情，是说它更新淘汰的速度比别的行业，比如互联网、IT行业要慢一些，45岁在这个行业里还不用担心会被"退休"，而80后看起来还太"嫩"。一位90后的出现丰富了年龄层，目前还是一枝独放。

有13位职业经理人，她们所在的企业有国企、民企，也有少数外企。还有31位企业家，有几个因为自己的企业被收购，身份有所转换，但她们都达成了白手起家、创立自己事业的成就。

商界女性的事业触角抵达环境领域的方方面面，当然总体来说还是以水和固废行业为主。就企业性质来说，有33家民企，7家国企和2家外企。

从地域来看，北京堪称环境产业女性创业热土，有15位工作地点在这里。其余的：包括深圳5位、上海5位、合肥2位、长沙2位，广州、佛山、郑州、苏州、天津、济南、福州、杭州、江阴、柳州、石狮、石家庄、淄博、东莞各一位，这表明什么样的土壤都有可能开出花儿来。

在这些对环境产业心怀情感的商界女性身上，那些女性标签与符号，终究会被遗忘。就职业性质而言，环境产业里，顶尖男性与顶尖女性除了对事情思考的角度有所差别外，他们对行业的驱动并没有明显差异，更不会有高下之分。

中国环境产业的二三十年发展，是一个真正的历史时刻，是时代级的事情，在这期间和以后，女性的力量都不应该被轻视。

环境产业的年轻人（一）
创业者的小天地与大理想

作者：全新丽

现在，环境产业里有一定规模的成功企业，大都已经有了二十年左右的历史，尤其是那些上市的民营企业，其创始人以60后为主，70后在其中都属凤毛麟角。与他们相比，80后、90后环境产业创业者的羽翼非常稚嫩。

在几年前，政策、业界和资本三者叠加，就已经告诉我们一个新的环境产业时代到来了。我们同时也看到，央企、国企的进入是如何冲刷、重塑产业格局的，在时代的浪潮下，连成名已久的大佬们都显得弱不禁风，那这届年轻人创业还有机会吗？他们如何在雄心、野心和现实的落差中找到落脚点并影响产业未来？

如果说那些成功企业家的今日辉煌其实取决于二十年前的判断，那么对于80后、90后这批年轻的创业者来说，他们今天的眼光也会在一定程度上决定未来他们的企业会是什么样。

我们在本书中用两个章节，将视角聚焦在环境产业的年轻一代身上。本文中记叙了13位年轻一代创业者。

关于环境产业里的年轻人们

13位环境创业者初次创业年龄平均约28岁，年轻人的火样激情总要迸发出来。

他们的创业契机

三思而后行,谋定而后动。

13位创业者全部有环境专业背景(通过读书或工作),其中10位有"打工人"工作经历,2位有科研工作经历;有3位受到老师的启发或直接帮助;有2位曾就职于同一家环境公司;有3位连续创业者;绝大部分有大学以上学历,部分有博士学位。

13位创业者的创业契机各不相同,而常规创业准备方面,找团队、找赛道、找融资等,也各有各的招数。比较共性的部分是,除了北京涞澈科技发展有限公司(以下简称"涞澈科技")创始人、CEO陈方鑫是博士在读期间即创业外,其他创始人都有工作经历,他们的工作经历有的来自高校和科研院所,有的来自环境企业和其他相关行业。

2017年,中国地质大学(北京)与中国环境科学研究院联培博士陈方鑫正式创办涞澈科技。

读博期间,陈方鑫对国家环保政策、未来发展方向,以及国际上环保发展状况有了比较深入的认知。再加上良师影响,他觉得自己在环境工程读了十几年的书,一定要把学到的专业知识转化为生产力,转化成社会价值,创业是一个非常好的选择。

陈方鑫

中源创能创始人、执行董事阎中也在读研、读博期间遇到了自己的良师。2004年他去北京市环境保护科学研究院读硕士,导师是王凯军老师(行业著名专

家，现清华大学环境学院教授）。2008年，王老师工作调动去了清华大学，阎中继续跟着王老师做一些相关的项目，其中一个课题是科技部委托王老师负责的有机废弃物生物处理。

当时王老师还是政协委员，在环保方面，给北京市和国家提了很多建议，他提出，环保领域有两个很重要的点被忽视了：一个是北京市大量的餐馆、饭店、食堂产生的餐厨垃圾没有进行单独处理，而其性质跟生活垃圾不一样；还有一类是以北京的新发地为代表的果蔬市场和农贸市场产生的垃圾也没有得到重视，没有实现单独处理。这两部分垃圾都是很好的生物质资源。

所以王老师非常早就提出来，需要把垃圾进行分类处理，这得到了科技部的重视。科技部让王老师牵头做这项工作。阎中全力支持王老师的工作，全面参与到课题中来，越来越觉得这确确实实是值得去做的事。

等到2010年项目结题，相关研究已经做了很多，又碰上舆论关注地沟油事件，餐厨细分领域已经有起飞之势，国家发展改革委当时又提出来要建100个试点城市。阎中彼时思考自己的未来发展，觉得科研院所不是自己的追求和兴趣所在，再结合自己之前的研究和政策方向，他觉得去做一个企业是比较好的选择。

最后一个真正的契机是，为了答复政府高层提出的一个环保问题，王老师拉着阎中和他的课题组同事以及其他一帮专家，到某地封闭了两周时间。

正好阎中和这位同事分在一个房间里，他们俩每天除了完成工作，就是讨论共同感兴趣的点，以及想做的事，最后不约而同地认可了创业选项。封闭结束后，俩人立刻着手创立了中源创能。一边创业，阎中一边又去清华大学读了工程博士，他的研究方向正和自己的创业领域吻合。

阎中在2019有机固废资源化论坛上

北京博汇特环保科技股份有限公司（以下简称"博汇特"）创始人、董事长潘建通北京科技大学环境工程专业研究生毕业后，在导师帮助下以人才引进方式留校，不过在工作了3年后，他踏上了创业征程。

迟金宝、陈凯华是潘建通的大学同窗，后来分别读了博士，三人于2009年创立了博汇特。

谈到博汇特的创立故事，不得不从它的名字起源说起。博汇特创立之初，定位主攻生化高效技术，博汇特的LOGO由此产生。三位创始人——迟金宝、陈凯华和潘建通的名字尾字声母连起来碰巧也是BHT，又以BHT翻寻贴切的中文名字，立名博汇特，意在博取众家之长，汇集天下英才，以创新技术行特立独行之事。

潘建通在2020（第十二届）水业热点论坛上

苏科环保创始人、总裁宋灿辉本科和研究生都在华中科技大学完成（环境工程学士，生态学硕士）。

2007年研究生毕业后，他在福建省住房和城乡建设厅村镇处任职；一年后来到杭州锦江集团，负责垃圾焚烧电厂渗滤液处理的设计、项目建设、调试和运行管理；2013年创业后，在宋灿辉带领下，经过十年实践与积累，苏科环保从环保新兵，成长为与国际接轨的科技型新兴企业；联合世界五百强住友电气工业株式会社（以下简称"住友电工"），成为住友电工环境事业部在中国地区唯一战略合作伙伴，通过引进先进材料，共同开发领先的五大应用技术，推动水处理的节能

及系统稳定。

大学期间,宋灿辉着迷于厌氧技术,觉得它能把污水转换成清洁能源,一定是社会可持续发展所需的一项关键技术。工作后,他对环卫行业渗滤液处理痴迷,关注的是固体废弃物处置(填埋和焚烧)过程中产生的二次污染问题。

如何低耗、高效、稳定地解决垃圾处理过程中产生的渗滤液问题,是宋灿辉在2007年至2011年一直专注研究的课题。

宋灿辉后来选择创业,也是因为想要在工作实践中探索更好地解决渗滤液问题的方法。他认为,水处理的本质就是"高效反应器+高效分离"。"膜分离"是一种高效分离技术,大部分人对膜技术的诟病在于膜材料,膜的本质就是材料问题,材料问题解决了,就能从本质上解决膜在实际应用过程的问题。

2008年左右,在实践过程中他发现了来自住友电工的POREFLON材料:15年使用寿命,可以耐受强酸强碱,超强的亲水和耐污染性能……"太优秀了!"他说,当时的心情就像"众里寻他千百度,蓦然回首,那人却在灯火阑珊处",豁然开朗,又妙不可言。这也正是苏科当年成立并携手住友电工的原因,双方秉承着"为水环境治理提供节能降耗的可持续管理方案"的共同使命。

宋灿辉

13位创业者中还有两位曾就职于主营污水处理厂自控系统的老牌公司——中自控(北京)环境工程有限公司(以下简称"中自控"),一位是金控数据创始人、董事长杨斌,另一位是创臻环境创始人、董事长陈健。

不过两人同事时间并不长，2008年陈健加入中自控，杨斌同年离开。他们后来都创业也只能说是环境领域一个不算罕见的巧合。

杨斌2008年创立金控数据，业务主要包括工业自动化控制系统集成和工业信息化管理服务。13年间，金控数据从自动化到信息化，再到智慧化，见证了我国智慧水务技术的迭代与发展。在2013年云概念诞生后，杨斌的思维也进一步开阔，此后，他决定从之前宽泛的"智慧环保"领域聚焦智慧水务领域，并开始尝试用SaaS（Software-as-a-Service，软件即服务，即通过网提供软件服务）模式开展智慧水务业务，平台名称叫"数矿"。

杨斌在2015（第九届）环境技术产业论坛上

而因家庭遭遇变故重新思考人生的陈健于2013年初次创业，创立卓控，顾名思义，这也是一家以自动控制为主业的公司。这家公司依然存续，但已不是陈健的主要创业目标，他说："把这个行业摸透之后，就发现它的门槛不高。因为系统集成这些东西，仪器仪表、plc软件、电缆、大屏，价格都非常透明，行业利润就很薄了。"他在做得非常专业的情况下也只能是比同行略好一些。

2015年后，陈健加入中科博联，"泥水不分家"，客户群体一样，从污水到污泥显得顺理成章。因为很多事情无能为力，他选择离开中科博联，于2018年12月创立创臻环境。他凭借自己的才华获得了中自控和中科博联的青睐，但他不愿止步于此，更渴望自由地决定奋斗的方向。

陈健

与陈健一样，尼科控股创始人、总经理纪宝铜也多次创业，而且他创立的公司跨界幅度更大。

他在做业务获取第一桶金后，即开始创业历程，先后创立河北世源管道、沧州集亿电子商务、沧州莱奥科技、云司图、沃特仕等公司，这些公司都还在运营。

为了能更好地经营，纪宝铜决定出国去读MBA，在读语言预科时，他的老师张晓春（燕山大学环境系的创始人之一）给他打电话说，"污泥无热干化技术"研发完毕，可以市场化了。

纪宝铜回国之后先调研市场，拿定主意后跟老师一起成立了秦皇岛尼科环境有限公司（尼科控股前身）。在老师的召唤下，他放弃了读MBA，决定投入到环境领域的创业中。

江西盖亚环保科技有限公司（以下简称"盖亚环保"）创始人、董事长柴喜林本硕博均毕业自中南大学，先后在中国中铁隧道局任技术总工、项目经理，2015年8月创办了盖亚环保，2017年成立中南环保研究院，并兼任江西省有机废水工程技术中心主任。

纪宝铜

柴喜林

江苏博泰环保工程有限公司（以下简称"博泰环保"）创始人、总经理朱陈银2002年起就职于雪浪环境，历任工程师、项目经理，2007年创立无锡博泰环保科技有限公司，2011年在盐城投资兴建生产基地，创办江苏博泰环保工程有限公司，任总经理。

朱陈银

朱陈银说，创业还是因为看到垃圾焚烧领域烟气处理系统及输送设备，有很多产品包括整个工艺系统都是进口的，设备使用和维护服务方面不到位，他和团队认为有机会通过国产化在这个领域创立自己的事业。

江苏力鼎环保装备有限公司（以下简称"力鼎环保"）创始人、董事长何海周，也两次创业，他说自己选择创业，是顺其自然。

第一次，他刚刚大学毕业不久，因为不甘于职场里的朝九晚五，在家人支持下，凭着"这个想法很不错，值得好好干"的"创业冲动"一头就扎进了商界，社会给这个懵懂的年轻人好好上了一课。

如果说第一次创业是"不甘平凡"，何海周第二次创业堪称"水到渠成"。他一直在环境产业专注于分散污水细分领域，积累了大量产业资源，当时社会上也有明显需求，可是缺少一个能够跟市场真正有效对接的自主平台，在与合伙人袁金梅的一次短暂交谈中，江苏力鼎环保装备有限公司应际而生。

何海周

雷茨智能装备（广东）有限公司（以下简称"雷茨智能"）创始人、总经理吴炎光的创业也是"水到渠成"。

他本人喜欢理工科，多年钻研流体力学、机电工程、环保科技等领域，师从著名的流体力学专家刘亚北先生（刘先生历任沈鼓集团设计室主任、副总经理，骞海风机总经理兼总工程师，西玛风机股份总工程师等职位）。同时他还研修了西安交通大学的流体力学和同济大学的环境相关专业。

吴炎光20岁不到就开始涉及风机行业，历经风机研发、生产、销售、管理等多个岗位的打磨、洗练，对于风机设备的上中下游产业链非常熟悉，对于为客户提供综合的节能风机解决方案有专长，得到客户信赖，这让他在风机行业快速成长。

兴趣、热爱、擅长成为吴炎光21岁创业的基石，他在2011年创立雷茨智能，钻研探索风机核心技术，攻克风机节能和稳定的硬件和软件技术，实现国产化，节省成本，提升效能。

和吴炎光一样出生于1990年的华夏青山创始人、CEO张伟，其创业是站在家族企业山东群峰重工科技股份有限公司（以下简称"群峰重工"）的肩膀上，他同时也是群峰的副总。

吴炎光在 2021（第十九届）水业战略论坛上

张伟在英国曼彻斯特大学攻读环境工程的研究生，毕业后，在英国威立雅针对固体分类的子公司实习了不到一年。回国后他曾在大众汽车工作了两年，之后进入自家公司。

他感觉到家里的产业有待升级，因为群峰主要以加工制造业为主。他觉得国家政策的导向，还有国内环境保护需求，都在不断提升，应该把国外先进的设备、技术理念，跟国内的实际情况结合，形成自己特有的模式。

群峰重工的加工生产基础非常扎实，张伟所要做的是在北京创立一个更高的平台去承接项目和工程，把设备生产制造和后端工程服务串联起来，这样工艺、设备都会在短时间内得到反馈和提升。

张伟

亚德（上海）环保系统有限公司（以下简称"亚德环保"）总经理朱振鑫的创业属于在一个大平台内部创业，他个人在环境领域工作多年，有其他行业创业经历，但最终选择了更合适自己的一条道路，2018年回到亚德环保（一家源自德国的跨国环境技术公司，在被央企收购前，业务已经覆盖几个大洲，现已由央企国投控股51%）。

他认为，环境领域的创业如果跟工程相关，订单的持续性是个问题。可能会有项目赚钱，但如果没有品牌，又没有突破性技术，很难拼得过别人，如果沦落到打价格战就不赚钱。另外还占用资金，资金链可能跟不上。诸如此类的问题，让他经历过一次创业之后，就坚定地选择了平台创业。平台创业可能份额很小，可是平台大，一个大蛋糕上的一小块可能比一个小蛋糕的整个体量都大。

朱振鑫接受中国固废网采访

创业启动资金与资本

有了创业契机，真正要走上创业之路，也绝不是脑袋一热就行了。

张伟和朱振鑫不用说了，背靠大树。陈方鑫创业也得到了同为创业者父母的支持。

纪宝铜、陈健等都是靠以往工作的积累，而且都在前次创业过程中，给自己攒足了底气。

纪宝铜说自己创业的心态好、状态好，因为他之前创立的公司现在都在运行中，在各自的领域非常稳定，这是他的现金"奶牛"。他认为，创业千万不能孤注一掷，不然的话，初创企业前三年真的是熬不起。

陈健说他做了两家公司，从来没有做过融资，也没做过贷款。最近创臻环境考虑贷款，因为不贷款，没有跟银行有借有还的往来，没法建立企业信用，况且现在贷款利息很低。他在慢慢拓展这方面的思路。

相比之下，阎中 11 年前创业时起步资金很少，两个人一共凑了四五万块钱。作为科技创业者，俩人觉得技术很重要，专利很重要，所以还花了一些钱去申请专利，钱很快就花光了。

以前种子期的环境创业公司基本上不会有投资者进来，环保领域里天使轮、Pre-A 轮、种子期的投资事件极为罕见，即便有，也都是来自"3F"，即 Family（家人）、Friends（朋友）和 Fools（傻瓜）。

不过时代不同了，2020 年 4 月 23 日，涞澈科技就宣布完成千万级的 Pre-A 轮融资，投资方为北京安芙兰资本。还有一家是梅花创投。梅花创投在资本市场也比较知名，尤其是在早期市场，投资多是消费品行业，涞澈科技是其投资的首个环境技术企业。涞澈科技作为初创企业得到了资本的充分支持。

时代确实不同了，这些受访的创始人们对融资、资本的态度都很理性。

2016 年，中源创能融资过一次，E20 环境平台战略投资了它。金控数据也在 2016 年获得了启明创投、中信建投两家投资机构 3000 万 A 轮投资。

同样是 2016 年，博汇特邂逅宇杉资本，后者随后发起博杉基金参股博汇特。在宇杉资本的推动下，博汇特 2017 年在新三板挂牌。除了资金助力，宇杉资本的投后管理帮助博汇特正式步入了快速发展轨道。

而博泰环保直到目前都是以自有资金在创业，发展到现在也已经十四年了，如果没有更大的野心或者更大的战略目标，继续坚持小步快跑的节奏，那么依靠自有资金完全是可以的。

朱陈银说，资本有两面性，它可以加快企业成长，也可能扼杀企业的自主性。关键就在创业者是怎么想的，如果想在短时间内加速或者跑过竞争对手，或者在行业内快速迭代，那还是需要资本介入。

目前，博泰环保和一些资本在谈。朱陈银说："按照现在的节奏，我们可以说活得很自在。但是我们想要成为国内细分领域龙头，而且想参与更多国际竞争，那还是有差距的。国外行业龙头，基本上都是智能化的。"国外公司已经有非常成熟的产品以及经验，资本实力也更强，有多维度竞争优势，如果只是价格低、服务更好，还不足以跟国外的竞争对手进行全面抗衡，所以还是需要资本助力。

博泰环保基本上放弃了舒适、缓慢发展的路径，它想要借助资本的力量，来加强自身发展，进行适度的行业整合（2017 年并购中泰环保并成功融合，近期公

司又进行了新一轮的并购事宜），来应对直接的国际化竞争。

即便是不差钱的张伟也说："当下我们以朝气蓬勃的姿态先去发展，等到一定阶段的时候，如果有资本比较看好这个行业，对我们的管理和发展方向认同，那我们也是欢迎的。"

何海周的态度也是："拥抱资本，希望它帮忙不添乱。稳健经营，打铁还要自身硬。"

柴喜林也认为："资本是可以起到助推发展作用的。引入合适的资本方，利用好资本，可有效促进企业快速健康发展。但同时资本对企业来说也是双刃剑，需要企业家有清醒的认识，真正理解资本对企业发展的作用，不盲目使用。"

正式成立于2020年的尼科控股引进的资本是上海安若，投资1000万元，占股10%，安若还有一个高级合伙人加入尼科。纪宝铜说他接触过很多资本方，资本可以做朋友，融资融进来的是资源。不过，尼科目前已不再接受股权投资，只接受项目投资。

创业领域选择：做细分领域老大

从13位创始人的创业契机中可以看出，环境领域不缺创业机会，但如何选择自己创业的领域和方向，市场空间够不够大，发展趋势如何，行业竞争者是否强大，都是创业者下场前需要考虑的问题。

创始人们都避开了一些明显领域：即将下滑，或者明显处于下滑趋势的市场，比如一些被淘汰的工业行业的污染治理；以及市场饱和，竞争对手过于强大的市场，如市政污水处理、垃圾焚烧等。

在环境产业，创业机会多，但好的赛道是稀缺的，有潜在机会的赛道，都有很多有力的竞争者。而且巨头们几乎全方位下场跟创业公司竞争，什么都做，比如说村镇污水处理市场不错，垃圾分类不错，有机废弃物处理不错，然后再一看，好几个巨头撸着袖子下场了。

所以，在环境产业，能够找到一个空间足够大，而且具有快速成长性的细分领域，就可以做很多事情。这正是80后、90后创业者的机会所在，所以这么多位受访创始人的抱负都是做细分领域的龙头、老大。

阎中已创业十一年，他说："创业时想做一个方向，肯定不是想做一个一般的小企业。我很明确地提出我们一定要做一个细分领域的老大，但是在开始将近两年的时间里，其实我们都没有找到方向。"

他的合伙人之前主要从事农村生物质供气和沼气工程，而阎中之前的研究是在高浓度有机废水厌氧消化方面。他们都是王老师的弟子，相当于一个练的"气宗"，一个练的"剑宗"。俩人都认为自己的方向好，但是也都同意，各自领域可能很难做到全国老大。那时候他们还做了生物质垃圾项目，他们认为这也是一个很好的方向。

他们的解决办法就是面对现实，能做什么就先做什么，做合适的事情。

从最近来看，大家都已经接受"有机垃圾分散处理"概念了。国家"十四五"管理规划、设施规划也明确提出来，要以集中处理为主，分散处理为辅，用分散处理和集中处理相结合的模式来进行垃圾处理。

但在十年前，阎中刚开始决定做分散处理的时候，现在结论性的东西还不成立。"分散处理"几个字也是他们提出来的，当时有就近处理、源头处理、分散处理等各种说法。

他们自己都不是很确认能否引领出一个行业来，但是他们有一个朴素想法：把收运距离放短，把费用降低，把规模放小。他们想做这件事情，而且认为这件事情很科学、合理。

阎中说，集中处理项目不是初创型企业能干的，差距太大了，全是BOT模式，投资都得上亿，对一个手上只有几万块钱、很快就花完了的企业来说，完全不可行。所以他们要从科学、合理的小事做起。

"但是只有我们在想，等到你把这个技术真正拿到市场上之后，你会发现那确确实实就是你自己在想，根本没有人要这样的产品和技术。"他说。

他们去跟一些潜在客户业主交流，首先要跟人解释什么叫分散处理，为什么要做分散处理，以及分散处理和集中处理的关系是什么等，就像做科技报告一样，先把事情说清楚，然后再去说自己的东西。

他说，好的一点是，一旦客户接受了这种观点和理念，其实行业里面是没有人跟你竞争的，因为这东西是你发明创造的，所以你可能花70%让他接受这个理念和观点，剩下的事情就很好解决了。

从分散处理概念提出、技术完善、模式完善，示范工程的建设、推广，到现在无论是市场占有率还是项目数量、规模都占据优势，这样下来是不容易的，中

源创能创业十一年，集中精力做这个细分领域的时间有七八年。

做到现在，中源创能已经完成了行业推动方面的工作，建立了自己的门槛，技术、市场方面的磨炼也同时实现了。

创臻环境做的也是有机固废领域，但它有自己的路数。陈健选择的是堆肥一体化集成式智能设备。虽然创臻环境真正创立没几年，但陈健在行业方向上的推动更早就开始了。

在中科博联时，只有他跟随陈同斌董事长坚持推广用一体化装备代替传统槽式工艺。有些人认为干了十几年都是在做传统的槽式工艺，各种设备非常成熟，为什么非得改去做一体化集成式装备？但陈健觉得这是一个趋势，行业必然是向一体化、装备化、智能化发展的，必须去做。

他觉得这个细分领域能支撑两三家公司上市，潜力足够。污泥的市场也许小一些，但畜禽市场还是足够大。根据E20研究院数据，全国年产生含水量80%的污泥5000多万吨（不含工业污泥4000多万吨），而畜禽粪便是40亿~50亿吨，是污泥的百倍。

所以，除了污泥，畜禽粪便、未来餐厨垃圾等其他有机垃圾，都是可以去这样处理。在这个市场上，还没必要刀兵相见。

创臻环境走堆肥路线，力推集成式、一体化设备。陈健认为，任何一个技术、产品出来，哪怕不是发明，哪怕只是创新，也是需要很多年行业积累的。他们的集成式装备，也是在各种经验基础上去做系统优化，再花很长时间去项目上做论证。

现在他们主要拓展了两个方向，核心产品有两个版本：一个是市政版，针对污泥处理；还有一个是农牧版，针对畜禽养殖或者秸秆等农业废弃物。

两个都是一体化设备，外形相似，但是里面的机器人、整个的生产工艺都不一样。污泥难处理，需要加辅料，里边有两台机器人，整个工艺逻辑控制比较复杂。农业废弃物像秸秆比较蓬松，含水率低，基本上就是一台机器人。

创臻环境的研发团队，同时还在做一些小型的生活垃圾处理设备，大概一两吨，主要用于旅游景点、自然村落，处理有机固废，如枯枝落叶、秸秆之类以及厨余垃圾、塑料袋、塑料瓶子等，类似于热解碳化工艺。

和阎中观点相同的是，陈健认为那种动辄需要几个亿去撬动的项目，自己还是不要不自量力。"我们今年做1个亿，那我们就做1个亿，很难说突破5个亿、10个亿的体量，市场和我们自己的产品都需要孵化。"

陈方鑫创业的领域是污水深度处理环节的脱氮，他称之为"污水硫自养脱氮技术产业化"。这是比较新的领域，而且符合目前的低碳政策，也是解决温室气体很重要的一个组成部分。工业生产、人类生活，都会产生很多氮污染，政策越来越严，公众要求越来越高，催生出了这个细分领域。

涞澈科技采用的技术叫自养异养协同。传统脱氮采用异养脱氮技术，治理过程中需要投加碳源，产生二氧化碳，带来温室效应。而自养异养结合的方式，在降低处理成本的同时更符合低碳原则。

陈方鑫的追求也蕴含在企业名字里。"涞澈科技"有两层意思：其一，源自顶级科学期刊 Nature，选择这个名字是告诉公司的伙伴们，要尊重技术，公司定位是技术公司；其二，取"自然"之意，公司很多技术都是以自然的方式去解决环境污染的问题，很多原料都利用了废弃物，治理过程也更加绿色。

尼科控股成立虽晚，也摸索出了一条自己的路子。纪宝铜他们曾面临选择：第一个方向是既然已经直接研发出设备，卖设备就好了。如果走这条路，也许能更快收回成本。

从技术看，污泥领域有低温热干化、热干化、烟气干化等，都是带"热"，尼科控股是完全不加热，前端用机械方式脱水 10 分钟，含水率能到 50% 左右，后端再用强风，含水率可以降到 40% 以下。

纪宝铜认为，如果卖设备，这个设备很快就会被模仿，知识产权这块儿会出现很多问题，所以就不以卖设备为公司主导方向。他们计划自己投资，自己做运营，比如新建项目他们来投资、运营，即 BOT 模式。

为什么敢这么做？他说，尼科的核心优势就是成本，低温热干化，从 65% 到 40%、30%，成本在两百三四十元左右，尼科的成本是百元以下，有绝对优势。即便处理费用政府只给二三百块钱，尼科控股也可以运营，而许多公司的技术是不具备运营潜质的，他们要做运营都得五百元以上。

他们如何看所在细分领域及环境产业未来

在创业时，选择一开始很容易赚钱的方向很可能走不远，因为赚一两年钱后马上会到一个瓶颈，并且可能随着市场的变化而变得不再赚钱。

这种时候公司都很难维持下去，因为团队一开始聚集的目的就是为了赚钱，

而不是为了实现一个更远大的理想，去让这个世界变得更好，去满足环境领域未被满足的需求。于是在没有钱的时候，公司就会立刻作鸟兽散。

创业者要问自己：这个事情愿不愿意干 10 年、20 年，甚至 50 年、100 年？一位 60 后在创业 20 多年后，还在公司年会上豪迈地宣布："为环境再干 50 年！"

基于此，再客观判断自己做的事情到底是不是某个环境问题的最优解，它是不是环境行业未来的必然趋势。

可以说，本书中 13 位创始人，都对自己的产品、自己的业务、自己的团队、自己公司的愿景和使命充满热情。

关于对自己创业领域的看法，宋灿辉表示："我们的膜材料和应用技术代表着 MBR 技术未来方向。"有关环境产业，他认为，机遇大于竞争，比起互联网行业的快节奏，制造行业的激烈竞争，汽车和新能源产业的血雨腥风，庆幸这个行业机会多，门槛不高。当然，也让人有很强的危机感，环境行业管理、人才密度、科技含量和行业的成熟度不高。所以他认为，需要 E20 环境商学院这样的机构对行业布道。

宋灿辉说，虽然已经创业十多年，但是依旧能体会到那种热血沸腾的感觉。在接近凌晨回家途中或者上班路上，他能够真切地感受到自己的血液就像煮开的开水一样在沸腾。

也许正是这种沸腾的感觉让他不觉得创业艰辛，而是遇到问题就去努力改进。

陈健对自己的创业领域也有一种强烈的信念。"（做）工程装备化，就是要把旧观念彻底给扭转过来"，一两年的时间，情况已经发生了变化，他一直致力于推动行业，引导客户用一体化装备，市场教育完成了，到了培育期。不光他们自己，连带做滚筒和发酵仓的企业都沾光了。

市政污泥处理如果建一个污泥处置厂，就要搞土建，要大量的发酵槽，要配各种设备，而现在工程可以做到装备化了。陈健认为，这符合环境领域智能化的发展趋势。

企业追求的是利润和现金流。工程装备化，可以将现金流流速提高 3~5 倍。

300 吨的项目，1 亿元投资中 7000 万元是土建，3000 万元是设备，环境公司成了给土建方打工的过路财神。工程装备化能把利润往装备里面转移，哪怕总投资再往下压，对环境公司来说也是合算的。

对客户来说，这类工程高度集成，功能完善，省地、省时间。一个污泥槽式发酵工程，根据规模大小，建设要一年到一年半时间，北方冬季不能施工，南方雨季不能施工，现在建设周期缩短成原来的三分之一，原来要一年，现在只要三个月；同时，设计院相关设计工作量减少90%，不用再画各种构筑物的图了，只用计算好水、电、规模，画平面图就可以。

技术的核心是设备的稳定性。堆肥，本身就会有腐蚀，那么在不同情况下，设备能不能承受得住，包括设计是不是合理，是重点要考虑的问题。

阎中在创业多年后，对行业的理解也更深入了。

他说，感觉当年创业就是凭一股猛劲，现在会更理性地看这个行业，发现在某一些地方做出一些小的成就是有可能的，如果把眼光放在整个环保行业上，想做出比较大的成就来，就必须选对、选好方向，选择一个具有发展潜力、市场规模足够大的方向。

什么叫大的成绩？阎中说，就是做到类似于北控水务、光大环境这样的体量。如此定位，坦白来讲很不容易。国内搞这个产业已经几十年了，巨头之下，如何找到新蓝海？

他认为比较大的一个机会就是做垃圾分类。从理性去判断，真正能够做大规模、做大成绩的，一定是跟每一个老百姓的生活都相关的领域。跟生活不相关的单个工业企业的处理等，无法做到很大规模。

这一点通过行业就能够看得出来，只有生活污水处理和生活垃圾处理才能产生如北控水务和光大环境的巨头，现在，行业已有巨头，对于创业者来说只能参与一些提标改造的事情，或者说在技术上有一些创新，做一些局部提升。

为什么垃圾分类可能是一个有做大潜力的方向？因为垃圾分类跟老百姓相关，量比较大。同时垃圾分类会对过去的生活垃圾处理产生非常大的影响。当前大家都说垃圾分类有很多问题，而问题所在就是机会所在。

十年前中源创能搞餐厨垃圾的时候，大家都在想：这个领域的好多问题会影响企业发展。一路走来，那些所谓的链条问题等根本不是发展的障碍，放到现在也是一样。垃圾分类产业的规模和逻辑，有可能会形成一个像北控水务和光大环境这样体量的企业。

张伟也看好垃圾分类带来的市场机会。华夏青山布局的三大重点版块包括可回收物、厨余和建筑垃圾。华夏青山还跟德国、芬兰的公司合作，引进经过测试符合我国国情的设备，而且跟项目绑定。

可回收物领域，他们自主研发了一些新的设备，包括光学系统、人工智能识别系统，智能化产品识别率能够达到95%以上。2020年年底，华夏青山在山东德州市的高新技术产业园区获批六七十亩地，专门发展一些高精尖产品。

博泰环保的产品包括锅炉灰渣输送系统、烟气飞灰输送系统、飞灰固化系统、焚烧炉上料系统等，对于自己所在的垃圾焚烧发电末端治理领域，朱陈银认为，行业比较分散，因为前端就不太集中。前端分散以后，给做设备的企业带来一个问题：小企业多，基本上没有大的竞争力。在国内做一些项目还可以，但是放到国际环境里面去竞争，就很难出得来。

从整个垃圾焚烧行业来讲，现在的资方业主端，国内跟国外比，速度、整体工艺都没有太大差距；排放标准方面，国内现在也已经要求达到欧盟2000标准，有些地方像江苏、上海还要优于欧盟标准。

但是设备制造方面，质量控制还存在比较大的差距。产品能用，但跟国外比，寿命没人家的长，性能没人家的好。这当然跟客户需求也是有关系的。前几年前端低价竞争，对整个行业都是有害的，现在拿项目的价格，基本上已回归理性。

只有当业主越来越集中，需要从存量市场出效益的时候，才会对后端提出更高要求，包括要求产品能够使用更长年限，要求故障率更低，并会计算性价比和能效比，而不光考虑价格。只有当慢下来，只有当市场集中度提高了，对产品和产品系统服务的要求才会越来越高，这样一来，大家比拼的就是技术以及产品本身。

博泰环保坚持产品化战略，一方面在新产品研发及其所熟悉的生活垃圾焚烧领域进行创新，比如说怎么样使产品更加智能化、更节能；另外在生产这一块，以智能化提高速度和效率，让产品本身更有市场竞争力。

朱陈银说："技术创新、增强产品竞争力，有助于服务以后越来越集中的客户市场，那我们就能够占有更大的优势。"

亚德环境则是一家有德国技术基因的公司，主要细分领域是工厂三废，提供废气、废液和固废的整体处理解决方案。朱振鑫说，焚烧处理三废占到业务量的40%左右。随着时代的发展，他们现在在国内客户比重大幅上升，之前外企占了80%，而现在国内的客户比重已经快到一半，且还会继续提高。

亚德环境选择央企国投进入环保产业，基于对行业这样的判断：工业危废竞争，也一定是会有国家和地方的平台来进行整合。

同时看重国内、国外两块市场的央企、国企不多，国投则因为国家的"一带一路"政策才有这样的战略考虑。亚德环境的业务刚好大都布局在"一带一路"国家，有很强的海外业务优势，双方都符合彼此的战略选择。朱振鑫说，我们不是那种所谓的"走出去"企业，我们确实在当地用 20 年站稳了脚跟，而且在当地的公司都在赚钱。

深耕智慧水务的杨斌则表示，"用 20% 的投资，创造 80% 的价值，是我常跟客户强调的智慧水务设计理念，也是我对智慧水务现阶段价值的判断，在充分实现客户价值之后，自然会带来企业收益的提升和发展壮大"。他说，未来，金控数据要实现一定的营收规模，拥有一定体量，最终实现 IPO 目标，"我们相信，这个细分领域的空间足够我们去成长。"

关于技术：是创业成功的必要条件，但不是充分条件

环境说到底只是个应用科学。原理性的内容确实大同小异，技术创新需要应用场景和支撑材料的大变革，但这种变动好几年才发生一次。

在一些新领域井喷的前夜，年轻的创业者们很难准备好相应的技能和资源。所以 80 后、90 后们，无论是十余年前创业的"老人"，还是最近两年入场的"新秀"，他们再一次不约而同选择特定细分领域的技术和产品作为自己创业的起点。

但无论如何强调自己技术、产品的创新性，在环境产业里，都不可能以绝无仅有的技术独闯一路，毕竟是 To-B 行业，单人夜爬山，你不怕客户都怕。

To-B 技术、产品必须向客户证明大方向是对的，友商早晚也会这样跟进，自己公司只是领先半步。就像阎中、陈健他们那样向客户证明自己的判断，引领行业，教育、培育市场。

证明自己之后，以技术立身的初创企业还需要保护自己的知识产权。

纪宝铜说，"我们选择战略合作伙伴很谨慎，它最好不要有技术研发的想法。"尼科控股现在跟山西建投等国企签署了战略合作协议，对方有市场资源，尼科有技术资源，未来可以共同投资。纪宝铜一直屏蔽能够做环境技术研发的央企、国企，因为不想在这个过程当中，自己的技术被破解。

涞澈科技也面临同样的问题，但陈方鑫觉得，行业没有想象中那么大，抬头不见低头见，而且整个行业包容性还是很强的，尤其 E20 现在做了很多整合工作，让涞澈科技经常有机会和龙头企业打交道、做交流，这也是磨砺自己的过程。

关于技术，阎中认为中源创能的优势毫无疑问肯定是技术，其他方面现在还谈不上什么优势。他们最近刚刚深入讨论过一次，环境技术型企业其实也要仔细分析自己的技术和自己公司发展的驱动力。所以在技术产品之外，还有营销力，它们共同驱动企业发展。

阎中认为不能过于迷信自己的技术，也绝对不能抛开技术去理解市场或者营销能力，技术产品力和营销力应该"双轮驱动"。

环境领域的创业都是To-B业务，技术和产品不是万能的，还有资源部署、商业模式需要理顺。

初创企业采用什么样的技术、产品形式，针对哪个客户群体，在哪个类别赛道，都是这摊生意的限定词、基本面，深刻地影响着公司的业务属性以及创始人的决策，技术只是其中一个方面。

纪宝铜（尼科环境）选择做BOT；陈健（创臻环境）选择卖一体化设备；宋灿辉（苏科环保）十年初心不改，始终致力于对"代表未来发展方向的POREFLON膜材料的开发和应用的探索"；杨斌（金控数据）围绕"数矿"理念深耕数据云平台，力争在5年内实现服务超过3000家水厂的目标；潘建通（博汇特）将自己的工艺、产品应用于工业、市政、工业园区、分散点源治理领域并节节开花；何海周（力鼎环保）提出了"面向分散式场景污水处理工艺开发及相关设备产业化"；吴炎光（雷茨智能）以鼓风机和空压机为核心产品，打造更加坚实的产品品牌和企业品牌，服务双碳时代；朱陈银（博泰环保）提升产品性能，参与垃圾焚烧发电领域末端治理的国际竞争；阎中（中源创能）引领了垃圾分类及有机垃圾分散处理细分领域；陈方鑫（涞澈科技）以快、准、狠切入污水深度处理；朱振鑫（亚德环境）决心在工业三废上继续以工程师精神，与卓越者同行；张伟（华夏青山）要在生活垃圾处理装备上百尺竿头更进一步；柴喜林（盖亚环保）在农村环境治理上蹚出了自己的路子……

他们都有光明的未来。

关于60后：学习前辈好榜样

很多60后创业时，将威立雅、苏伊士这样的国际环境领域巨头及其下属公司当做对标。而80后、90后将目光投向了别处，柴喜林、陈方鑫、吴炎光、阎中等多位创业者都将任正非当做心目中的英雄，视华为为科技创新的标杆。同时，他们对行业前辈怀有敬意，也能看到各自的区别和优势。

柴喜林认为，随着环境产业的高速发展，80后、90后环保人正逐渐成为环保行业的主力军和中坚力量，有一批杰出人才脱颖而出，特别是高学历、科研型的企业家正在锐变成为一线的商业领袖人物。

他认为，从环境产业发展环境来说，现阶段是高速发展阶段，行业前景可期，因此相比60后企业家来说，是遇到了好的时机。但相比60后企业家的成熟、管理经验的丰富、人生阅历等，他们觉得自己需要学习的地方有很多，只有持续不断地努力学习、全方位地学习，才能更好地带领公司全体员工实现预期目标。

张伟也认为父辈在自己创业阶段对其正确方向的指引使他少走了很多弯路。

何海周说，老一辈创业者是年轻人的榜样与动力。环保行业是一个从无序到有序循序渐进的过程，他们探索更早，所承受的竞争压力与当下会有所不同。但核心商业理念如创新、坚守，永远值得年轻人学习。他更希望借鉴老前辈和行业经验，结合当下的政策环境做出更多有效的比较、分析，走出真正适合自己的快速发展的路径。

陈方鑫跟环境领域60后企业家在一起时，也是抱着学习的态度，他说："他们也有过创业的挫折，他们的经验有可能对新创业者有很大的帮助，让我们少走弯路。"

"我们现在遇到了好时代，国家重视环境科技，发展环保产业，又有老一辈创业者替我们厘清了相对成熟的市场和客户群体，我们这一辈要幸福太多。"宋灿辉说，"我们要做的唯有不忘初心，专注技术与创新，共同为推动生态环保建设这一重大工程出一份力！"

从小天地走向大理想

创业成功的案例实际上很可能是幸存者偏差，创业本身存在很多未知，客户、市场竞争、团队……做成了或者栽大了都有可能。本书采访对象选择范围有限，并不能非常全面地展现80后、90后环境产业创业者的状态。

但可以确定的是，这些创始人们确实是在创业。*startup* 和 *business* 是两回事，很多人就是做个 *business*，而不是创业。创业是革命精神和科学管理的结合，这是13位环境产业80后、90后创始人在做的事。

他们都选择新的细分领域，甚至细分再细分，这是共性，也是必然，因为这些细分领域是相对空白的市场，有机会做成第一，并且成为这个细分市场的规则制定者。在成熟的市政污水处理、垃圾焚烧发电领域，他们已经没有机会。

60后在他们的黄金年龄赶上了中国环境产业的萌芽以及经商下海潮，而1980年后出生的人里无论有没有更聪明、更热情的，他们已经不可能冲破老一代二十年建立的门槛。

按照笔者以往的认知，80后、90后的创业者只能从环境产业的边边角角，看哪儿还有需求没被满足就做一做，怀抱一个大理想，苟且于一片小天地。

但通过采访这批创业者，笔者觉得中国的环境领域不仅有着积极而又独特的优势，也蕴含着巨大的创业机会。或许在环境需求更高、政府管理者相对更成熟的现在，我们可以开始期待，环境产业新的创业群体会带来不同的景象。相比没有下场做过事的人来说，他们将具备不一样的视野与体验。

80后、90后创业者和60后、70后创业者之间相同的是，他们都有一种激情，他们都有专业背景。

这种激情来源于对环境领域的喜爱和自身的能力，而且这种能力是随着业务逐步滚大的。他们未来也能逐步积累起大规模、高层次的运营和管理经历。比如这些创业公司里，最近两年创立的，员工一般在二三十人，而十年前创立的，员工已经有四五百人，业务量也比较可观。如果遇到特殊的政策、市场机遇，假以时日，80后、90后的创业公司也许也能进入一线阵营。

他们已经知道事情本身是怎么样的，没有盲目地冲动和幻想，而是抱着脚踏实地的信念和一种对风险足够多的把控和预期，尽最大努力而为之，去换取一个尽可能好的结果。就80后、90后环境产业创业者来讲，这起码是一种比较好的心理状态。

一些创始人明确表达了IPO目标，也有一些较为含蓄地提及。但是否应该放弃IPO信仰，把寻求与同行合并或被巨头收购作为主攻方向，也是摆在每个创始人面前的题目，尤其是发展到了一定阶段的公司。

一位创始人就说，他们已经到了一个十字路口，到了再次选择方向的时候，向左走，进一步扩大自己的营收规模和利润——本来也是这么做的，然后去资本市场；向右走，就是及早和一些大的国企、央企合作。

这两种路径都有可能，但是纯粹的技术驱动，或者用原有创业团队驱动的时代已经过去了，他感觉现在需要赋能。

"再过 8 个月，他将满 45 岁，作为一个男人，这是一生中最美好的时光。"

这是盐野七生在《罗马人的故事 9》中描写即将登上罗马皇帝位的马尔库斯·图拉真的话，送给还有几年甚至十几年才到 45 岁的 80 后、90 后创业者们，也送给有抱负、在创业路上闯荡的年轻人们。

环境产业创业者们，真的了不起。

环境产业的年轻人（二）
环境上市公司的少帅们："小鲜肉"已变成实力派

作者：全新丽

环境产业里的年轻人，有创业者，也有职业经理人。在上一章基础上，本章我们将重点写一写环境产业里的少帅们——泛 80 后一批做到上市公司高管的职业经理人，现在也是产业发展的中坚力量。

环境产业上市公司泛 80 后高管都是谁

从我们的统计来看，目前有 9 位青年才俊坐到了环境产业上市公司掌门人之位，担任董事长或总经理职务。现在这些公司当中，作为副总的 80 后已经有很多，但执掌全局的，截至 2021 年 5 月，只有这 9 位。

跟职位、出生年度一样醒目的是他们的毕业院校和学历，无论是职业经理人还是二代接班，他们普遍受过良好的教育。

我们喜欢看年少成名的英雄主义故事。年龄、融资额和估值，三个数字组合在一起，隔三差五地提醒着普通青年，你有多么平庸。根据 60 后环境产业大佬们的经历，我们也知道他们大都在三十左右就开始创业。

现在，最年轻的 80 后，也已过了而立之年。但像 60 后那样创业、影响产业界并获得巨大成功的路径，已经不太可能复制，即使正在创业的 80 后、90 后也在努力走出不一样的路。所以，在一个成熟公司里做到中高层，继续带领公司做大事，或者带着经验出来做自己想做的事情，也是一个合理的选择。

"小鲜肉"变成实力派的人生之路并没有标准答案

我们没有办法拿互联网行业的标准来看我们的环境产业，人家已经在"告别80后"，而我们是"迎来80后"。

15年前，我们国家首次出现80后概念的时候，最"老"的80后也才26岁，最小的80后还在读高中。

现在的80后已经是实力派，看看这九位就知道——品学兼优，是靠谱的中坚力量。

出生于1983年的李其林，是北京大学环境科学专业硕士，曾任北京源乐晟资产管理有限公司研究员，长盛基金管理有限公司研究员、基金经理助理，后任清新环境投资总监、总裁助理、副总裁。

他学的是环境专业，毕业后首选并非环境公司，但其基金公司的工作经历却为环境产业的进一步发展所需要，他最终还是报效了环境产业，并于2016年成为清新环境总裁。

出生于1980年的陆朝阳的道路，则更接近于创业。

2012年，南京大学根据事业单位体制改革和高校产业转型的相关要求，整合相关资源组建了环境领域的科技服务企业。带着在张全兴院士和李爱民教授团队中濡染的创业精神，心怀创业梦想的陆朝阳，也因此迎来了新的职业机遇，担任董事、总经理的他，时年32岁。

最初学校所给予的支持，是两间房的使用权。"如果在高校工作，基本待遇由国家出，也可以对外接项目，但是没什么压力。而办企业就完全不一样了，没有旱涝保收，没有退路，每一分钱都要从市场里挣。"陆朝阳回忆创业之初的内心波澜。

"办企业"虽有压力，但是接通市场后自有另外一番天地。2020年8月24日上午，南京大学环境规划设计研究院股份公司（以下简称"南大环境"）作为全国18家创业板注册制首批上市企业之一，在深圳证券交易所上市，首发募集资金8.6亿元。

1979年出生的马刚，当初加入美的集团时，不会想到20年后他会带领一家

环境上市公司。

马刚 2001 年 6 月加入美的集团，历任美的电饭煲事业部研发工程师、分公司业务员、大区总监，美的生活电器国内营销公司总经理，美的日电集团中国营销总部总裁，美的生活电器事业部副总及国内营销总经理，美的生活电器事业部副总及水料产品公司总经理，美的集团国内市场部副总监。

美的集团少东家何剑锋进军环境产业后，2014 年，已经从美的基层业务员做到集团高层的马刚加入盈峰环境。几年发展，盈峰环境跻身环卫服务第一梯队，2017 年入选中国固废网年度环卫十大影响力企业榜单。

永清环保现任董事长马铭锋则是环境专业出身，从政转商。

他出生于 1983 年，2007 年 7 月至 2009 年 4 月就职于环境保护部环境工程评估中心；2009 年 5 月至 2015 年 12 月就职于国家发展和改革委员会；2016 加入永清环保，历任北京永清环能投资有限公司总经理、湖南永清环境科技产业集团有限公司副总裁、永清环保股份有限公司第四届董事会董事等职，2018 年 10 月至今担任永清环保股份有限公司董事长，2019 年 7 月至 2021 年 1 月还同时担任总经理职务。

首创环保集团总经理李伏京，出生于 1980 年，曾担任柏诚工程技术（北京）有限公司工程师、北京市工程咨询公司基础设施咨询部项目经理，2013 年 5 月加入北京首都创业集团有限公司，历任基础设施部总经理助理、环境产业部副总经理，兼任其部分境内外子公司董事，也做过一阵首创环保集团（当时还叫首创股份）的执行总经理。

出生于 1979 年的佟庆远，毕业后一直在环境领域工作。

他曾任同方股份有限公司总裁助理，北京清华同衡规划设计研究院有限公司（原清华城市规划设计研究院）副所长、所长、副总工程师、副院长，清控人居控股集团有限公司专务副总裁，北京清控人居环境研究院有限公司董事、院长，深圳华控赛格股份有限公司董事、副总经理，苏州华控清源系统科技股份有限公司董事长，北京华控宜境仪器有限公司董事长，北京中环世纪工程设计有限公司董事；自 2018 年 11 月至 2020 年 5 月任中建环能副总经理，2020 年开始任总裁。

不用尽数，从这几位的经历可以看出，他们都是在 32~35 岁做出比较重要的个人选择，跨行、跨界，或者开始成为公司领导者的。这个年龄段堪称环境产业

80后转型黄金时段，既有锐气又有成熟度。

但人生没有标准答案，而最终结果也许不光是选择问题。这几位的故事有两个要素：一个是他们自身的素质和被岁月磨砺出的胆识，一个是时代、贵人给的机缘。前一个是命，后一个是运。

60后的下半场是80后的上半场

有人说环保已经进入下半场。笔者倒觉得，这不是环保的下半场，只是60后的下半场，而对80后来说，这是他们的上半场，他们才刚刚开始。

80后的环境产业上半场和60后的上半场显然不同，无序扩张的红利期结束了，曾经出现过的风口结束了，到了精耕细作、尊重客户的时候，环境产业已不能再刻舟求剑，觉得当初那一套简单粗暴的方法还行得通。

一位创业者坦言，"20年前环保公司存在的价值就是能把池子做得不漏水，那些土建单位对我们还是很佩服的。现在这个阶段环保公司再去做水厂的施工，包工头都可以把池子做到不漏了，你还有什么价值？""时代变迁，你得创造新的价值。"

这是80后掌门人面临的局面，他们有自己的应对方式。

盈峰环境成为通过收并购实现业绩快速增长的企业代表，积极布局并推动智慧环卫业务，拓展新能源环卫装备应用。

清新环境在资本市场动作频频，成功发行绿色公司债券，启动非公开发行股票，收购天壕环境余热发电资产组，以及与多家金融机构建立合作……这背后离不开控股股东四川发展的鼎力支持。

鹏鹞环保在寻找、创造自己的第二主业，"现在市场上的工程都在变，以前工程就是干体力活的，所以赚不了多少钱。我现在要求他们得干脑子的活，就是说工程要为效果负责，一定要和效果连接起来，那样才能用上鹏鹞全产业链的优势"。

……

这是新的时代，人们对环境提出了新的要求。在水环境领域，污水处理从追求点上效果升级为更注重系统化和环境质量，未来的污水处理行业面临系统性升级。在固废处理领域、大气治理领域，也同样面临升级问题。

较为成熟的污水处理领域，升级的探索走在前面，关于新产品、新服务的探讨与实践更多，如污水处理概念厂、未来水厂，以及标杆水厂建设、"污水处理的双百跨越"。

也许 60 后的升级思考将由泛 80 后的环境产业力量共同承载、实现，同时融入他们自己的思考。目前来看，80 后还不太可能取代 60 后成为环境产业主流商业规则的制定者或标志性人物，但他们并未颓废，而是面对现实，脚踏实地，不再叛逆，也不再飘摇。

环保创业：朋友圈还是亲友团？

作者：谷林

　　观察社会上的创业者，他们创业主要有两种方式，一种是好朋友、同学等熟人一起合伙的"朋友圈"模式；一种是有亲戚关系一帮人，比如父子、夫妻、兄弟姐妹、姑姨舅等一起的"亲友团"模式。

　　这两种模式，形成的基础不同，产生的效果各异，外在的评价也差别甚大，但一起撑起了创业市场的大半边天。这同样适用于环保创业者。

朋友圈模式

　　朋友圈主要是指一起玩大的发小、一起求学的同窗、一起工作的同事、一块合作的伙伴、同一学校的校友等，他们或者打小相识，或者曾亲密共处，或者无间合作，或者有所了解。总之，不管了解多少、感情多深，他们都不是陌生人，而是熟人，或者有熟人的纽带。

　　从笔者了解的故事里，朋友圈创业更多是基于合伙人之间的能力互补——你有资金我有经验，你擅长技术我能跑市场等不同优势，和共同的创业的愿望，让大家走在一起。

　　在本书《踏浪而来，47位上市公司老板如何走上环保创业之路？》一文中，就有好几家公司就是以朋友圈模式发起的。

　　碧水源就是如此诞生的。1994年时，文剑平担任国家科委下属中国国际科学中心的总工程师兼中国废水资源化研究中心常务副主任。1998年，他辞去公职，赴澳大利亚攻读新南威尔士大学水资源管理博士。之前的工作经历和在澳大利亚的求学，让他感受到了中国水业技术的落后，并立志为中国水业贡献力量。为此，

他拉着几个也在澳大利亚留学的同学一起研究污水处理技术，并于 2001 年回国共同筹资 104 万元创立了碧水源。创立初始，文剑平靠着大量的市场研究和给项目当地的市委书记写信，拿下了一些项目，打下了企业后来发展的基础。

文剑平与碧水源

聚光科技的创始人、天才科技少年王健，1997 年从浙江大学博士毕业，同年获全额奖学金考入美国斯坦福大学。读博期间，斯坦福大学的创业氛围点燃了他的创业激情。在一次斯坦福大学浙江校友聚会上，王健结识了他的创业伙伴，斯坦福 MBA 校友姚纳新。在姚纳新的奔波下，他们最终获得了同是浙江人的斯坦福大学校友朱敏的"天使投资"，回国创立了聚光科技。

苏州光生环境科技有限公司也是采取这样的朋友合伙模式。光生环境总经理沈艳介绍，光生环境目前主要有四位合伙人，一位合伙人是清华大学的老师，有自己的专利技术，是光生环境早期的技术基础；一位对产品比较精通，善于进行软件和硬件的协调；一位长于执行，大家商定好的任何一件事情，他都可以很好地实现；沈艳自己主要负责整体管理和决策。大家各有所长、互相补充。

前些年大热的电影《中国合伙人》，里面的创业"三剑客"就是大学同学。三位同学基于各自的优势，进行了不同的分工：成东青主要负责教学管理和公司管理，王阳主要负责教学架构和特色教学，孟晓骏主要负责留学咨询和签证以及进行课程设计。

朋友圈创业的优势明显可见：基于熟人的基本信任和不同能力的优势互补，

以及朋友圈相近的价值观，让合作者能形成足够共识，甚至一拍即合，也便于进行管理分工。这样的特点，更接近现代企业管理制度。相比亲友团创业模式，这种创业模式也更受资本圈、员工以及研究者认可并推崇。

即便这样，朋友圈创业不一定就"其乐融融"，其中一些问题也不容忽视。

朋友圈模式里，创业者虽然是熟人甚至是好朋友，但并不能保证之前的信任基础很牢靠。面对不同的情境，都是优秀的人，每个人也许会有不同的认知和反应，特别是涉及利益分配和发展方向的时候，兄弟之间出现难以平衡的分歧，信任便出现裂痕，甚至信任崩塌也是常有的事情。

一位不愿具名的环保创业家对笔者说，公司初创时，大家为了一个发展壮大的目标，可以在一起齐心协力、搁置争议，但当公司做到一定规模，参与初创的合伙人拥有足够的权力和利益纠葛时，"不要过于相信人性，也不要试图去考验人性"。

在创业板上市的倍杰特公司的创始人权秋红就曾遭遇这样的人性考验：2004年，倍杰特的前身郑州大河水处理设备有限公司的合伙人离职自立门户，不仅带走了公司的数名骨干，还抢注了合伙公司辛苦4年开发的膜清洗、阻垢药剂等招牌产品及商标，只给权秋红留下了公司的债务和没有生气的厂房。遭遇打击，权秋红差点自杀。后来痛定思痛，她毅然转战北京，注册了北京倍杰特国际环境技术有限公司，经过十多年打拼，最终带领企业成为工业水处理领域的领先者并成功上市。

笔者也曾近距离接触过这样的人性之争：之前很知名的四个大学生合伙创立肉夹馍公司，当品牌爆红之后，四位创始人却因为权力分配和收入分配搞得沸沸扬扬。

同样以《中国合伙人》为例，王阳在自己的婚礼现场说："不要和最好的朋友开公司。"婚礼后，兄弟三人分道扬镳。相信不少人在看到这段时，都心有戚戚。在网上搜合伙创业，十有八九都表达了同样的观点。

那么好的三个人，一起拼搏那么多年，最终就这样各奔东西，究竟是为什么？从电影里，我们也看到了导演给出的答案：不是因为钱，也不是因为权，而是因为即使最好的兄弟，也有自己隐秘的情感和不同的诉求。

上述不愿具名的环保创业家，就是和大学好友一起创业。他说："好朋友一起创业，最大的困难其实不是利益分配，而是大家都是平等的，都有各自的想法。当大家的想法不一致的时候，如果都很坚持，那么可能会比较难办。"

沈艳介绍，苏州市光生环境科技有限公司（以下简称"光生环境"）也曾遇到过这种时候。光生环境团队有各自擅长的东西，也有很好的信任基础，但信任需要不断磨合，更需要不断沟通。为了加强沟通，他们基本上一两天，最多一周就要进行一次专门沟通。特别是每次出差回来，都会开会，沟通彼此的收获与想法。她办公室的门总是敞开着，甚至专门搞了一个喝茶的空间，以便于大家能及时交流。

在沈艳看来，沟通一是为了互通信息，避免信息差，二是寻求理解。大家分工不同，通过沟通，大家都知道各自的状态和想法，达成共识；在决策上，也是由主管的合伙人先提出建议，大家一起讨论，最后她拍板。

"再好的机制，其实最终还是要落实到人身上。"前述不愿具名的环保创业家说。他认为，不管兄弟多亲密无间，但在机制设计，尤其是分配机制和管理机制上，一定要顺应人性。不是兄弟不仗义，而是世界太复杂。当然，从好处想，即使世界太复杂，主要还是看兄弟本身，以及大家的做法。

亲友团模式

相比朋友圈模式，亲友团创业的基础是亲情，很多时候，亲人一起创业是为了降低前期创业的成本——因为都是一家人，或者一个家族，基于亲缘的信任情感和朴素的利益共享原因，不用考虑太多的收入及分配问题，也节省了很多沟通成本。

总结起来，亲友团模式主要包括以下几种。

一种是家族多成员一起创业，比如父母、兄弟、姐妹，甚至妹夫、姨夫、大姑等一起作为初创人员，支撑了企业的发展。创业初期，因为以家族关系为纽带，在一定的尊卑亲疏关系里，会天然形成一种相对有序的管理决策机制。等到企业做大，可能需要更多地考虑各自在公司里的贡献，重新进行架构调整。当然，这也是一个非常考验家族治理和企业管理的时刻。如曾被很多媒体报道，轰动一时的"皮革大王被父母送进精神病院"事件，就是这种创业模式下一出人伦和企业的悲剧。

另一种是一家之内，父子辈一起创业。这种创业模式，人员关系简单，传承也相对明确，可能是最稳定的一种亲友团创业模式。比如江苏兆盛环保，就是父亲周兆华带领儿子周震球一起创业，公司发展壮大之后，周兆华退位，周震球顺利接班。还有新奇环保，汤水江 2001 年辞职跟着岳父王习清一起创业，将新奇环保从一个不知名的小厂子做成了现在宜兴乃至在全国也有足够名气的渗滤液处理行业领先者，后来汤水江接班也属于"自然的过渡"。

还有一种常见的模式是夫妻创业。相比家族多成员的复杂和父子辈的相对简单，夫妻创业貌似介于二者之间：简单又复杂。说简单，因为成员主要就是夫妻二人，关系相对简单而且信任度和默契度或许更高，在共同的愿景方面，也具有更高的认同度；说复杂，因为夫妻两人对情感的要求更苛刻，相处更无间，相对于前两种，或许会遭遇更多公司与生活、理性与情感的矛盾。

总体说来，亲友团创业模式，立足于亲情或是爱情，相比朋友圈模式，很多时候，也让创业者有了更多对成功的渴望和奋斗的动力。

苏州依斯倍环保装备科技有限公司（以下简称"依斯倍"）就是一家夫妻共同创业的公司，妻子常英 1998 年在新加坡读研究生时认识了丈夫 Jos。Jos 是环保行业的专家，在欧洲的工业领域里服务了 30 余年。2011 年，看到祖国的快速发展，常英想回家创业。经过商议，他们从荷兰回到中国。

常英告诉笔者，因为丈夫对自己的信任，他们离开荷兰回国创业。也因为对丈夫的信任，她发动家族以"天使投资"赞助企业发展。基于夫妻的默契，她和丈夫常常是"互相一个眼神"就知道对方想说什么或者想做什么。在分工上，也按照各自所长，他负责技术和产品，她负责市场、品牌以及公司管理，各自做好自己的事情。

在其他亲友团创业过程中，因为辈分、亲疏，以及贡献程度，相对容易进行权力安排，而夫妻作为平等的双方，具有更多信任和沟通优势，同时也存在很多其他亲友团创业时存在或者不存在的问题。

纵观夫妻创业，一般主要面临两个问题：对于公司来说，夫妻双方可能会将生活中的相处方式和私人感情带入工作之中，对公司的管理制度是个挑战，同时一些夫妻生活角色和工作角色的错位，员工往往不知到底谁说了算，有的员工甚至会利用这种"问题"，钻企业的空子；还有就是对于夫妻二人来说，工作中难免有矛盾，处理不好，这种矛盾可能影响夫妻感情，并可能对公司造成影响。

2020 年当当网闹得人尽皆知的"李俞之争"，属于夫妻创业的负面典型，客观上也影响了大众对夫妻创业模式的评价。但与此同时，我们也可以国美电器杜

鹃为丈夫和家族十几年守候的魄力与深情。

即使直接讨论"听谁的，谁说了算"，也不光是夫妻创业面临的问题，而是亲友团创业以及朋友圈创业都面临的问题。公司有公司的规矩，但创业者之间的感情往往难免牵扯其间。

常英采取的是两手抓：一是在平时，从我做起，严格遵守公司规章制度，特别是各种分工和流程；二是通过各种公司会议、专题交流等方式，不断明确责权，让大家对此有一个非常清晰的认识。"只有自己守住了规则，同时表达了决心，大家才会信服并遵守。"

常英介绍，夫妻创业，一方面大家都是创业者、企业管理者；另一方面也是妻子、丈夫，母亲和父亲，要从一开始就要理解这种双重的身份，并尽最大能力去扮演好自己的角色，一定要学会将工作和生活区分开来，换位思考，做好沟通，互相理解。在沟通和理解的基础上，感情反而会进一步加深。

对这个问题，大家公认的经验就是：不要将工作带回到家里，尤其是不要将工作中的不好的情绪和沟通方式带回到家里。既然回到家，就好好扮演一个妻子或丈夫的角色。即使在工作中双方有不同的意见，但回到家就都是一家人，该做饭的做饭，该刷碗的刷碗。有时候给对方一个充满爱意的拥抱，也许会收获意想不到的理解与感动。

殊途同归：无论哪种，都是适合各自的最好模式

不管是朋友圈还是亲友团，作为常见的创业模式，肯定都有自己的优势。对于创业者来说，在特定的历史与现实环境下，适合的模式就是最好的模式。

《中国合伙人》中的创业团队，在电影里有一个让观众满意的结局，但现实中的新东方"三剑客"最终还是分道扬镳。

朋友圈模式，在优势组合之外，依然逃不脱人情与利益，也难以协调经历了腾飞之后不同的梦想和追求。

亲友团能凝聚血脉亲情，也能消化更多的得失，但终归还是要面对亲友、夫妻间的差异：基于三观、基于性格、基于成长，等等。

但有几点，对于无论哪种创业者来说，都应该适合：股权（利益）尽可能明晰；管理规则一定要明确；要坚持原则。

人性幽微，制度只是一个工具。它可以促进规范，但在企业具体的经营中，常有很多问题，这并不是制度可以解决的。所以，还有很重要的两点就是：学会换位思考，以及加强沟通。

另外，笔者想说的是，创业模式仅仅是创业者根据历史阶段和其所处环境的一种更合适的方式选择。所谓优劣，在一定程度上，其实具有不同的适应性。当然，当企业进入不同的发展阶段，最好的做法就是对管理进行相应的调整。

宜兴环二代买山环保戴丽君在自己全面接班之外，为促进买山环保供应商体系的完善，实现提升产品质量等目标，也对家族公司的业务架构进行了调整：将一些非主营业务进行剥离，安排企业里的主要亲戚单独成立公司，作为买山环保的供应商，希望这些亲戚公司可以成为独立的市场主体，打造自己的核心竞争力，共同参与环保市场的竞争与开拓，实现长远发展。

被誉为"家庭合力创业"楷模的刘氏兄弟（刘永名、刘永行、刘永夏、刘永好），在企业发展到一定阶段后，为了平衡兄弟之间的利益和各自不同的追求，也选择了内部分开，各领一摊，各做各事。

也有一些企业为建立更加完善的管理制度，以及引进人才，会有亲友团成员辞职，或者只以中层身份负责诸如行政办公、会计出纳之类的工作。

上文提到的新东方，最初也是一个家族创业公司，不仅俞敏洪的母亲等家庭成员一起参与了前期创业，而且新东方很多高管的家属在某一个时段，也都加入新东方，推动了新东方的快速发展。在徐小平和王强加入后，俞敏洪才真正开始解决家族管理的问题。后来经过铁血沟通，俞永鸿率先劝退了自己的家族成员，其他人也不得不效仿劝退家人，新东方才真正实现了相对规范的现代公司管理。

铁汉生态（现"中节能铁汉"）董事长刘水的姐姐妹妹还有弟弟都曾随刘水一起创业。但在管理和用人方面，刘水尽量避免家族式的任人唯亲。上市之时，其姐不在公司任职，其弟刘长在办公室工作，其妹刘情在财务部公司，均不担任高管，而是由刘水拉来了北大的同学和高中的校友作为公司高管。

立昇科技创始人陈良刚的创业故事本书已经做过详细介绍，他曾对笔者介绍过他的妻子陈漫：从两人相识到陈良刚创业，陈漫都是他最忠实的支持者。在照顾陈良刚生活之余，陈漫也帮着他打理生意——随他一起住厂房，自学财务和管理，负责财务、人力资源、行政综合管理。当立升做到一定规模时，为了避免公司在管理上的"两种声音"，陈漫选择了退出。谈到妻子的付出，陈良刚禁不住感

慨和感激——他觉得自己的军功章都是妻子的，而妻子，也是他一生中最感恩的两个人之一（还有一位是陈良刚的父亲）。

据说俞敏洪劝退母亲时，母亲一星期没给他好脸色。为人母，尚且如此。为人妻，自愿退居幕后则需要多么大的心胸？看过了李俞纷争，才会发现这样心怀大义的女性，给我们展示的不仅是美好的爱情，还有她们高洁的人性。

很多人说，创业是对一个人的全方位历练。的确，创业不仅是一个造富的过程，更是一个处理人生各种利益关系和情感关系的历程。仅仅写一篇文章，笔者都已经感受到了创业者身上不同常人的坚韧与激情，对于创业者来说，不知他们会是什么样的感受。

中国环境产业里的清华出身创业群

作者：全新丽

中国的环境产业里，大约只有出自清华大学的创业者群体能够称得上"系"或"帮"。

六年前，《南方周末》一篇报道《万亿产业里的中坚力量，还是中间力量？环保圈里有个"清华系"》里说，水务行业实力较强、影响较大的公司里，六成的公司都有清华校友担任公司董事长、总裁或是总经理等高管职位。

具体到创业者群体，从环境产业诞生之初，一直到现在，闪耀群星中有不少是毕业于清华大学的佼佼者。

清华大学的环境专业有清华的工科"蓝血"。1928年，国立清华大学设立市政工程系；1952年，清华大学土木工程系设给水及下水工程专业（后称给水排水专业）；1977年，清华大学建立我国第一个环境工程专业；1984年成立环境工程系，1988年被评为我国唯一的环境工程重点学科，2011年成立环境学院。

另外也有一批毕业于清华大学其他院系的环境产业创业者。

除了本科、硕士、博士阶段就读于清华大学的创业者，还有来清华大学补课的创业者，他们一般读的是管理方面的学位。更值得关注的是，2012年以来，清华大学在能源与环保、先进制造、电子与信息三个领域招收工程博士研究生，2018年升级为面向国家重点行业、地区、创新型企业的清华大学创新领军工程博士项目。

工程博士项目堪称"吸星大法"，一批环境领域的知名创业者投入清华大学环境学院的怀抱，他们有原来的清华校友，也有非校友。

第一代创业者

过去的30来年，是中国环境产业快速发展的阶段，在此期间顺势而起的创业者中，出现了很多贴着名校标签的大佬。尤其是20世纪八九十年代开始创业的那批人，他们是一个产业的开启者，也经历过市场的沉浮变迁与时代的洗礼。"清华系"是其中备受瞩目的力量。

当时环保行业内有所谓四大公司：桑德集团、晓清环保、金源环境、紫光环保（现在叫浦华环保）。

这四大公司同样出身（创始人都曾求学于清华大学环境系），同样的创业思路，同样都是做工业废水项目起步，并紧紧抓住了市政污水、BOT模式赐予的良机，成为民营环境企业表率、创业者标杆，一时引领风骚。

桑德集团成立于1993年，创始人文一波；晓清环保成立于1989年，创始人韩小清；金源环境原名华晖，成立于1992年，由许国栋带着一批学生创立，1994年引入金州作为股东，2001年公司重组，引入北京建工集团，成立建工金源；紫光环保的开创者是李星文，早在1988年，清华大学科技开发总公司环境工程部就已经成立，随后发展成为清华紫光环保有限公司，到了2004年更名为浦华控股有限公司。

除了这"清华四杰"，其实同一时期的创业者还有立昇科技陈良刚、金达莱廖志民、新大禹麦建波、新之地夏志祥、环能德美（现中建环能）倪明亮、朗坤陈建湘。只不过他们创立的企业都在北京之外的地方，早期业务也以产品设备为主，不被认为是行业第一梯队，其实他们也非常优秀。

陈良刚1979年高考时是湖北麻城状元，考入清华大学热能工程系燃气轮机专业，毕业后分配到武汉一家知名国企。1988年，海南建省，陈良刚南下海南，加入另一家国企，三年后离开国企开始了自己的创业之旅——从摆地摊开始。1992年，他创立立昇科技，研发超滤膜技术，为酒、饮料、水处理提供过滤设备，产品广泛应用于食品、饮料工业，1997年进军民用市场，将工业水处理的技术升级后，广泛应用至家用净水中。

若从商人的角度观察，陈良刚是少见的特别自我的商人。他是海南岛出了名的"不碰资本市场、不贷款"的人。立昇科技曾有上创业板的机会，他放弃了，认为创业初期资本会左右企业的发展，而他更需要自己选择的自由。

廖志民和许国栋是本科同窗，廖志民所创立的金达莱和许国栋的金源环境一样，当时在行业里有很好的口碑，"能把污水处理厂建设得与国外一个水平"，也非常注重细节。初期起步时在深圳、东莞做电镀废水、几种电镀废水、十几条管道布置得井井有条；车间都是用地板漆刷，一尘不染——地板漆在那时候还是非常罕见的。后来联合国维和部队都采购了金达莱的设备。

这一代创业者中除了陈建湘出生于七十年代外，都出生于六十年代。除了陈良刚和环能德美（现中建环能）倪明亮非环境专业外，其余十人都毕业于清华大学环境系。此外，第一代创业者除了陈建湘外，瞄准的领域都是水处理。

第二代创业者

出生于七八十年代的创业者在人数上略多于上一代创业者，有19位，创业的年代大都在2010年之后，有相当一部分是工程博士。

从年龄上看比较特殊的是1990年出生的陈家轲，他算是环境领域极为年轻的清华创业者。

这一时期清华大学毕业而在环境领域创业的，只有极少数人是环境学院科班出身。25位创业者去掉13位工程博士或EMBA（指仅工程博士或EMBA阶段求学于清华的创业者），剩余12位（缪冬塬、马黎阳、赵冬泉、张宁迁、张天鹏、赛世杰、陈家轲等）是本科或硕士阶段即就读于清华大学，但环境学院毕业的仅缪冬塬、赵冬泉、张天鹏和赛世杰。

鑫联环保马黎阳本科毕业于汽车工程专业，同时获得了管理方面的学位，创业前的工作经历都是在联想、神州数码等科技企业。鑫联环保一直专注于对钢铁、有色、电镀、化工、制造等行业所产生的含重金属的烟尘灰、冶炼渣、湿法泥等涉重固危废进行资源化清洁利用。

安徽普氏生态环境工程有限公司（以下简称"普氏生态"）张宁迁、清控环保陈家轲本科及研究生阶段分别是化学和材料专业，也是比较少见的毕业没多久就开始走上创业之路的清华学子。

普氏生态成立于2014年，专注于水质净化提升领域的技术研发、设备制造与工程实施，在磁分离净化、设备集成、移动应急处理站等方面获得一百多项国家

专利受理授权。

缪冬塬和赵冬泉在创业之前，已经是产业界知名的技术专家。缪冬塬的盛大环境专攻工业废水，并与清华大学、中国科学院过程研究所等科研院所紧密结合，致力于高难度工业污染治理核心技术的研发以及新产品、新技术的成果转化。赵冬泉的清环智慧水务则专注于排水管网在线监测及智慧排水技术的研发。

清控环保成立于2017年，是一家专注于水污染物深度去除的企业，其联合清华大学与江南大学共同研发了"无碳源高效除总氮技术"。在2019（第十七届）水业战略论坛上，创始人陈家轲介绍了这项技术的优势。创业之初，基于实际情况，陈家轲决定去做一些细分的市场，深耕对单个特定污染物深度去除药剂的研发，主要是围绕重金属、废气、氮、磷等不同的污染物，打造特定药剂产品，在行业内占据一席之地。

这一代清华出身的环境产业创业者中，工程博士、EMBA占了很大比重，他们在进入清华之前已经创业，而且取得了不错的成绩。工程博士如开创环保包进锋、清研环境刘淑杰、博汇特潘建通、中源创能阎中等；EMBA有美能环保王丽莉、时远科技程发彬、金控数据杨斌等。

刘淑杰2014年创立清研环境，公司核心技术RPIR技术是针对有机污水处理相关问题等研究出的集生化反应、沉淀出水一体的快速生化污水处理技术。清研环境主营RPIR工艺包、水处理运营服务、水处理工程服务三大业务板块。

程发彬曾任职碧水源，后联合创建时远科技，以自主研发的纳米技术为核心，专业从事膜技术的研发，膜材料、膜产品的制造以及水净化系统的膜工艺设计及集成应用。2020年，时远科技成为国家电力投资集团有限公司（世界500强企业）旗下国家电投集团产业基金管理有限公司在膜技术及膜材料制造领域唯一战略投资企业。

博汇特由潘建通等创立于2009年，在2020（第十八届）水业战略论坛上，潘建通跟行业分享：针对市政污水提质增效的排水需求，博汇特专注于技术创新和产品研发，核心BioDopp生化工艺和BioC-1M（拜尔稀）复合碳源的有机结合可成为经济高效的综合解决方案之一。

美能环保则以膜技术（MBR、UF）和磁技术为核心解决手段，承包各种水处理工程，包括各种市政污水处理、工业污水处理、中水回用、饮用水净化处理、水的深度净化处理、家用净水、景观水净化处理工程等。

金控数据于 2008 年在北京市海淀区中关村科技园注册成立，在发展壮大的 13 年间，从自动化到信息化，再到智慧化，见证了我国智慧水务技术的迭代与发展。

目前看，第二代清华出身的创业者依然是在水领域较为集中，但也有鑫联环保、中源创能等固废处理企业。

中源创能成立于 2010 年，致力于有机废弃物的资源化利用与农村环境综合整治领域，是一家集研发、建设、投资于一体的国家高新技术企业、中关村高新技术企业、瞪羚企业及 AAA 级信用企业等，是"有机固体废弃物处理北京市国际科技合作基地"依托单位。

清华毕业的环境产业创业者变少了？

第一代创业者的成就已经有目共睹，但他们也走过坎坷路。文一波、许国栋，甚至廖志民，可以说都有多次创业的经历，不过也不好叫他们连续创业者。

连续创业者，坦白来说就是创业失败了再创业的创业者。创业成功了再创业的，叫做"大佬又入场了"。第一代创业者大都是产业界的大佬，虽然未必每一件事都做成功了。

根据前面的分析，2010 年后，清华毕业生去环境领域创业的就比较少了，环境专业毕业后去创业的更少。

20 多年前的清华毕业生，怀揣着产业报国的情怀，除了工科背景这个特别的优势外，进入环境产业的清华人个性都很强，在机关、国企、科研院所做事，挑战性不强，他们又不太服别人管，所以创业成了他们的人生选择。文一波是从化工部出来的，同一批的许国栋、韩小清、廖志民原来分别在学校和设计院工作。

另外还有个因素是获得与失去的对比。比他们创业时间略晚的倪明亮，原来在成都橡树林能源研究所，每个月 100 多元钱工资。对他来说，出来创建个公司，怎么着也能赚到 100 多元，所以没觉得有什么好失去的。

2010 年之后，清华大学环境专业的毕业生就业途径多，而且作为名校生，他们在人才市场上很受欢迎，还可以选择去金融、投资行业，起薪非常高，这

时候再去创业，对失去的恐惧就会大于上一代人。创业公司方生方死，金融业就不一样，每时每刻都与名利场相交接。那这时候再去创业，九死一生，到底是否值得？

总的来看，下一代青年也不太可能像上一代有那么多的创业机会：经济增长已经开始放缓，或许还将继续放缓；人口增长高峰已经过去；除了高科技，几乎所有行业都不会有以前那么高的增长率，当然也包括环境领域。同时，环境行业也在出现寡头化趋势——姑且不说国企、央企的进入，这种业态对初创公司并不是很友好。所以，不管创业创新在科技领域如何火热，清华学子看环境产业创业的目光，是很冷静的。

在环境领域，20世纪60年代这拨人赶上了历史大转折，各种红利叠加，胆大者皆有机会出头。斗转星移倏忽间，80年代和90年代的两拨人，只得用自己的学历和身体作为抵抗的武器，创业显然不再是清华环境毕业生心仪的选择。

现在，工程博士班里的新生代才是环境产业清华出身创业家的未来。

若不局限于创业，清华出身环保从业者的影响还是非常大的，毕竟他们在很多巨头公司担任要职。也许未来我们需要更广泛地定义创业，在一个大公司、大平台，能做出改变现有格局的推动也算是创业。

环境产业里知名的清华出身总经理有：碧水源戴日成、中节能国祯王颖哲、中国水网张丽珍、中法水务范晓军、中建环能佟庆远等，还有北排蒋勇、深圳水务集团张金松等国企高管。

如果再扩大范围，不局限于产业的话，那影响就更大了，毕竟环境的学术科研领域、政府部门，甚至创投圈，清华出身的人们都灼灼生辉。

校友魅力

早在2004年，清华大学环境学院就与中国水网（现在的E20环境平台）共同发起组织了"清华系水企业俱乐部"，在最初20家企业的基础上，形成了E20环境产业俱乐部（即如今的E20环境产业圈层）。

圈层以清华大学为纽带，以清华环境企业界校友为核心成员，并扩大吸纳了具有清华情结的产业知名企业家，是环境产业高层思想碰撞、联谊聚会、交流与合作的平台，凝聚了三百余家环保龙头企业。在发展历程中，除了回母校，企业家们还互相拜访，全国也几乎走了个遍。

2008年许国栋二次创业，在寻找外部融资时，投资人对中持水务的追捧有多热呢？北极光创始人邓锋与许国栋同为清华校友，由于北极光跟进稍晚，没能投资中持水务。邓锋特意叮嘱许国栋，中持水务的下一个项目北极光一定要投资。后来北极光投资了中持绿色，北极光投资的前一年，中持绿色的营业收入仅300多万元。

投资了中持水务的红杉中国投资2010（香港）有限公司，其创始人沈南鹏虽然不是清华毕业的，但也是出了名的喜欢投资清华创业者。

清华大学环境系1988级的王宪（后来又在清华读了首届MBA），虽然没有在环境领域创业，但在2010年带领明阳风电成功登陆纽交所后，次年就成立了华迪投资，投资了京源环保和陈建湘的朗坤环境，投资朗坤环境也是校友投校友了。

校友之间确实容易惺惺相惜，中持水务投资清控环保，就和创始人之间的校友关系密不可分。倪明亮也曾因为校友关系，想投资一个初创公司。

倪明亮没有像文一波、许国栋、廖志民他们那样去读清华大学的工程博士，但他也重返校园，参加了"清华校友终身学习支持计划·首期中国哲学学习班"。而"清华校友终身学习支持计划"发起人和支持者就是投资了许国栋的邓锋。

新生代上路

纵观环境产业的30年历史，时间虽然不长，但有付出，有浮躁，有收割，故事已经非常丰富，清华出身的两代创业者也都是其间的弄潮儿。其实所有行业，被过度关注和炒作之后，泡沫一旦超过容忍极限就会自动破灭，喜欢吹泡泡的人会选择离开，但也会有人真正留下来继续努力。

当前环境产业的发展阶段，引用丘吉尔的话就是：*This is not the end. It is not even the beginning of the end. But it is, perhaps, the end of the beginning*。环境产业远没有到终局的时候，但也许确实是"开始的结束"，产业的开始阶段正在结束，新时期到来，新格局构建。

对于清华大学的年轻人们来说，*the end of the beginning* 到来了，老一辈靠本事吃饭的第一阶段就这么过去了，默默登场的年轻人们发现，世界已经变了，旧的路走不通了。与其苦苦地在旧模式之中，寻找一线生机，不如就此转头，走自

己的路。

对新生代——不管是否是工程博士——来说，相比上一代，行业有点低谷的意味，一些国企、央企进入，一些资本撤离。很多人说他们希望创业，其实他们真正想的只是一夜暴富，这样的人发现融资困难，就不会来创业。但也正因为是相对低谷，只有那些真心想在环境产业创建公司，而不是只想尽快致富的人，才会选择这个时刻创业。

如果是技术人员，创业的风险会小一些。因为如果创业失败，不会找不到工作，好的工程师总是能找到工作的。他们也许对新工作感到不满意，但至少不会没收入。这也是工科背景的清华大学环境专业毕业生创业的优势。

一位前几年离开大环境公司的清华出身的创业者说："创业是艰难的，但是一份朝九晚五的工作也是艰难的，对我来说，甚至比创业还艰难。自己开公司，会因为很多事情担惊受怕，但是不会感到虚度生命，而在那家大公司里打工，我常常会有虚度的感觉。"这和文一波他们当年的情形是相似的。

20多年前，时代的潮水曾冲击着第一代创业者，在无知无觉中将他们推向环境产业的高点。没有人料到，到后来他们不再比各自的模式创新，而是看谁抱上的大腿更粗。

现在，这潮水将新一代创业者推到未来的十字路口，和当年一样，没有人知道每个路口通向怎样的命运。但我们还是会对清华出身的环保人抱有信心和期待，因为他们不仅能看到眼前的污水处理厂，还有诗和远方——毕竟，清华大学环境系还出过宋柯、吴虹飞这样的艺术家呢！

风流云散青山在
——细数环境产业的"黄埔军校"们

作者：全新丽

2021年2月7日，南京市中级人民法院（以下简称"南京中院"）召开新闻发布会，通报了一起2020年年底南京中院刚刚判决的侵犯技术秘密案。

法院审理查明，江苏科行环保股份有限公司通过"挖人"等手段，非法获取江苏新世纪江南环保股份有限公司脱硫除尘技术方案，被认定为"侵害技术秘密"，判决要求其停止侵权，并赔偿9600万元。

这不禁让我们想到，环境产业30年的历史，分分合合的剧情也上演了不少，尤其是几家比较早成立的公司，还因为"被迫"为行业输送了大量的人才、经验模式而被称作产业界的"黄埔军校"。当然这些公司的"挖"与"被挖"都是同时进行的。

"黄埔军校"之名最初意味着竞争加剧、外部挖角，或者内部管理出现问题，导致人才流失。随着时间的流逝，人们越来越从这个名头中看到正面含义，对这些"军校"多了几分敬意，也从人员流动中看到了这个行业的希望与活力。

当然，企业挖人也好，打工人跳槽也好，前提是不触犯法律。

环境产业七大"黄埔军校"：历史进程与个体命运

环境产业里公认的"黄埔军校"，有这几家：鹏鹞环保、金州集团、晓清环保、建工金源、桑德集团、首创股份（现首创环保集团），它们均诞生于2000年以前。

创立时间最长的鹏鹞环保，距今有 37 年历史，时间最短的首创股份也有 22 年历史。还有一家外企威立雅，1994 年，其子公司 OTV 进入中国市场。

在环境产业，存续 20 年以上的企业目前还不太多。因此，这 7 家公司之所以成为"黄埔军校"，与它们比较早就进入环保领域是分不开的。

分分合合伤人心，公司发展也会受一些影响，但必须要承认的是：有 20 多年历史，完全没有经历过核心人员变动的企业是不存在的。而一个没有经历过任何变动的企业，只能算停留在"半成品"阶段，因为它的生命力还没有经过充分检验。

鹏鹞环保创立于 1984 年，凭借环保设备及工程起家，是国内环保产业的开拓者之一，中国环保之乡——宜兴环保产业集群的龙头企业。

鹏鹞环保的腾飞带动了宜兴环境产业的发展，当时，相当一部分环保企业的产品、技术、人才都来自鹏鹞环保，鹏鹞环保成了宜兴环保界公认的"黄埔军校"，也帮助宜兴奠定了其在中国环境产业中的历史地位。

其余几家公司也都创立于八九十年代，这与时代背景密切相连：一个是当年经商下海潮的影响，一个是经济发展带来的环保产业的萌生。

当时这些公司虽然弱小，但创始人个个都意气风发。

其中一家公司，在创业最初被一家外资环境公司看中。外资公司托了一位行业专家前来问询收购事宜，被这家公司的创始人一口回绝："我们几年后就会超过这家外资公司在中国市场的份额。"专家听了大为惊讶，说："这个小年轻还挺狂。"

从一开始，工程技术人才、市场人才就是这些公司非常重要的资源。而在那时候，即使是给排水、环境工程等专业的学生，毕业后如果要选择进公司，首选也不是这些初创公司，甚至不愿意选择环保行业，而是其他热门行业和企业。

听一位当年的年轻毕业生、如今的大佬说，他毕业后进入环保创业公司，被人认为是在做非常没前途的工作。但如今他所在的公司成功上市，而他在这么多年的环保行业历程中所获得的成就感和价值感，是当年选择进入外企的同学无法比拟的。

正因为人才宝贵，这些早期环保公司之间的人员流动比较频繁，高管人员往往有好几个环保公司的工作经历。

随着时间推移，更多环保公司里的高管团队中开始活跃着这"黄埔七公司"

前成员的身影，他们有的自立门户，有的明珠另投。

永清环保创始人刘正军、万邦达创始人王飘扬曾任职晓清环保，北控高管李力曾是桑德高管，建工环境修复总经理高艳丽出自建工金源，曾任职于威立雅的张进锋后又任职于维尔利、汇恒环保等，目前创业的王志立曾任职于桑德、中持水务。还有很多很多这样的例子，只要看一看知名环境公司高管团队的简历就能发现。

再细说的话，鹏鹞环保、金州集团、晓清环保可称为第一代"黄埔军校"；建工金源、桑德、首创股份算第二代。金州和建工集团是建工金源的股东，另据晓清环保的韩小清说，桑德文一波也是他那里"学徒"出来的。

刘晓光在2011（第九届）水业战略论坛上

蒋超在2007（第五届）水业战略论坛上

文一波在 2007（第五届）水业战略论坛上

许国栋在 2008（第六届）水业战略论坛上

韩小清在 2010（第二届）上海水业热点论坛上

这些照片记录了时间的流逝。

离开"黄埔军校",是敌人还是朋友?

"黄埔军校"这个名号,最初有点毁誉参半。每个"黄埔军校"几十年的发展历程中,都涉及多个大将的背离,虽然没有像开头提到的两家公司那样直接开撕,但背后也是一部部江湖恩仇录。

人际关系就是这样,在一起的时候当然是柔情蜜意,分手时就是错综复杂、难以名状的酸麻痒痛。这些"黄埔军校"里驰骋江湖的大佬也不例外。

对于公司"叛徒",大部分大佬一开始大概率是愤怒。有的人的怒火持续时间比较持久,多年以后提起某个当年的下属,依然是咬牙切齿,斥责其人品,嘲讽其能力。有的人被时间愈合了伤痕,笑着说一句"天要下雨娘要嫁人"。少部分比较有自省精神的,则会说:"不是人家不好,是我没把人用好。"

所谓合久必分、分久必合,分手这件事无论由双方中谁来发起,在各种人际关系里面都属于正常、正当的一件事。稍有教养的男女都能咬着后槽牙说出"分手亦是朋友"这样的客气话出来。

在环境产业,"分手"通常还是比较平静、体面的,虽然未免眼里含着泪、心里含着恨,但总算没有闹出更大的风波,很少有公开化的分手事件,有的大佬还能在最后关头微笑着客气两句:"在外面混不下去还回来啊。"这是祝福还是诅咒,得看当事人的心境了。也真有分手后回来的,毕竟人心容易变,世事难预料。

但如果侵犯法律,那就是人情无法弥补的,就像一开始提到的侵犯技术秘密案。

分手当然谁都不爽,特别是一手栽培出心腹大将的老板,前脚刚掏心掏肺,扭脸就人去楼空,心里难免像是插满了一把把小刀,更何况这心腹大将马上可能变成竞争对手、心腹大患!

但是,还真不应该把出走者视为"叛将",企业就是企业,毕竟不是军队、不是江湖,进进出出都是双向自由选择,并不能搞出"三刀六洞"的青帮规矩。出走者当然也没有必要把自己扮演成伍子胥一夜白头,对前东家恨之入骨,四处诋毁。该遵守的法律还是应该遵守,其他一切全凭人心。

环境产业几大"黄埔军校"的高层人员变动很受行业关注,因为行业小,圈

子小，关系更加复杂。分手后能不能还是朋友不好说，但最好别成了敌人，这取决于分手双方的情商。

育人是"黄埔军校"们被忽略的功劳

客观地说，七大"黄埔军校"的大佬们都是有容人雅量的，有足够的胸怀去接纳一个成长得比公司快的下属离队，奔向另一个远方。

早期的环境产业以环保工程为核心，这七家公司在不同阶段引领行业风骚，作为龙头企业获得了主要的市场，因此带给自己团队充分的锻炼机会，从工程建设到客户把握。在这些公司里淬炼之后的人员，无疑更适应这个产业。

前面说过，环境产业（之前一直被叫做环保产业）以前并不是一个热门就业行业，优秀人才是稀缺的，很多人是在具体的工作中得到更大成长的。

"黄埔军校"在客观上为行业哺育了大批以工程技术为底色的综合性人才，这些人确实有留在原公司服务至今的，但也有很大一部分出去闯荡，去别的公司，或者创业，把之前的经验散播开来。

在过去二三十年的产业发展历程中，曾经有过几个创业的热门时刻，只要具备工程能力，有相应的客户资源，都可以成为环境领域竞争者。七大公司的管理层、销售团队、技术团队，纷纷离职创业，进一步促成这些公司成为这个行业里的"黄埔军校"。

目前的环境产业，有知名度与影响力的企业，有很多都是由七大公司的离职者创办的。放眼整个行业的环境公司，它们的高管团队又有多少人是出自这七家公司？没有人做过详细统计，但我觉得50%以上是有的。

这还只是说它们对产业界的影响，它们其实还影响了政策出台、标准制定、规范指引并反向影响了大学里环境专业的人才培养。

有人说，这七大公司的大佬们以及他们培养出来的团队都是时代的产物，他们赶上好时候了。

其实，每一代人有每一代人的机会，每一代人有每一代人的问题，时代越来越好，年轻人其实机会越来越多。很多人不这么认为，总觉得前一代人机会更好，因为大家只能看到以前别人兑现的红利，看不到当下自己眼前的机会。20年前、30年前能有几个人看得清环保产业的趋势？有几个人肯选择环保产业作为终身职业？谁会认为这是未来？

能够与中国的环境产业识于微时，是"黄埔军校"及其创业者们的机会所在，也是他们的高明之处。当一切风流被雨打风吹去，那些人对产业的功绩还在。

向他们致敬！

后记（一）

一篇好文该有的力量

本书中收录的文章，让读者像看电影般看完这些企业家二十多年创业史的起落，仿佛穿越回去又再一次一起同行。如果对我们的政商生态、顶层治理结构、历史周期变换和环保产业底层商业竞争规律都能有一定的认知，在此基础上，就会深刻地认识到——

第一，置身于环境产业内，能够突破千万、亿到上市，这些企业家已经是上万家环保创业者中的王者，其面对的和战胜的外部磨难和内在心魔，远超人们的想象。

第二，企业家在任何时候都不是在面对"只要……就能……"的选择，尤其近几年来更加明显，"既要、又要、还要"是他们必须要应对的常态必需，资源有限性和"不可能三角"才是他们时刻在谋求战胜的常态窘境。

第三，外部的大周期是不可克服的，预判永远是极度稀缺的能力。

名著不会写清所有的内涵，"绿谷工作室"所叙写的，虽还称不上名著，但也竭力向读者提供了线索，让产业相关人员重建场景去思索。

"见山是山，见山不是山，见山还是山""一千个人眼中有一千个哈姆雷特"，而我们，只为向前赴后继、锐意进取、勇于创新的企业家们致敬，并荣幸可以一直与这些卓越者同行。

薛涛

于玉泉慧谷

后记（二）

为什么写他们

《大江大河——中国环境产业史话（第二辑）》一书是在绿谷工作室撰写文章的基础上汇集而成，是集体智慧的结晶，此书为"大江大河"系列的第二辑。

2021年2月，在傅涛、薛涛两位领导的策划、指导下，绿谷工作室开始运转。本书选取的篇章是主笔们本年度撰写的产业人物中的相关内容，既有个体人物，也有人物群像。选题的本意是用文字的方式为环境产业留下见证与记录，而其中最鲜活、最生动的形象就是这些产业英雄和他们所创造、所带领的环境公司。

那么，为什么要选这些公司、这些人？

如果我们能跳出"国企、民企，上市、没上市"等固有思维看中国环境产业，用"这个企业有没有创新、有没有梦想和使命感、有没有为社会为客户创造真正的价值"来衡量环境公司，中国的环境公司可能只有两种：一种是消失了也没人在乎的，一种是消失了大家会难过的。

二三十年的产业发展历史中，有许多公司甚至都没赶上由"环保"改名为"环境"就死掉了；有的公司虽然运气不错，还上市了，结果最终还是退市了、消失了。"人固有一死，或重于泰山，或轻于鸿毛"，企业也一样，消失的那些，有的让人长久怀念，有的很快就被彻底遗忘。

甚至很多还存续着的公司，也仅仅是面目模糊地存在着，没有什么梦想和使命感，哪怕它已经上市，市值很高，也并不能创造出更大的社会价值。这种公司如果有一天消失了，大家也会觉得无所谓。

只有给行业带来过正面影响，在技术、管理、商业模式等方面有过创新，以及有能力并输出过价值观的环境公司及其企业家才受人尊敬。

环境产业诞生，离不开经济发展和国家逐渐开始重视污染治理，出台各种

相关政策，在这样的契机下，企业家的行动（早期当然更多是民营企业家）促成了产业的发展。从工业废水治理开始，到市政污水、垃圾焚烧，再到各个细分市场——其中不少企业又开始回到工业废水。

不管名声怎样，作为一种成本项，环境产业一直是全社会排在队尾的行业，所以，环境产业的企业家是聚集团队、克服阻力、创造人间奇迹的那种人。他们看起来深受政策制约，做企业的过程很坎坷，与其他产业相比，几十年的发展也没出现多少个大公司，但就像不断推巨石上山的西西弗斯，他们是产业之根本，是环境质量改善之根基。

一个真正有价值的环境公司，是由企业家带领的充满创新性的公司，可能是模式创新、产品创新、服务创新、营销创新、管理创新，也可能只是一些细节上的微创新。

创新在环境行业里尤其不易，所以更值得赞扬。评判一个环境企业好坏，经常从有没有赚钱，有没有上市，有没有市值上百亿过千亿等角度进行。判断环境企业，乃至判断一个企业家的标准，是成王败寇，而不是有没有真正创造价值。

如果一个环境公司市值上千亿，不管它的项目有没有真的造福当地百姓，改善一方环境质量，它有没有创新并为行业发展贡献力量，只要它赚了很多钱，只要它能上市，它就容易被评价为一个成功的环境企业。

每个人都很崇拜成功，但成功是否仅仅意味着市值？

创新失败率很高，到处存在无形压力，导致很多环境企业不愿意去做真正的创新。只有那些有着使命感的环境企业家，才会主动、积极地去"发现新材料、开辟新市场、设计出新的组织形式，打破原来的均衡，创造新的潜在均衡点"。

如桑德集团的文一波，当年他采用了非常大胆和创新的方法发展企业，治理环境，但却在相当长的时间内背负"狂人""骗子"的骂名。然而公司上市后，他又在一段时间内被捧上神坛。市值深深地影响着大众对企业及企业家的评价。

环境领域还有很多像桑德集团那样真正创造了价值的公司；也有一些虽然看起来市值不高，甚至还没能上市，却能够在环境产业里具有独特、创新的业务能力与审美价值，能够获得大家的尊重，能够吸引一批又一批新人的企业；也有一些企业家丧失了对企业的控制权，落寞退场，但实际上对环境领域有过不小的影响。我们希望能写下这些人的贡献，他们曾经的梦想与追求——如果不能理解过去更远大的想法，未来没有理由会突然变好。

我们希望慢慢地用绿谷工作室、用《大江大河——中国环境产业史话》这套系列书籍，留下成功者的辉煌记忆，也留下这些消失后让人难过的公司的印迹。

由于编写时间仓促，加上选题有所局限，一些有影响的企业家的故事未能撰写完成、收录进来，现有文章采用的资料也难免有纰漏之处，在此敬请各位读者批评指正。

全新丽
于北京玉泉慧谷